GLACES DE
L'ANTARCTIQUE

Claude Lorius

GLACES DE L'ANTARCTIQUE

une mémoire, des passions

ÉDITIONS ODILE JACOB
15, rue Soufflot, 75005 Paris

ISBN 2-7381-0119-4

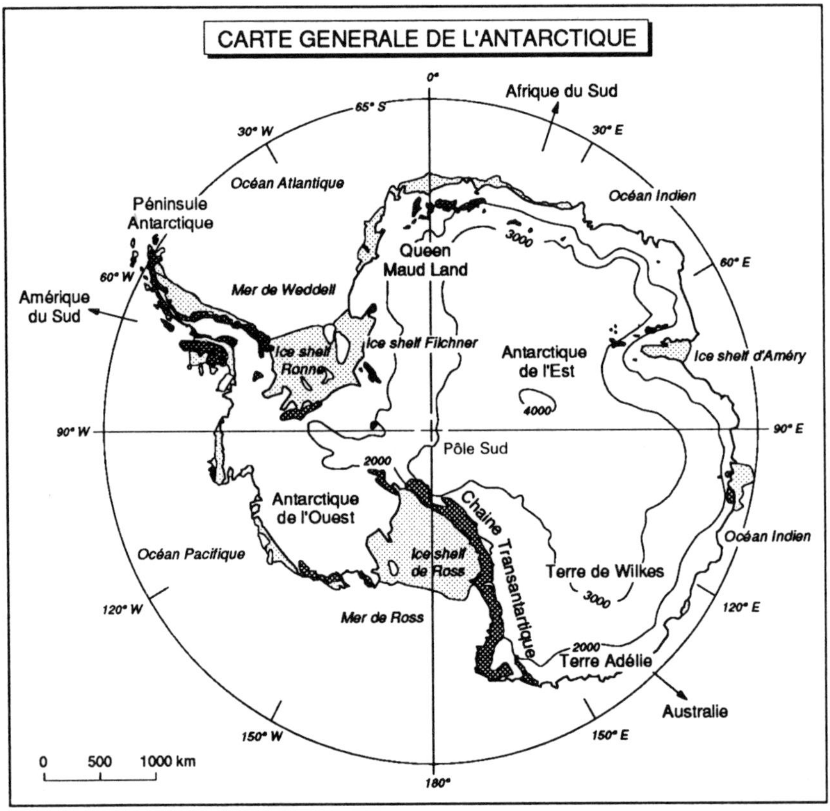

Carte générale de l'Antarctique

La surface couverte par la glace continentale est de 14 millions de km². Celle-ci comprend les ice-shelfs (gris clair sur la carte), plates-formes flottant sur la mer, qui représentent 1,5 million de km². La chaîne Transantarctique sépare approximativement l'Antarctique de l'Est où l'altitude de la glace culmine à plus de 4 000 mètres, de l'Antarctique de l'Ouest où elle atteint 2 500 mètres. La surface où les roches apparaissent (gris foncé) représente moins de 2 % de celle occupée par la glace dont le volume est d'environ 30 millions de km³.

Avant-propos

Ce jour de 1955 où, jeune étudiant à la faculté de Besançon, je découvrais presque par hasard, sur le panneau d'affichage, une petite annonce des Expéditions Antarctiques de l'Année Géophysique, je ne me doutais guère que je rencontrais là une passion qui allait envahir ma vie. Attrait d'un continent lointain et difficile, attente d'une aventure humaine certes; mais comment prévoir le choc de la découverte de l'Antarctique, la pureté des immenses paysages de neige, l'étourdissement du froid et du vent? Comment imaginer, sur les côtes de ce désert de glace, la richesse de la vie animale? Tout cela est mieux perçu aujourd'hui, après que Paul-Émile Victor, dont j'allais devenir l'ami, les Expéditions Polaires Françaises et les écologistes ont su attirer l'attention des médias sur ce continent du bout du monde.

En 1957-1958, l'Année Géophysique Internationale (AGI), à laquelle j'eus donc la chance de participer, fit de l'Antarctique une terre d'élection pour les chercheurs. C'est là que je me suis initié à la glaciologie, une discipline alors peu connue. Je suis ainsi devenu l'un des acteurs d'une recherche nouvelle : la connaissance du temps passé grâce aux archives contenues dans les glaces. Nous avons appris à déchiffrer les messages scellés dans les couches successivement accumulées qui constituent la calotte glaciaire, témoins des variations du climat, de la composition de l'air et des impuretés qu'il contient. Mémoire de la Terre... Des carottes de glace de plus en plus profondes, jusqu'au-delà de 2 kilomètres, ont permis de reconstituer notre climat sur plus de 150 000 ans. Avec d'autres archives, l'Antarctique a livré la trace des grands bouleversements que sont les oscillations entre âge glaciaire et âge interglaciaire – comme celui que nous connaissons actuellement – rythmées par les lents mouvements de la Terre autour du Soleil. Et surtout, grâce aux petites bulles d'air retenues captives dans la glace, nous avons pu montrer l'étroite association entre ces variations climatiques et la concentration de l'atmosphère en gaz carbonique et méthane. Les glaces antarctiques ont aussi montré que depuis deux siècles, le début de l'ère industrielle, les activités de l'homme font croître de plus en plus vite les concentrations de ces gaz, dits à effet de serre. Cet observatoire du passé contient des clés pour le futur de la Planète, climat et aussi niveau des mers. Car l'Antarctique stocke un volume considérable d'eau gelée; l'équilibre précaire entre l'accumulation des neiges et le débit des icebergs peut faire monter ou descendre les océans...

Les progrès de ces recherches sont venus de trois ou quatre équipes dans le monde, qui ont su faire preuve d'imagination et repousser les limites des techniques de forage et d'analyse. Mais ce sont les campagnes dans le désert de glace qui jouent le premier rôle. L'exploration, le travail en camp sommaire dans les conditions extrêmes du haut plateau sont le lot du glaciologue. La chance aussi lui est indispensable, car si de nombreuses expéditions se déroulent sans histoire, peu de chose sépare la réussite de l'échec d'une campagne. Enfin il ne saurait aboutir sans le remarquable esprit de coopération qui existe, forgé dans les contacts sur le terrain, la promiscuité des bases ou des tracteurs et dans l'intensité de vie entre polaires qui ont partagé les mêmes aventures, humaines et scientifiques.

Les opérations organisées en commun sont fréquentes en

Antarctique, le seul endroit de la Planète qui ait su jusqu'à présent se protéger des convoitises et des jalousies entre États, où, au pire moment de la guerre froide, Soviétiques et Américains savaient travailler ensemble...

Pour cela, et pour sa virginité presque intacte, l'Antarctique demeure, et doit demeurer, un symbole. Exemple unique d'un continent qui n'appartient à personne et consacré (le mot n'est pas trop fort) à la seule recherche scientifique, il ne faudrait pas que cette « terre de science » devienne la victime de spéculations sur ses ressources, ou à l'inverse d'excès écologistes. En entraînant le lecteur à la découverte de l'Antarctique et de ses glaces, j'espère le convaincre que ce laboratoire à l'échelle de la Planète est un bien commun, et infiniment précieux, de l'humanité. La recherche française n'est pas pour rien dans ce qui m'apparaît, au-delà de mon expérience personnelle, comme l'une des belles entreprises de notre époque.

Puisse-t-elle se poursuivre longtemps...

REMERCIEMENTS

Je voudrais tout d'abord exprimer ma gratitude à ma femme Simone et mes enfants, Anne, Marion, Vincent, qui ont su comprendre et supporter mes longues absences, et assurer la chaleur des retours. Mes remerciements vont aussi à mes compagnons de recherche et d'expédition, de l'Hexagone ou d'ailleurs, avec qui j'ai partagé l'excitation des découvertes et la passion de l'Antarctique. Ils s'adressent enfin à Jocelyne Roquemora qui a aidé à la présentation de ce livre, l'auteur des dessins Michel Creseveur, Jean-Charles Pugno qui a réalisé l'ensemble des graphiques, et ceux, nombreux, dont le soutien anonyme m'a été précieux.

CHAPITRE I

Rencontre avec le sixième continent

« D'où vient donc l'étrange attirance de ces régions polaires, si tenace qu'après en être revenu on oublie les fatigues morales et physiques pour ne songer qu'à retourner vers elles? D'où vient le charme de ces contrées pourtant désertes et terrifiantes? » Ce qu'écrivait Jean-Baptiste Charcot en 1905 après une campagne de deux ans en Antarctique exprime sans doute le sentiment qui a animé des générations d'hommes, des découvreurs des années 1820 aux chercheurs du XXe siècle.

La dernière frontière

L'exploration

Au VIe siècle avant Jésus-Christ, Pythagore pensait déjà que la Terre était ronde et les Grecs imaginaient que pour maintenir le monde en équilibre et l'empêcher de basculer il fallait que des continents existent dans l'hémisphère Sud. Les cartes de Ptolémée représentent un océan Indien bordé vers 20° de latitude sud par une *Terra Incognita.* Considérer que la Terre était ronde passait pour hérétique dans le moyen âge chrétien; il faudra attendre les navigateurs de la Renaissance pour avoir du monde une vision plus proche de la réalité.

Les terres de l'Arctique sont occupées depuis des milliers d'années par des peuplades de chasseurs, pêcheurs et éleveurs. Éric le Rouge fonde une colonie norvégienne en 983 au Groenland et le détroit de Béring, qui sépare l'Asie de l'Amérique, est reconnu dès 1648 par le cosaque Semen Dezhnev. L'exploration de l'Antarctique, à l'autre bout du monde, est plus tardive. Au XVIIIe siècle encore on imagine le continent austral comme une terre privilégiée, au climat édénique, peuplée de gens heureux qui ne travaillent pas.

Le navigateur anglais James Cook est le premier à franchir le cercle polaire par 66°33′ sud, le 17 janvier 1773. Bien qu'il s'en soit approché sans doute plusieurs fois, il n'aperçut jamais le continent; s'étant heurté à la banquise et ayant côtoyé de gigantesques icebergs il écrit que « si la *Terra Australis* existe elle doit être si froide et inhospitalière qu'elle ne peut abriter aucun être humain et que les hommes n'en retireront aucun bénéfice ». Les récits de Cook font cependant état de la richesse des eaux australes; baleiniers et phoquiers américains et anglais vont venir nombreux au sud du cap Horn, vers la péninsule Antarctique. Ils tiennent à garder secrets leurs lieux de chasse et leurs relevés sont imprécis; la découverte de l'Antarctique reste donc toujours entourée de mystère. Pour certains, c'est le capitaine anglais Edward Bransfield qui fut le premier à l'apercevoir, en janvier 1820; pour d'autres, c'est l'Américain Nathaniel Palmer, en novembre de la même année. A la même époque les deux corvettes « Vostok » et « Mirny » commandées par le baron balte Fabian Gottlieb von Bellingshaussen naviguaient autour de l'Antarctique, envoyées par le tsar Alexandre Ier avec pour mission d'aller aussi près que possible du pôle Sud; on ne peut exclure qu'il ait été le premier à découvrir le continent, en février 1820.

Dans les années qui ont suivi, phoques et manchots sont

massacrés par milliers; les animaux devenant rares, difficilement accessibles, les chasseurs se désintéressent rapidement du continent. C'est donc la seule curiosité scientifique qui guide les navigateurs lorsqu'ils reprennent le chemin du pôle, vers 1840. Trois expéditions furent organisées à la recherche du pôle Sud magnétique; aucune ne l'a trouvé à cette époque (le mérite en reviendra à l'expédition de Shackleton en 1909, lors d'un raid sur le continent), mais chacune reconnaît de larges secteurs de l'Antarctique.

Jules Sébastien César Dumont d'Urville, officier de marine déjà connu pour avoir ramené de Grèce la Vénus de Milo, commande deux corvettes, « l'Astrolabe » et « la Zélée », et découvre la Terre Adélie le 20 janvier 1840 : à cette côte déserte où soufflent des vents violents, il donne le nom de son épouse. Sur le rocher du Débarquement, il boit une bouteille de vin en l'honneur du roi de France; il y perd aussi sa tabatière, que les expéditions qui suivront chercheront ailleurs en vain. Après avoir affronté les mers les plus dangereuses, Dumont d'Urville périra dans le premier accident de chemin de fer en France.

Toutes voiles dehors, dans cet univers désolé, « l'Astrolabe » de Dumont d'Urville et la « Porpoise » de l'Américain Charles Wilkes se croisent sans s'arrêter à la suite d'un regrettable malentendu. Les six navires de l'expédition américaine ont aussi pour mission d'évaluer l'intérêt de la pêche à la baleine; ils reconnaissent 2 000 kilomètres de côtes de la Terre de Wilkes appartenant à un continent qu'ils baptisent Antarctique. Quand il part à son tour d'Australie, l'Anglais James Clark Ross est au courant des découvertes de Dumont d'Urville et Wilkes; avec l'« Erebus » et le « Terror » il s'oriente plus à l'est, découvre le cap Adare par 71° sud et navigue en longeant la chaîne de montagnes de la Terre de Victoria. Fin janvier 1841 il découvre un volcan actif, l'Erebus, au-dessus de la baie de Mac Murdo, mais sa progression vers le pôle est stoppée par une falaise de glace qui surplombe la mer de 50 mètres et s'étend sur 800 kilomètres de long vers 78°. Ross avait trouvé une voie navigable remontant très au sud jusqu'à cette barrière qui porte son nom et d'où partiront, bien plus tard, les expéditions à la conquête du pôle Sud.

On ne parlera guère de l'extrême Sud pendant plus d'un demi-siècle et il faudra attendre le Congrès géographique de 1895 pour désigner l'exploration de l'Antarctique comme « le plus grand projet qui reste à entreprendre ». De nombreuses premières seront réalisées pendant l'âge héroïque de l'exploration qui succède à « l'âge épique » de la découverte, principalement par des pays européens. Le trois-mâts « Belgica » est pris dans la banquise par 70° sud et 80° ouest; l'expédition d'Adrien de Gerlache va être la première à hiverner dans les glaces, dérivant avec elles de mars 1898 à mars 1899. Au moment où le navire se libérait de la banquise, le Norvégien Carstens Borchgrevink installe la première base sur le continent, au cap Adare. Au tout début du XXe siècle, d'autres expéditions connaissent des moments difficiles. Le navire allemand « Gauss » est bloqué pendant un an, à partir de février 1902. L'année suivante l'« Antarctic » suédois est écrasé par le pack à 54° sud et 57° ouest, mais son équipage, réfugié sur une île, survit en se nourrissant de phoques et manchots, jusqu'à ce qu'il soit sauvé par un navire argentin.

Jean-Baptiste Charcot hiverne avec « le Français » en 1904 à l'île Wandel et explore 500 miles de côtes dans la péninsule Antarctique. De retour en France, il repart avec le « Pourquoi Pas? » pour une campagne et un nouvel hivernage entre 1908 et 1910; ensuite Charcot ne naviguera plus au Sud, préférant sillonner les mers arctiques, jusqu'à sa disparition avec le « Pourquoi Pas? » en 1936 dans une tempête sur les côtes islandaises.

La conquête du pôle Sud

La course au pôle Sud commence dès le début du XXe siècle; elle est marquée par quatre expéditions menées par les Anglais

Scott (1901-1904 puis 1910-1913) et Shackleton (1907-1909) et le Norvégien Amundsen (1910-1912). Une première fois (1902), Robert Falcon Scott hiverne dans la baie de Mac Murdo mais doit renoncer à 700 kilomètres du pôle. Miné par le scorbut, Ernest Shackleton, qui fait partie de cette équipe, est rapatrié en Angleterre où il parvient, se posant en rival de Scott, à monter une nouvelle expédition. Shackleton et trois de ses compagnons partent de Mac Murdo en octobre 1908. Près de 3 000 kilomètres pour atteindre le pôle... et en revenir; des poneys tirent les traîneaux, mais il faudra les abattre un à un. Shackleton remonte le glacier de Beardmore pour franchir la chaîne Transantarctique et se retrouve sur la calotte de glace à 2 000 mètres d'altitude. Le 9 janvier 1909 l'expédition est à moins de 180 kilomètres du but; les hommes sont épuisés et Shackleton décide de rebrousser chemin : avec quarante jours de vivres les chances sont faibles d'atteindre le pôle et d'en revenir. La suite lui donnera raison car le raid mettra près de deux mois pour rejoindre la côte, le 28 février. A bout de forces les hommes embarquent à bord du « Nimrod » qui devait appareiller au plus tard le 1er mars 1909 pour éviter d'être pris dans les glaces. Échec glorieux et compensé par les résultats d'une expédition qui, entre autres, localisera le pôle magnétique. Modestement, Shackleton écrit à sa femme : « J'ai pensé que vous préféreriez un âne vivant à un lion mort. »

Scott repart à son tour et s'installe à nouveau dans la baie de Mac Murdo, en janvier 1911, à la tête d'une expédition au programme scientifique ambitieux et qui vise aussi à atteindre le pôle. Le 10 décembre il se trouve au pied du glacier de Beardmore; après l'abandon des deux tracteurs les poneys doivent être abattus à leur tour et les hommes tirent leurs traîneaux. L'équipe de soutien qui a accompagné Scott pour la remontée du glacier fait demi-tour. Seuls cinq hommes continuent : le 16 janvier 1912 le pôle est enfin atteint. Mais une terrible déconvenue attend l'expédition car le Norvégien Amundsen les a devancés, y plantant sa tente un peu plus d'un mois auparavant, le 14 décembre 1911. Fatigués, démoralisés, ces hommes ne reviendront pas. Sur le chemin du retour, Evans meurt le premier, le 16 février. Un mois plus tard, Oates a les pieds gelés; il sort seul de la tente, en plein blizzard : « Je resterai peut-être quelque temps dehors... » et il se sacrifie pour ne pas retarder ses compagnons. Le 21 mars 1912 les trois survivants sont bloqués par le blizzard, à 18 kilomètres d'un dépôt de vivres qu'ils n'atteindront jamais. Il leur reste deux jours de nourriture, du pétrole pour chauffer un repas. Ils meurent le 29 mars; les corps de Scott, Bowers et Wilson seront retrouvés sept mois après.

Roald Amundsen avait hiverné dans la baie des Baleines, à 600 kilomètres à l'est de Mac Murdo, d'où était parti Scott, mais 100 kilomètres plus près du pôle. Amundsen choisit, lui, des chiens pour tirer les traîneaux de l'expédition. Avec quatre hommes, il quitte sa base le 19 octobre 1911 et le 17 novembre il entreprend la montée vers le plateau en suivant le glacier de Heiberg, qui s'écoule à travers la chaîne Transantarctique. Passage difficile car très crevassé : au sommet Amundsen sacrifie les chiens devenus inutiles, n'en gardant que dix-huit pour tirer trois traîneaux. Les 90 degrés mythiques seront atteints le 14 décembre. Amundsen y laisse une tente, un drapeau et le message que trouvera Scott. Le 25 janvier 1912, l'équipe est de retour, après quatre-vingt-dix-sept jours de raid.

Au moment où Scott et Amundsen marchaient vers le pôle, l'Australien Mawson installait un hivernage (1911-1913) à proximité de la Terre Adélie dans une base qu'il appellera *The home of blizzard*; un raid coûtera la vie à deux de ses compagnons. Shackleton s'illustrera ensuite à nouveau en voulant tenter une traversée de l'Antarctique de la mer de Weddell à la mer de Ross. En 1915, son navire, l'« Endurance », est emprisonné par la banquise en plein été austral et dérive avec les glaces pendant neuf mois; il devra l'évacuer pour dériver à nouveau pendant cinq mois sur un morceau de banquise. En avril 1916, l'équipage embarque sur des canots de sauvetage et parvient à gagner l'île de l'Éléphant dans les Shetland du Sud. Pour trouver du secours Shackleton et cinq de ses compagnons entreprennent un voyage de 1 900 kilomètres, dans les mers les plus difficiles, sur une frêle embarcation. Comme ils approchent de leur but, l'île de Géorgie du Sud, une tempête les rejette sur la côte opposée à celle où se trouve une station de baleiniers. Shackleton doit traverser une chaîne de montagnes enneigées, véritables Alpes plantées dans l'Atlantique. Les hommes restés sur l'île de l'Éléphant ne seront récupérés que le 25 août 1916, près d'un an et demi après l'abandon de leur navire... Cette aventure marque la fin d'une époque de l'exploration.

L'âge de la mécanique

L'Australien Hubert Wilkins est le premier à utiliser l'avion en Antarctique, en 1928. Mais c'est l'amiral américain Richard Byrd qui mettra en œuvre tous les moyens techniques alors disponibles, à partir de la base de Little America construite dans la baie des Baleines où avait hiverné Amundsen : trois avions, un tracteur monté sur chenilles et des instruments modernes de communication voisinent avec les chiens de traîneau. Raids scientifiques mais aussi premier survol du pôle Sud, le 28 novembre 1929, à bord d'un trimoteur qu'il fallut délester de plusieurs caisses pour franchir les montagnes Transantarctiques. La décennie qui suit voit plusieurs expéditions à caractère scientifique. En 1935, un Américain épris d'aventures, Lincoln Ellsworth, entreprend le premier vol transantarctique : 3 700 kilomètres au-dessus d'un désert total et à bord d'un monomoteur, le « Polar Star »... Il devra se poser à 25 kilomètres du but, la base de Little America qu'il rejoindra à pied avec son pilote.

Le temps de la recherche scientifique

Les expéditions reprennent, lorsque les canons se taisent, après la Seconde Guerre mondiale. L'amiral Byrd lance l'opération *Highjump* (le grand saut) en 1946 : porte-avions, brise-glace, sous-marins, hélicoptères et quatre mille hommes entreprennent de cartographier une bonne partie des côtes du continent. A la fin de l'année 1949, les Expéditions Polaires Françaises fondées par Paul-Émile Victor installent la base de Port-Martin en Terre Adélie; onze hommes hivernent avec André Liotard et une deuxième équipe suivra avec Michel Barré. La base est détruite par un incendie le 23 janvier 1952 et une nouvelle expédition dirigée par Mario Marret s'installe sur l'île des Pétrels, à proximité d'une rookerie de manchots Empereurs, sur le futur site de la base Dumont d'Urville. Une équipe composée de chercheurs britanniques, norvégiens et suédois occupe deux ans de suite à cette époque la station de Maudheim, à 4 500 kilomètres de la Terre Adélie sur le versant Atlantique du continent. En 1954 les Australiens établissent la base de Mawson vers 63° est, à proximité de l'immense glacier de Lambert qui mesure 700 kilomètres de long sur 50 kilomètres de large. Météorologie, géologie, glaciologie, biologie, magnétisme... Ces expéditions sont le prélude à l'Année Géophysique Internationale (AGI).

Soixante-sept pays membres du Conseil International des Unions Scientifiques décident en effet de coordonner leurs efforts pour une étude systématique de la planète Terre pendant dix-huit mois, de juillet 1957 à décembre 1958. Cette Année Géophysique verra notamment le lancement des premiers satellites artificiels (le Spoutnik en octobre 1957 et Explorer 1 en janvier 1958); sur Terre, l'objectif principal est l'Antarctique, continent de quatorze millions de kilomètres carrés encore pratiquement inconnu. Douze pays, ceux qui seront signataires du Traité de l'Antarctique en 1959, y installent quarante-huit bases; quatre d'entre eux, dont la France, implantent des stations à l'intérieur du continent, dans des conditions de froid extrême et à la limite de l'insécurité. Vivian Fuchs et Edmund Hillary traversent le continent, de la mer de Weddell à Mac Murdo, en passant par le pôle... L'intérêt des chercheurs ne s'est jamais démenti depuis. Le Comité

Scientifique pour la Recherche Antarctique (SCAR en anglais), créé à la suite de l'AGI avec pour premier président le Français Georges Laclavère, coordonne actuellement des programmes menés par vingt-cinq pays.

Arrivée en Antarctique

Décembre 1956. C'est l'été austral : les navires qui assurent le soutien des stations scientifiques implantées pour l'AGI se dirigent vers l'Antarctique. Mille kilomètres seulement séparent la pointe extrême de ce continent de celle de l'Amérique du Sud, mais pour l'atteindre il faut naviguer sur 2 500 kilomètres à partir de l'Australie et sur 4 000 depuis l'Afrique du Sud. Cette année-là les membres de l'expédition française à bord du « Norsel » connaîtront, comme c'est souvent le cas, les « cinquantièmes hurlants » et les « soixantièmes grondants »; beaucoup les franchiront couchés dans leur « bannette », l'estomac chaviré au rythme du roulis et du tangage. Lorsque la mer se calme enfin, c'est sous un ciel gris et plombé qu'apparaissent les premiers icebergs, trois jours après que le navire a mis cap au sud à la sortie du port de Hobart en Tasmanie, petite île située au sud de l'Australie. Par 55° de latitude nous enfilons un anorak : en quelques dizaines de kilomètres la température chute de près de quatre degrés. Dans l'océan Indien on traverse alors la zone où se produit la rencontre des eaux froides polaires avec les eaux de surface subantarctiques plus chaudes. Un vaste courant d'ouest circumpolaire entoure complètement l'Antarctique et marque sa véritable limite naturelle; il remonte vers le nord dans l'océan Atlantique et se trouve plus au sud au voisinage du passage de Drake dans le Pacifique. A partir de cette limite des icebergs de plus en plus nombreux dérivent lentement avec les vents et les courants dans l'océan Austral. Ils sont de toutes tailles : plutôt petits et massifs, avec des formes déchiquetées et crevassées lorsqu'ils proviennent des grands glaciers de l'inlandsis, ou immenses tables de plusieurs kilomètres surplombant la mer, lorsqu'ils se sont détachés des ice-shelfs, ces grandes plates-formes de glace flottantes qui bordent certaines côtes de l'Antarctique. Même les plus petits sont dangereux, car ils n'émergent que d'un dixième de leur hauteur : la veille permanente et l'utilisation du radar sont de rigueur dans la navigation polaire.

En hiver l'eau de surface de l'océan Austral gèle, créant une ceinture de glace autour du continent et le rendant inaccessible. Au plus étroit, par exemple au large de la péninsule Antarctique, la glace de mer s'étend sur quelque 500 kilomètres mais non loin de là, au large de l'ice-shelf de Ronne, elle peut atteindre jusqu'à 3 000 kilomètres. Cette glace qui ne fait souvent qu'un ou deux mètres d'épaisseur disparaît en grande partie avec l'été; c'est le moment choisi pour la relève des expéditions. Guidés par les images des satellites les navires évitent les zones où la banquise dérive au large; pourtant l'accès à la côte demeure souvent imprévisible et varie largement d'une année à l'autre.

En décembre 1990, le bateau français est ainsi resté près de quinze jours bloqué au large de Dumont d'Urville, et il met parfois un mois pour un voyage depuis l'Australie qui se fait normalement en moins d'une semaine. Une tempête suffit souvent à disloquer cette ceinture de glace; à l'inverse, de nombreux navires se sont trouvés soudainement emprisonnés à la fin de l'été, avec le début d'un hiver précoce.

Bientôt Noël... le vent est tombé et le soleil baigne d'une frange rosée le plateau de glace qui monte devant nous à l'horizon, immense, mystérieux, sans relief. Le navire progresse lentement vers l'île des Pétrels où sont implantés les bâtiments de la station Dumont d'Urville, dans l'archipel de Pointe Géologie, à 5 kilomètres de la côte où n'apparaissent que de rares nunataks, rochers entourés de glace. Un peu à l'est, le glacier de l'Astrolabe s'avance en mer sur une dizaine de kilomètres de large, et se prolonge par les icebergs crevassés partis à la dérive. Accoudés au pont du navire, perdus dans ce décor somptueux, nous voyons monter vers le ciel les fusées multicolores de bienvenue lancées par nos camarades; pour eux c'est la relève, après presque un an d'isolement. Pour nous, c'est la découverte du continent dont nous avions rêvé.

La vie animale

Contrairement à ce que l'on pourrait imaginer, l'Antarctique frappe d'abord par la richesse de sa vie animale et le nombre surprenant d'espèces exotiques qu'on y rencontre. Les phoques se prélassent au soleil sur la glace. La mer, très bleue et claire, nourrit sur la frange côtière de nombreux oiseaux, du skua rapace au fragile pétrel blanc des neiges. Les manchots Adélie, ces oiseaux qui ne volent pas, ont colonisé toutes les îles de l'archipel; agiles ils escaladent les pentes de glace, sautillent sur les rochers, plongent et nagent merveilleusement dans la mer d'où ils ressortent parfois comme des fusées, propulsés par des ailerons puissants, lorsqu'il s'agit d'échapper au léopard de mer. Dans la rookerie les couples qui sont extraordinairement fidèles aux retrouvailles annuelles construisent leur nid; l'un transporte les cailloux tandis que l'autre les empile en surveillant le voisin, qui profiterait de la moindre absence pour les chaparder. Très curieux des activités de l'expédition l'Adélie ne craint pas l'homme, s'installe sous les abris et se contente de hérisser le plumage, voire de donner des coups de bec, sans fuir devant l'intrus qui l'approche de trop près. Parades amoureuses, querelles de voisinage et jeux de plage sont accompagnés de « ka, ka, ka » sonores et parfois coléreux que n'interrompt guère la période de ponte et de jeûne. A l'automne, quand la banquise se forme, ils quitteront le continent pour s'en aller en mer, laissant la place aux Empereurs. Plus grands (avec leur un mètre dix, ils ont un peu moins du double de la taille de l'Adélie), lents, dignes et un peu compassés, ces derniers, les seuls à émigrer vers le froid polaire de l'hiver austral pour se reproduire, progressent en files interminables. Après la cacophonie des retrouvailles, puis l'accouplement et la ponte dans le silence, tour à tour la femelle et le mâle se relaieront pour couver l'œuf et protéger le poussin dans la poche ventrale; sur la mer gelée, capables de supporter plusieurs mois de jeûne par des températures de – 40° C pendant que le conjoint parcourt parfois des centaines de kilomètres pour s'alimenter dans la mer libre, ils préservent, dans leur poche ventrale, l'éclosion de l'œuf unique. Ces animaux sont remarquablement organisés : ils se groupent en « tortue », plus ou moins circulaire, dans un mouvement tournant lent et compliqué pour que les Empereurs situés à l'extérieur et exposés au vent et au blizzard puissent à leur tour se réfugier au cœur de la rookerie.

Un milieu naturel extrême

Le climat est cependant relativement clément à la côte. A la latitude de Dumont d'Urville la température moyenne avoisine – 10° C et monte parfois au-dessus de zéro en été, alors que le thermomètre en hiver oscille autour de – 20 à – 30° C. Par contre le vent froid descendant de la calotte de glace souffle souvent en tempête; si sa vitesse moyenne sur le site de la base française est de 40 kilomètres par heure, les anémomètres enregistrent bien souvent des valeurs deux à trois fois supérieures. La pointe la plus forte, en juin 1977, a atteint 322 km/heure... Pour l'homme, ou l'animal, la déperdition de chaleur dépend très fortement du vent : une température de – 30° C équivaut à – 55° C avec un vent de 30 km/heure et à – 70° C pour 100 km/heure. On comprend ainsi la nécessité de la stratégie de protection développée par les manchots Empereurs.

La température moyenne baisse progressivement lorsque l'on monte sur la calotte glaciaire : – 20° C à 30 kilomètres de la côte où l'altitude avoisine 1 000 mètres; – 55° C à la station Vostok implantée à 1 500 kilomètres de la côte la plus proche, à près de 3 500 mètres au-dessus du niveau de la mer. Là, s'il ne fait, si l'on peut dire, que – 30° C durant les mois de janvier et février en plein été austral, le thermomètre oscille autour de – 60° C pendant un long hiver de sept mois. Le mercure gèle et l'on a recours au thermomètre à alcool. C'est à Vostok que les Soviétiques ont enregistré la température la plus basse jamais mesurée sur Terre, – 89,3° C! Encore heureux que sur le haut plateau les vitesses de vent soient moins élevées qu'à la côte.

Les raids profitent de l'été pour parcourir la surface de la calotte. Dans les régions côtières il faut baliser des pistes échappant aux zones de crevasses; les convois sont souvent stoppés dans leur lent cheminement par le blizzard, vent violent qui charrie grains de neige ou particules de glace et réduit toute visibilité. Le contraste est grand entre une zone aux paysages variés et même colorés, la côte où se réfugie la vie, et le plateau polaire d'un blanc infiniment monotone, parfois déchiré par des halos et parhélies autour d'un soleil dont les rayons jouent avec les fines particules de glace flottant dans l'atmosphère. Là, point de vie; rien que le désert total qui ne saurait nourrir l'animal égaré. Solitude infinie encore renforcée par la nuit polaire. Si le soleil peut être visible tous les jours à la latitude du cercle polaire (66°33′), frôlant l'horizon pendant de longues heures et ne se couchant pas le 21 décembre, les hivernants de la base du pôle Sud verront s'alterner six mois de jour et six mois de pénombre et de nuit, de mars à septembre. Au cœur de la nuit polaire, toutes les stations antarctiques célèbrent, le 21 juin, la *Mid-Winter.*

Mais l'Antarctique est d'abord, et surtout, le domaine des glaces. Les 12,5 millions de kilomètres carrés du continent sont recouverts d'une couche de glace dont l'épaisseur moyenne atteint près de 2,5 kilomètres. Ils constituent l'inlandsis (la glace au milieu des terres) qui se prolonge par de vastes plates-formes flottant sur la mer, épaisses de 400 mètres et couvrant 1,5 million de kilomètres carrés. Au total 14 millions de kilomètres carrés – près de trente fois la surface de notre Hexagone et plus que les États-Unis et le Mexique réunis – de désert blanc. Les roches apparentes représentent moins de 2 % de cette surface. En survolant différentes régions le visiteur découvrira çà et là des massifs montagneux et même l'une des plus longues chaînes de montagnes du monde, la chaîne Transantarctique qui s'étend sur plus de 4 000 kilomètres; bordant la Terre de Victoria, elle sépare ensuite l'Antarctique en deux zones distinctes : à l'est un vaste plateau blanc qui monte à plus de 4 000 mètres et qui renferme 85 % de la glace du continent, à l'ouest une zone plus contrastée où les massifs montagneux culminent à 5 140 mètres (au mont Vinson) et alternent avec des fosses, recouvertes de glace, qui descendent jusqu'à 2 500 mètres au-dessous du niveau de la mer. En fonction du relief, les paysages côtiers sont très contrastés : falaises de glace et glaciers avançant lentement sur la mer dans un paysage plat ou véritables fleuves gelés occupant sur des centaines de kilomètres des vallées aux parois parfois abruptes.

Expéditions d'aujourd'hui

Longtemps inhabité, l'Antarctique accueille actuellement une quarantaine de stations d'hivernage, entretenues par dix-sept pays et essentiellement consacrées à la recherche scientifique : au total, une population de quelque mille chercheurs et techniciens. La plupart de ces bases sont installées vers la côte et même anormalement concentrées dans certaines zones, par exemple sur l'île du roi Georges, au nord-ouest de la péninsule Antarctique, qui en abrite huit sur une surface réduite. En revanche l'inlandsis reste un vaste désert où ne se trouvent que deux stations, celle, américaine, du pôle Sud et celle, soviétique, de Vostok. Ces stations d'hivernage occupées en permanence offrent généralement un confort certain et adapté à leur fonction d'observatoire. Ainsi la base Dumont d'Urville compte une cinquantaine de bâtiments, locaux techniques et abris scientifiques répartis sur l'île des Pétrels, longue de un kilomètre et dont le point le plus haut est à 40 mètres d'altitude : lieux d'habitations confortables jouissant d'une vue imprenable sur la mer, laboratoires scientifiques modernes et d'une haute technicité, bibliothèque et réfectoire fleuri qui abrite des perruches aux couleurs vives, centrale électrique, ateliers et station de télécommunications assurant le seul lien permanent avec le monde. Il y a même des chambres frigorifiques pour la conservation des produits surgelés. La séparation des bâtiments et des réserves de vivres et d'équipement répond d'ailleurs à un indispensable souci de sécurité, le feu pouvant être un ennemi beaucoup plus redoutable que le froid. L'eau douce courante est produite par désalinisation de l'eau de mer car la neige est rare en été et souillée par les déjections des manchots.

De vingt à trente personnes hivernent selon les années : chercheurs et techniciens en charge des programmes scientifiques ou du fonctionnement de la base, médecin et bien sûr cuisinier, personnage important... en tout cas dans une station française. Certains peuvent passer l'hiver en pantoufles mais rares sont ceux qui résistent à l'appel des paysages et de la faune locale. Exutoire bénéfique face aux problèmes humains que peut poser, malgré les critères rigoureux de sélection utilisés lors du recrutement, l'isolement d'une petite communauté le plus souvent non mixte (il n'y a guère de femmes en Antarctique). Ce confort offre certes bien des avantages; pourtant la possibilité de liaisons téléphoniques relayées par satellite entre les hivernants et leur famille ne suffit pas à éviter le décalage d'êtres plongés dans des milieux si dissemblables.

Tout change lorsque l'on quitte la base; la vie en raid est bien différente, lorsqu'il s'agit d'affronter les éléments naturels : vent, blizzard et froid. Il faudra parfois attendre bien longtemps la douche réparatrice, la musique pacifiante. Certes on est étonné de voir les facultés d'adaptation de l'homme dans ces circonstances, mais c'est parfois dur; malheur aussi à celui qui aura oublié le boulon unique nécessaire à la remise en marche du tracteur immobilisé! La mécanique a d'autres servitudes que les chiens de jadis.

Évidemment rien de ce qui est nécessaire n'est disponible sur place, tout vient de France : carburant, nourriture, équipements scientifiques... soigneusement emballés dans des caisses numérotées, hélas pas toujours faciles à repérer le moment venu. Si la pelle pour déneiger est l'outil indispensable en raid, le nouvel arrivant dans une base ne peut se séparer de son marteau et de son arrache-clou. Chaque année, à la belle saison, le bateau de relève revient avec sa précieuse cargaison, apportant aussi le courrier tant attendu, datant parfois de plusieurs mois, qui ravive les rêves que l'on a faits pendant le long hivernage. Le retour ne sera d'ailleurs pas forcément à la hauteur, même si les retrouvailles avec la civilisation ou avec l'être aimé sont toujours dans un premier temps comme un bain de jouvence. La population antarctique double pendant les deux ou trois mois d'été, où se côtoient arrivants et partants, période d'intense activité durant laquelle on doit réaliser l'essentiel des travaux extérieurs.

Les moyens logistiques engagés pour le support des bases et des programmes varient beaucoup selon les pays. Allemands, Américains, Japonais et Soviétiques disposent de véritables brise-glace; en été, Américains et Chiliens assurent une liaison par avion entre la Nouvelle-Zélande ou la Terre de Feu et l'Antarctique. La base américaine du pôle Sud est entièrement maintenue par des avions C130 équipés de skis, tandis que de lourds tracteurs soviétiques transportent chaque année depuis la côte le ravitaillement de la station Vostok. L'hélicoptère ou l'avion léger est un équipement indispensable, aussi bien pour reconnaître des passages dans la glace que pour exécuter les opérations de débarquement ou faciliter l'accès à des zones difficiles ou crevassées.

Goût de l'inconnu, attrait des paysages et des conditions de vie en équipe malgré leur rigueur, besoin de se découvrir soi-même mais aussi recherche de prestige, envie d'être différent, de changer, voire de fuir certains problèmes, possibilité de réunir quelques économies sont autant de motivations, parfois disparates et difficiles à vivre, pour ceux qui partent. Souvent aussi le sens d'être utile en réalisant une mission scientifique. Le plus inaccessible, le plus froid, le plus venté, le plus désertique... Que viennent donc faire les chercheurs sur ce continent?

Un laboratoire à l'échelle de la planète

La Terre est un tout. Nous n'avons qu'une atmosphère, l'eau profonde formée dans l'océan Austral se retrouve jusque dans les latitudes nord et les grands oiseaux migrateurs volent d'un pôle à l'autre. Les satellites tissent peu à peu une vaste toile d'araignée autour de notre monde. Pourtant, dans de nombreux domaines, la recherche ne peut se développer sans la présence de chercheurs fixés en un lieu, au sol ou sur l'océan, regardant l'espace, sondant et échantillonnant l'air, les mers, les roches, les sédiments marins, l'intérieur de la Terre et de la glace. L'hémisphère Sud est essentiellement couvert par les océans et le seul continent qui existe au-delà de 55 degrés est l'Antarctique. C'est donc un observatoire privilégié, une maille essentielle dans le réseau d'observations de notre Planète.

La recherche que l'on y mène est une composante indispensable des programmes globaux visant à ausculter les caractéristiques physiques et chimiques ainsi que la partie vivante de la Terre. Elle est aussi nourrie des particularités de ce continent : soleil permanent en été, présence du pôle Sud magnétique, virginité d'une atmosphère particulièrement sensible à la pollution, puits de froid du globe, océans couverts de glace, espèces vivantes, dont l'homme, s'adaptant à des conditions extrêmes, fragment isolé du Gondwana, immense calotte glaciaire qui contient presque toute l'eau douce du monde et les archives de la Terre. Pour le chercheur il s'agit

de tirer parti de ces caractéristiques uniques, de mener une recherche que l'on ne peut faire ailleurs. Dans bien des domaines, l'Antarctique se révèle irremplaçable : astrophysique, géophysique, écologie, climatologie, etc.

Un soleil toujours actif

Si la nuit polaire rend encore plus difficile la solitude, le soleil de minuit peut quant à lui empêcher de dormir. Mais quelle aubaine pour l'astrophysicien qui s'intéresse au Soleil. En effet, paradoxalement, la structure interne de cet astre n'est guère connue que par application de la théorie de l'évolution des étoiles; sa relative proximité n'est d'aucun secours puisque ses couches extérieures sont opaques à toute forme de rayonnement électromagnétique produit en son sein. La théorie stellaire permet de construire un modèle pour cette structure interne qui doit rendre compte de ce que l'on peut observer ou calculer depuis la Terre : diamètre, masse, luminosité, composition chimique de la surface. Pour le vérifier, on s'est efforcé de détecter les neutrinos, particules fantomatiques dénuées de masse produites lors des réactions nucléaires qui transforment l'hydrogène en hélium au cœur du Soleil; mesure difficile mais qui permet de montrer que ce flux est trois fois plus faible que celui prévu par le modèle. De plus, l'observation d'un aplatissement du Soleil, traduisant le champ de gravité interne, n'est hélas guère réalisable; les variations ne sont pas détectables, masquées par un flou des bords du Soleil dû à son enveloppe gazeuse et à la traversée de notre atmosphère par les rayons émis. C'est pour mieux connaître la structure interne de Phoebus qu'est née récemment la sismologie solaire : sa surface est agitée de vagues qui sont la manifestation d'oscillations globales affectant l'ensemble de son volume. L'analyse de ces ondes permet d'ausculter la structure profonde, un peu comme on le fait pour la Terre en analysant les ondes sismiques. Une expérience faite au pôle Sud il y a quelques années par des chercheurs américains et des Français de l'Observatoire de Nice a permis de mettre en évidence de nombreuses périodes allant de quelques minutes à quelques heures et qui traduisent le transport par convection de la chaleur, produite en profondeur par les réactions nucléaires, vers la surface.

Mais pourquoi aller en Antarctique pour faire ce type d'observations, que l'on pourrait réaliser semble-t-il plus confortablement en d'autres sites? Les raisons sont multiples, certaines faciles à comprendre. Pour déceler ces périodes de quelques heures, il faut plusieurs jours d'une observation ininterrompue, seulement possible dans les hautes latitudes en été. Il faut aussi une bonne transparence pour éliminer le bruit de fond parasitaire que crée l'atmosphère : c'est ce qu'offrent les sites en altitude de la calotte antarctique, avec une teneur en vapeur d'eau très faible et où de plus l'épaisseur de l'atmosphère traversée reste constante à l'échelle des jours.

Il faudra cependant encore de nombreuses observations pour mieux contraindre les modèles classiques stellaires et trouver l'explication du cycle de onze ans observé pour les taches solaires et l'activité magnétique. L'astronomie polaire a de beaux jours devant elle car des programmes utilisant la continuité du ciel nocturne en hiver pour étudier cette fois les étoiles devraient aussi se développer. Ces études sont bien sûr possibles de l'espace mais l'accident de la navette Challenger et l'accès peut-être lointain à celle de Shuttle rendent le futur incertain. Le haut plateau antarctique peut représenter une alternative, de plus peu coûteuse, à certaines observations spatiales.

L'énergie émise par la surface du Soleil se manifeste par des rayonnements dont les fréquences vont des ondes radio jusqu'aux X et gamma en passant par la lumière visible, source d'énergie pour la machine climatique de notre Planète, et l'ultra-violet auquel sont sensibles les êtres vivants. En même temps le Soleil projette dans l'espace un flux permanent de gaz ionisés : le vent solaire. Celui-ci, composé essentiellement de protons chargés positivement et d'électrons chargés négativement, constitue un plasma qui voyage à plusieurs centaines de kilomètres par seconde pour arriver un à deux jours après son émission à proximité de la Terre et de son champ magnétique.

Une fenêtre sur le cosmos : électrons, aurores et ondes radio

La recherche du pôle magnétique dans l'hémisphère Sud a guidé, nous l'avons dit, les expéditions du siècle dernier vers l'Antarctique. Mais aujourd'hui encore on connaît mal le détail des mécanismes qui conduisent à la formation du champ magnétique terrestre induit par des courants électriques qui parcourent le noyau central fluide et conducteur de la Terre. En surface tout se passe comme si un puissant aimant était placé en son centre, caractérisé par un pôle Nord qui se trouve au sud géographique et vice versa, même si par commodité de langage on confond pôle géographique et magnétique. Mais ce pôle de surface, celui qui guide la boussole, se déplace. Localisé dès le début du XXe siècle sur le continent, il était entre les stations françaises de Charcot et Dumont d'Urville pendant l'Année Géophysique (1957-1958) et il se trouve maintenant en mer, au large de Dumont d'Urville; cela représente un déplacement de l'ordre de 10 kilomètres par an, dont on ne connaît pas la cause.

Une autre énigme non éclaircie est l'inversion du champ magnétique à l'échelle des temps géologiques. Ce sont les coulées volcaniques datées sur les continents qui ont d'abord mis en évidence l'inversion des pôles car les particules magnétiques contenues dans les laves conservent l'empreinte de la direction de ce champ lorsque celles-ci se refroidissent et se solidifient. Ces inversions sont aussi inscrites au fond des océans, conformément à la théorie des plaques qui explique la dérive des continents. La matière en fusion qui se forme de façon continue dans les rifts océaniques se solidifie et se déplace; de chaque côté du rift on trouve ainsi la marque, de plus en plus ancienne lorsqu'on s'éloigne de la source, des retournements du champ. Il existe ainsi quelque soixante-dix événements au cours des derniers 30 millions d'années; à l'exception, peut-être, de quelques incursions très courtes, l'aimant terrestre a conservé la même orientation depuis 730 000 ans.

Les lignes de force du champ magnétique de surface ne conservent pas leur belle régularité lorsqu'on s'éloigne de la Terre. Elles sont déformées par le vent solaire. De cette déformation vient la définition des pôles géomagnétiques, utilisés pour décrire le champ dans l'espace; au sud, il est situé vers la station Vostok, à quelque 1 000 kilomètres du pôle magnétique de surface. Face au Soleil *(figure 1.1)*, la magnétosphère se trouve comprimée et ne s'étend que sur une dizaine de

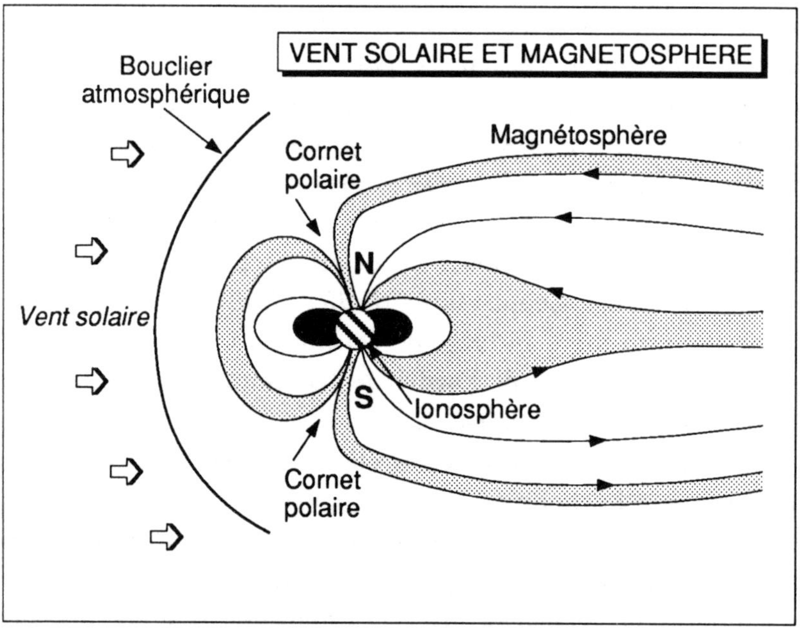

Figure 1.1. Fenêtre sur le cosmos

Les particules du vent solaire sont déviées par le champ magnétique de la Terre et déforment les lignes de force de ce champ qui constituent la magnétosphère. Une partie de ces particules pénètre dans l'atmosphère au niveau des cornets polaires. La rencontre des électrons avec les gaz de l'atmosphère conduit à la formation des aurores polaires et de couches dans l'ionosphère qui permettent la transmission de certaines ondes radio; les ceintures de radiation, dites de Van Allen, sont indiquées par des ovales noirs.

rayons terrestres (1 rayon terrestre = 6 370 kilomètres) alors que sa queue, en forme de comète, s'allonge sur plus de mille.

Le vent solaire, qui a gardé l'empreinte du champ magnétique du Soleil, arrive avec une vitesse supersonique et produit une onde de choc au contact de la magnétosphère, créant la magnétopause. Cette dernière constitue un générateur géant qui transforme l'énergie cinétique des particules solaires en énergie électrique; sa puissance est supérieure à un million de mégawatts. Les particules du vent solaire sont déviées mais certaines traversent la frontière que constitue la magnétopause et s'engouffrent dans les cornets polaires, guidées par les lignes de force du champ magnétique qui convergent vers les pôles; c'est pour cela que l'on parle des régions polaires comme d'une fenêtre ouverte sur le cosmos.

Les phénomènes physiques qui prennent place dans la magnétosphère sont très complexes et les mécanismes qui gouvernent les échanges d'énergie et de masse entre le Soleil et la Terre sont mal connus. Ils se traduisent cependant par un certain nombre de manifestations bien réelles. Il s'agit tout d'abord des ceintures de radiation qui entourent la Terre (à l'exception des zones polaires), l'une vers 3 500 kilomètres d'altitude et l'autre vers 20 000; elles ont été détectées dès l'Année Géophysique par le compteur Geiger de l'Américain James Van Hallen, placé à bord de la fusée Vanguard. Il s'agit aussi des aurores polaires dues au bombardement de l'atmosphère terrestre par les électrons qui suivent les lignes de champ magnétique convergeant vers les pôles. Étonnantes, voire effrayantes pour nos ancêtres, mais merveilleuses, ces taches luminescentes colorées se développent sous des formes multiples. Ce ne sont pas des turbulences atmosphériques qui créent ces draperies naissant dès 100 kilomètres d'altitude, mais pouvant aussi descendre très bas, et que les astronautes voient comme de grands ovales lumineux autour des pôles magnétiques de la Terre : ce sont des électrons dont l'énergie est de plusieurs milliers d'électrons-volts qui viennent exciter les atomes et molécules de l'atmosphère. Lorsque les électrons des atomes excités retombent à des niveaux énergétiques inférieurs, ils émettent un rayonnement dans une large bande spectrale; la lumière vert pâle provient des atomes d'oxygène tandis que les teintes roses sont dues à l'azote.

Ces électrons existent aussi dans l'atmosphère terrestre lorsque la pression devient faible et l'on trouve des couches ionisées, qui traduisent l'action des photons solaires sur les molécules de l'atmosphère, à différentes altitudes entre 50 et 1 000 kilomètres. La plus proche, la couche D, se situe entre 60 et 85 kilomètres; elle absorbe les ondes courtes et guide les très longues. De ce fait l'ionosphère joue un rôle important dans la transmission des ondes radio et plus généralement dans les télécommunications, y compris celles par satellite. Parfois ces communications sont perturbées; la complexité des interactions entre particules et champs conduit à des périodes d'instabilité caractérisées par une activité aurorale accrue mais aussi par des orages magnétiques et des perturbations des couches de l'ionosphère.

Beaucoup reste à faire pour la compréhension des relations Soleil-Terre. L'un des projets est d'établir un réseau de stations géophysiques automatiques, posées sur la neige et dont les observations seraient corrélées avec des observatoires spatiaux. Plus spécifiquement les Américains ont utilisé l'Antarctique pour injecter des signaux radio dans l'ionosphère et dans la magnétosphère, à partir d'une antenne de 42 kilomètres de long étendue sur la glace. Le comportement de ces signaux bien calibrés est une façon d'ausculter la magnétosphère et bien sûr l'ionosphère; c'est peut-être aussi potentiellement une façon de perturber la distribution des particules chargées et donc la transmission des ondes radio. Pour l'instant il s'agit plutôt de prévoir les perturbations naturelles; l'observation des scintillations provenant de radiosources interplanétaires pourrait peut-être permettre d'annoncer l'arrivée de jets de vent solaire intenses avant qu'ils ne fracturent et perturbent magnétopause et magnétosphère.

Ozone : le trou...

En mai 1985 Joe Farman et ses collègues du British Antarctic Survey publient dans *Nature* un article qui fait sensation : depuis plus de dix ans l'épaisseur de la couche d'ozone diminue chaque printemps au-dessus de l'Antarctique. Dans le jargon scientifique la quantité d'ozone en octobre est passée de 300 unités Dobson à moins de 200 au cours des dix dernières années (100 Dobsons correspondent à une couche de 1 millimètre si tout l'ozone était ramené à la pression atmosphérique au niveau de la mer et à 0° C). Ces mesures faites au sol sont confirmées par les données de la NASA obtenues au moyen d'un spectromètre embarqué à bord du satellite Nimbus 7; il a fallu pour cela reprendre les étalonnages car toutes les valeurs faibles étaient considérées comme anormales et automatiquement écartées! Ce coup de projecteur sur le continent austral a été largement repris par les médias, d'autant plus que dès 1974 deux chercheurs américains, Mario Molina et Sherwood Rowland, avaient émis l'idée que les chlorofluorocarbones (CFC) produits par l'homme pouvaient potentiellement détruire l'ozone stratosphérique.

Il faut deux atomes pour constituer les molécules de l'oxygène que nous respirons et l'ozone en contient trois; sa concentration est très faible, quelques millioniémes du volume de cette atmosphère, et il est essentiellement présent dans la stratosphère, entre 10 et 20 kilomètres d'altitude. Il se forme là par action du rayonnement ultra-violet (UV) solaire qui possède encore suffisamment d'énergie pour casser les molécules d'oxygène de l'atmosphère; les atomes ainsi produits peuvent se recombiner avec les molécules d'oxygène, donnant naissance à l'ozone. Cet ozone absorbe très efficacement le rayonnement ultra-violet (il est aussi partiellement détruit dans ce processus) susceptible de détruire les liens des molécules ADN et donc de détériorer le code génétique des cellules vivantes. Sur les êtres humains cela se traduit par les brûlures des coups de soleil, le cancer de la peau et la cataracte.

Quelle est la cause de cette réduction de la couche d'ozone en Antarctique au printemps, dont l'épaisseur *(figure 1.2)* est passée de 3 millimètres vers les années 1975 à la valeur « record » de 1,25 en 1987 ? Une partie de la réponse est venue dès cette année-là, à la suite d'une opération internationale, comprenant des Français, organisée par les Américains. Les instruments d'un avion de la NASA, version civile de l'avion espion U2, volant dans la stratosphère, montrent que les teneurs en ozone décroissent fortement lorsque les teneurs en oxyde de chlore augmentent. Les molécules de CFC, composées d'atomes de carbone, de fluor, mais aussi de chlore sont très stables jusqu'à ce qu'elles pénètrent dans la stratosphère où elles sont détruites elles aussi par l'action des UV; elles libèrent du chlore qui décompose les atomes d'ozone pour donner du monoxyde de chlore (ClO) et de l'oxygène. Une partie du chlore se recombine avec d'autres éléments, formant des composés plus stables mais qui peuvent réagir pour donner à nouveau naissance à du chlore actif; une faible quantité de ce « catalyseur », formé à partir des CFC, agit ainsi en chaîne dans la destruction de l'ozone.

Mais le chlore n'est qu'un des aspects du puzzle. Interviennent également les caractéristiques de la circulation stratosphérique. En hiver, l'Antarctique est isolé par le vortex polaire, sorte de tourbillon tournant autour du pôle qui empêche l'arrivée de l'air plus tempéré et de l'ozone produit sous d'autres latitudes, notamment vers l'Équateur. Cet isolement explique les très basses températures (– 90° C) de la stratosphère antarctique, favorables aux réactions de destruction de l'ozone. C'est avec la réapparition du soleil au printemps, et donc des UV, que se manifeste le trou d'ozone; la destruction est d'autant plus marquée que la disparition du vortex, et donc l'apport d'ozone formé aux autres latitudes, ne se produit que lentement avec le réchauffement solaire.

Un autre phénomène observable dans l'hiver antarctique

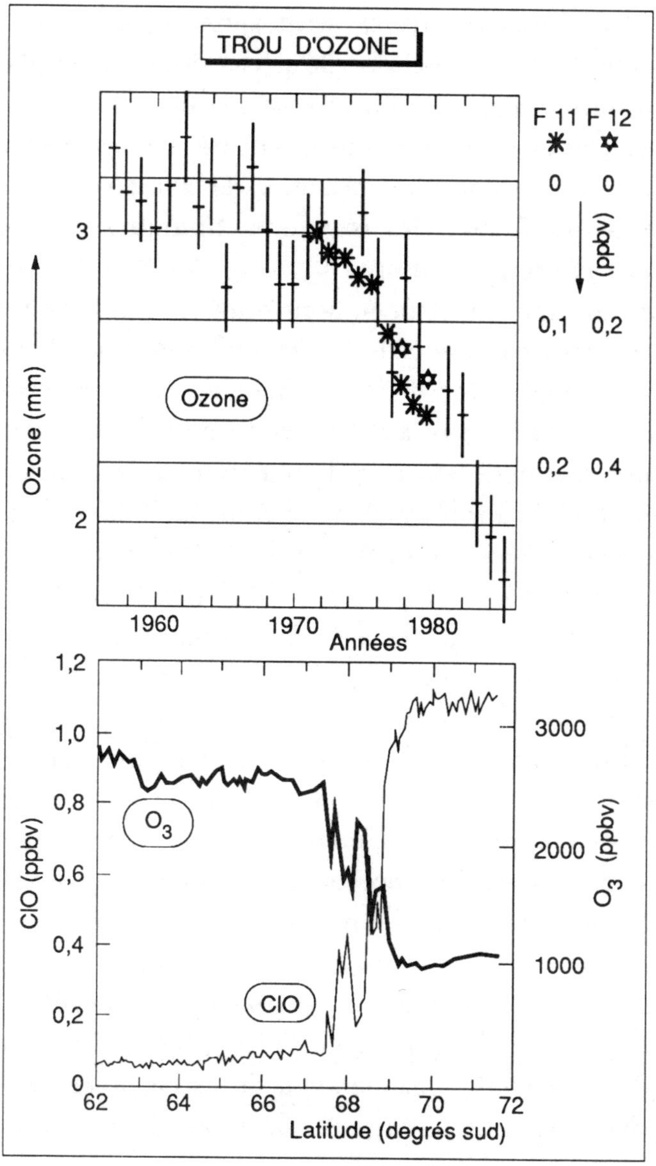

Figure 1.2. « Trou d'ozone »

– *En haut :* Épaisseur de la couche d'ozone mesurée au printemps au-dessus de l'Antarctique (barres verticales) et teneurs en chlorofluorocarbones (F11 et F12). L'épaisseur de la couche d'ozone diminue en même temps que les concentrations des CFC augmentent (d'après *New Scientist*, novembre 1987, p. 52).

– *En bas :* Teneurs en ozone (O_3) et en monoxyde de chlore (ClO) mesurées dans la stratosphère antarctique. Les teneurs en O_3 décroissent en même temps que celles du ClO augmentent, indiquant le rôle probable du chlore provenant des CFC dans la destruction de l'ozone (d'après W.H. Brune, 1989).

est la formation de nuages stratosphériques. Avec les très basses températures naissent de petits cristaux de glace, par congélation de la vapeur d'eau et d'autres gaz comme l'acide nitrique, lequel intervient aussi par les oxydes d'azote dans la chimie de l'ozone. Ces cristaux de glace constituent un support favorable pour les réactions chimiques, dites hétérogènes, qui libèrent le chlore.

La teneur en ozone dépend donc d'un ensemble de réactions chimiques très compliquées; si les chlorofluorocarbones sont clairement impliqués, d'autres facteurs, dont certains sont naturels, interviennent aussi et sont mal connus. On n'explique par vraiment pourquoi le phénomène de destruction de l'ozone s'accélère après 1979. Y a-t-il un seuil de concentration des composés chlorés au-delà duquel ils agiraient? Les nuages stratosphériques sont-ils devenus plus nombreux? La circulation dans la stratosphère a-t-elle changé? En fait il n'existe pas de réponse claire et unique sur l'origine du trou d'ozone et de nouvelles recherches sont encore indispensables. Pour cela l'utilisation de lidars (sortes de lasers permettant de mesurer depuis le sol l'ozone, les aérosols et la température), de spectromètres et photopolarimètres (pour étudier la nature des nuages et des aérosols) est prévue, notamment à la base Dumont d'Urville, où l'on envisage en outre des sondages de l'atmosphère à l'aide de ballons spécialement équipés.

Il faut maintenant évaluer les impacts à l'échelle globale de ce déséquilibre chimique de l'atmosphère. On a constaté que la colonne totale d'ozone avait décru en hiver de 3 à 5 % depuis deux décennies entre les latitudes de 30 à 64° nord, où les observations sont suffisantes pour mettre en évidence une telle tendance.

L'Arctique est-il également atteint? C'est ce que semblent indiquer les très faibles teneurs mesurées en février 1989 avant que ces anomalies ne soient occultées par un réchauffement brusque de la stratosphère. Il est vrai que le vortex polaire est ici moins développé et que les températures sont moins basses qu'en Antarctique, rendant plus difficile la manifestation du trou d'ozone.

A tout le moins le trou observé au pôle Sud constitue un sérieux signal d'alarme. Pas de quoi s'émouvoir vraiment pour un continent où vivent quelques chercheurs et surtout des manchots. Mais si le phénomène s'étendait? Le trou d'ozone se produit pendant les mois de septembre et d'octobre mais on l'a observé jusqu'en décembre. Le printemps est justement la saison où le phytoplancton se met à proliférer à la surface de l'océan Austral; c'est pourquoi on entreprend d'étudier l'effet des UV sur ces micro-organismes qui pourraient être les premières victimes du trou d'ozone.

Atmosphère et climat

L'Antarctique est le continent le plus froid. Cela tient tout d'abord au fait qu'étant centré sur le pôle Sud il ne reçoit pas de rayonnement durant la nuit hivernale, période qui dure de quelques jours dans les régions côtières proches du cercle polaire à pratiquement six mois au pôle même. De plus, l'essentiel du rayonnement reçu (plus de 80 %) est réfléchi directement vers l'atmosphère par la surface de glace. Enfin, celle-ci perd aussi de l'énergie en émettant un rayonnement infra-rouge qui traversera plus facilement qu'ailleurs une atmosphère pauvre en vapeur d'eau et moins épaisse. Car les altitudes sont élevées sur la calotte, jusque vers 4 000 mètres, ce qui explique que les températures sont de 10 à 30° C plus basses que celles que l'on rencontre dans l'Arctique à latitude équivalente. Le bilan radiatif de l'Antarctique est toujours négatif, à l'inverse des régions équatoriales et tropicales. C'est le principal puits de froid de la Terre, une caractéristique qui influe sur la circulation générale de l'atmosphère puisque celle-ci, en plus de l'effet lié à la rotation du globe, est principalement déterminée par la différence de température entre l'équateur et les pôles. Comme cette différence est plus marquée dans l'hémisphère Sud, la circulation y est plus intense. De larges dépressions circulent autour du continent austral, responsables des conditions climatiques agitées des régions côtières. Isolé, le continent se refroidirait plus encore; il importe donc de connaître aussi dans cette région les transports de chaleur à grande échelle par l'atmosphère (par les océans aussi, comme on le verra plus loin) qui maintiennent la distribution et la stabilité des climats de notre Planète.

Dans l'Antarctique, des phénomènes spécifiques sont à considérer. Le premier concerne la couche limite, approximativement le premier kilomètre, où se fait sentir le frottement de l'atmosphère sur la surface, influencé notamment par la nature du sol; l'immense calotte présente des caractéristiques uniques qu'il faut déterminer. Le second est dû aux vents de gravité. Comme la surface de la neige émet plus de rayonnement qu'elle n'en reçoit, elle est plus froide que l'atmosphère, créant une inversion de température puisque celle-ci augmente quand on s'élève de quelques centaines de mètres. L'air froid et dense des basses couches s'écoule et s'accélère le long de la pente de la calotte, donnant naissance aux vents « catabatiques ». Ils sont relativement modérés dans les régions centrales (10 à 20 km/heure) même si l'on connaît des périodes plus agitées (120 km/heure à la station Charcot); ils sont plus élevés dans les régions côtières (30 à 70 km/heure) où en fonction de conditions topographiques favorables ils peuvent souffler en tempête : l'anémomètre de la base française Dumont d'Urville a, nous l'avons dit, enregistré une pointe de plus de 320 km/heure en juin 1977 et l'on connaît dans cette base de longues périodes à 100 km/heure. Ces vents peuvent transporter des quantités formidables de neige (le glaciologue australien Fritz Loewe en a ainsi piégé près de 80 tonnes en vingt-quatre heures, à travers une ouverture de un mètre carré) et dévalent au-delà des côtes, disloquant en certaines occasions la couverture de glace de mer. Ce phénomène des vents catabatiques est particulièrement bien marqué en Terre

Adélie où il a récemment fait l'objet de campagnes d'études franco-américaines.

Comprendre le couplage de l'atmosphère antarctique avec la circulation générale est aussi important dans le domaine de la chimie de l'atmosphère. On l'a vu dans le cas de l'ozone pour la stratosphère; il est aussi responsable du transport des aérosols et des gaz jusque dans la troposphère antarctique et la glace, ce qui permet de quantifier – on y reviendra – l'évolution de la pollution globale à partir d'observations faites en Antarctique. Pour toutes ces raisons, un observatoire de la composition chimique de l'atmosphère fonctionne de façon permanente au pôle Sud, associé au réseau météorologique.

Si l'on se tourne vers le futur, les modèles climatiques prévoient que le réchauffement lié à l'effet de serre pourrait être plus marqué aux hautes latitudes. La température de surface est l'un des paramètres clés de cette évolution, mais le nombre de stations sur le continent austral est très insuffisant (deux seulement fonctionnent de façon continue sur le haut plateau antarctique) pour qu'on puisse détecter un effet possible; c'est pourquoi on développe l'utilisation de stations météorologiques automatiques, qui permettent de caler les mesures de la température de surface faites par satellites. On verra que le rôle des nuages, particulièrement ceux des régions polaires, représente la principale incertitude pour la prédiction du climat futur lié à l'effet de serre. Il s'agit entre autres d'étalonner par des mesures au sol les observations spatiales et d'évaluer la hauteur et les propriétés optiques de ces nuages.

Océan et glace

Les océans, avec une surface de 360 millions de kilomètres carrés, couvrent les deux tiers de la surface du globe. Ils absorbent l'énergie venant du Soleil, la transportent et la restituent à l'atmosphère, après un certain temps, jusque dans les zones éloignées. Le rôle de l'océan dans le fonctionnement du système climatique, quoique fondamental, est encore mal connu. C'est dans ce but que s'organisent des programmes internationaux dont l'un a pour objet de décrire de façon plus précise les grands traits de la circulation océanique (en anglais WOCE, *World Ocean Circulation Experiment*). Cette circulation est particulièrement dynamique dans l'océan Austral, le seul de forme circulaire puisqu'il entoure l'Antarctique. La compréhension du système océanique y est là plus difficile avec l'existence d'une couche de glace de mer saisonnière, dont l'étendue est très variable puisqu'elle va de quatre (en février, à la fin de l'été) à vingt (en septembre, à la fin de l'hiver) millions de kilomètres carrés.

Le courant circumpolaire qui entoure l'Antarctique *(figure 1.3)* se situe vers les latitudes de 50 degrés; long de 24 000 kilomètres, large de 200 à 1 000, son débit est de 130 millions de mètres cubes par seconde, soit près de mille fois celui de l'Amazone. Il marque la limite du front polaire. Au nord il échange avec l'eau des trois océans : Atlantique, Indien et Pacifique; au sud, l'océan Austral est soumis au climat de l'Antarctique. L'eau froide (0° C) est dense et s'enfonce en s'écoulant vers le nord, formant les eaux antarctiques intermédiaires. Le rejet du sel en hiver, lors de la formation de la glace de mer, est un autre mécanisme qui favorise ce mouvement par densité vers les profondeurs. L'océan Austral, avec 30 millions de kilomètres carrés, représente environ 10 % de la surface des océans; c'est la principale source de formation des eaux profondes de l'océan mondial dont il refroidit d'environ 2° C plus de la moitié du volume. L'eau de surface qui plonge est continuellement remplacée par la remontée d'eaux profondes formées dans l'Atlantique Nord. Relativement plus chaudes (2 à 3° C) elles assurent, avec un débit de 45 millions de mètres cubes par seconde, un transport de chaleur important vers l'Antarctique; s'y ajoute un apport au travers du courant circumpolaire par des circulations de fond favorisées par le relief sous-marin et, plus en surface, par l'existence de turbulences. La circulation océanique dans les régions antarc-

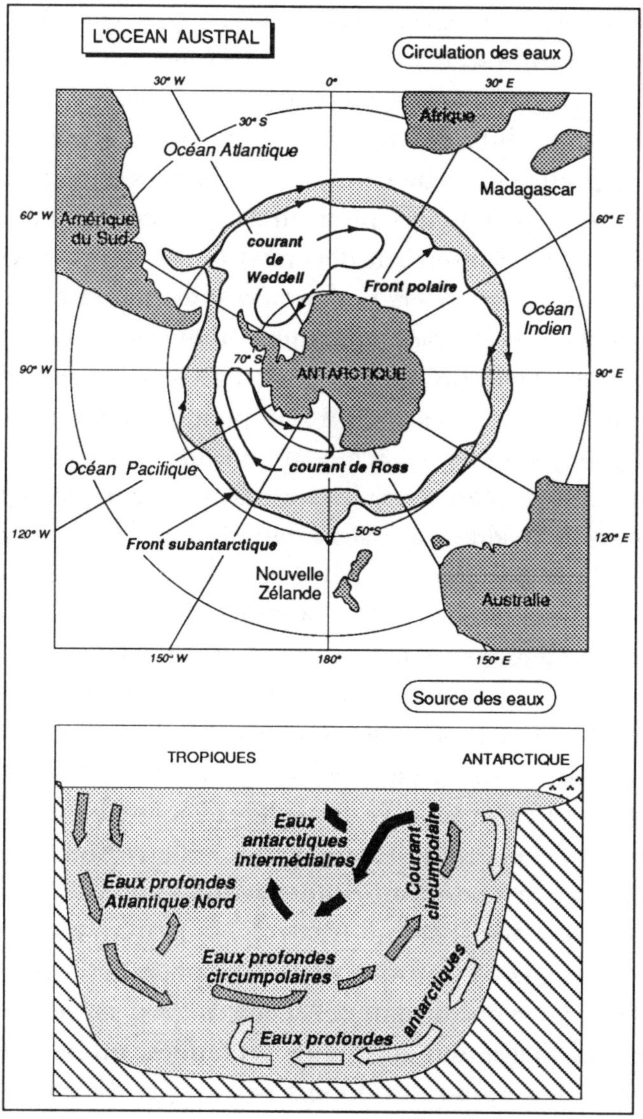

Figure 1.3. Océan Austral et circulation des eaux

– *En haut :* Courants de surface

– *En bas :* Circulation en profondeur

Le courant d'ouest circumpolaire est long de 24 000 kilomètres et large de 200 à 1 000 kilomètres (en gris clair sur la carte); il marque la limite de l'océan Austral. L'eau froide et dense formée autour de l'Antarctique notamment en hiver plonge et forme les eaux profondes, provoquant la remontée d'eaux intermédiaires provenant de l'hémisphère Nord. En surface les eaux polaires froides rencontrent les eaux plus chaudes au niveau du front polaire (d'après A.L. Gordon, « The Southern Ocean and Global Climate », et T. Whitworth, « The Antarctic Circumpolar Current », *Oceanus,* 1988).

tiques contribue donc, en même temps que celle de l'atmosphère, à l'équilibre climatique de la Planète.

La glace de mer joue un rôle important dans le bilan radiatif puisqu'elle réfléchit le rayonnement solaire qu'aurait pu absorber l'océan; elle empêche de plus les échanges de chaleur entre atmosphère et océan. Les mouvements de cette glace de mer et son évolution, largement dépendants des vents et courants, sont difficiles à modéliser. Les caméras des satellites montrent que sa surface n'est pas continue, même en hiver : elle est interrompue par la présence de « polynies », étendues d'eau de mer au milieu des glaces, allant de quelques kilomètres à plus de cent. Ces polynies se trouvent autour des côtes de l'Antarctique, sur le plateau continental, et surtout vers les mers de Ross et de Weddell qui sont donc les sources de formation les plus actives des eaux profondes de l'océan. Ils peuvent aussi exister en plein océan, créés probablement par la remontée d'eaux plus chaudes. Ainsi, en mer de Weddell, les satellites ont suivi pendant trois ans un polynie de 300 000 kilomètres carrés (plus de la moitié de la surface de la France) dérivant à une vitesse de un kilomètre par jour. L'existence de telles surfaces d'eau libre modifie considérablement les échanges de chaleur entre l'océan et l'atmosphère, que ce soit sous forme directe ou par évaporation-condensation – mais de combien?

Autre question : l'océan Austral est-il une source ou un puits pour le gaz carbonique de l'atmosphère? Autrement dit, producteur ou consommateur? On n'a pas, là non plus, de réponse. La formation des eaux profondes, en même temps qu'elle ventile le fond des océans par apport d'oxygène, pourrait être un mécanisme entraînant vers les profondeurs le gaz carbonique particulièrement soluble dans les eaux froides. Mais l'échange de ce gaz entre l'atmosphère et l'océan est aussi régi par des processus biologiques. Le phytoplancton et les algues de l'océan superficiel fixent le CO_2 atmosphérique par photosynthèse. Ce carbone est ensuite utilisé dans toute la chaîne de nourriture qui assure la subsistance des organismes et animaux marins; l'une des inconnues est la quantité de particules organiques qui s'incorporent dans les sédiments marins. De nombreux facteurs affectent la productivité marine : présence de la lumière que peut occulter celle de la glace de mer, existence de sels nutritifs transportés par la circulation océanique, etc. Les régions en bordure de la banquise ou vers les mers de Weddell et de Ross pourraient être particulièrement productives, mais ces puits de CO_2 seraient-ils compensés par un apport des eaux remontant en surface dans ces zones? Questions difficiles car même les crevettes antarctiques jouent un rôle dans le cycle du carbone!

Océan et vie

Les fossiles trouvés en Antarctique attestent d'une flore beaucoup plus riche dans le passé... avant que ne s'étende l'immense calotte glaciaire. Sur le plateau, il fait si froid qu'il n'y a pas l'eau indispensable à la vie. Sur les rares parties dénudées, et en particulier dans la péninsule Antarctique où les conditions sont plus clémentes, l'œil exercé du naturaliste a pu cependant dénombrer trois cent quarante sortes de plantes; mais n'imaginez pas de végétation luxuriante, il s'agit pour l'essentiel de mousses et de lichens. Cela suffit pourtant pour expliquer la présence de rares insectes.

Malgré cela, le continent antarctique est un véritable désert de vie : on la trouve essentiellement sur le littoral, et surtout en s'immergeant dans l'océan Austral, riche en oxygène (qui se dissout plus facilement dans les eaux froides) et en sels nutritifs apportés par la remontée des courants marins. Au printemps, avec le retour du soleil, on assiste à une véritable explosion. La production du phytoplancton est de l'ordre de 600 millions de tonnes par an. Diatomées et algues unicellulaires servent de nourriture à des animaux (le zooplancton) dont les plus abondants sont les crevettes qui constituent le krill, et à la faune qui vit sur le plateau continental où l'on peut trouver étoiles de mer, anémones, oursins et araignées des mers. Le phytoplancton alimente aussi les calmars, les poissons, les phoques, les baleines et les oiseaux de mer dont les manchots. Les calmars sont à leur tour consommés par les baleines; les oursins sont un plat de choix pour les phoques et les oiseaux de mer. Chaînes alimentaires complexes bien sûr mais dont le maillon central est le krill *(figure 1.4)*, ressource vivante aujourd'hui exploitée par l'homme. L'adaptation de cette faune au sein de l'océan, et parfois sur terre, est un thème particulièrement riche : comment réagit-elle aux longues périodes de jour et de nuit, au cycle de la glace de mer, au froid et au vent? La faune antarctique a génétique-

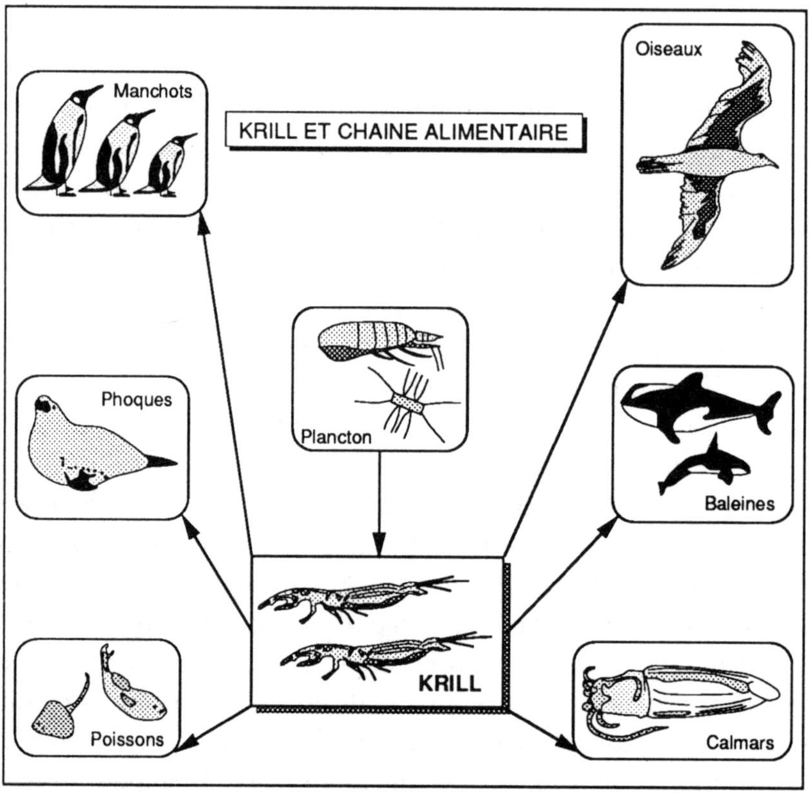

Figure 1.4. Le krill : au centre de la chaîne alimentaire
Les petites crevettes qui constituent le krill se nourrissent de phytoplancton. Elles sont une source alimentaire essentielle pour l'ensemble de la faune antarctique : calmars, poissons, baleines, phoques, manchots et autres oiseaux. Groupées en essaims elles sont exploitées commercialement.

ment développé des caractéristiques qui lui permettent de survivre dans un environnement particulièrement inhospitalier. Espèces uniques et comportement des populations sont également des aspects passionnants pour le biologiste.

Poissons et antigel

Des vingt mille espèces de poissons connues, seulement deux cents sont représentées dans l'océan Austral. Beaucoup de celles qui vivent dans les mers plus chaudes ont en effet émigré quand les eaux polaires se sont refroidies, isolées par le courant circumpolaire, au cours des dernières dizaines de millions d'années. Quelques-unes ont cependant su développer des systèmes d'adaptation qui leur permettent de vivre autour de l'Antarctique, et pour certaines seulement là. Tout d'abord en réduisant la quantité d'hémoglobine contenue dans le sang; l'exemple le plus frappant en est le poisson glace, ou *Chaennichthyidae* pour l'appeler par son nom savant, blanc, fantomatique et mesurant jusqu'à 75 centimètres. Sans hémoglobine, son sang a la couleur blanchâtre d'un plasma et transporte peu d'oxygène; en compensation et pour qu'ils ne perdent pas leur vivacité, les poissons glace ont quatre fois plus de sang... blanc et un cœur plus gros, qui assure une circulation plus intense. Le *Notothenia*, qui peut atteindre jusqu'à un mètre trente et peser quelques dizaines de kilogrammes, présente lui aussi d'étonnantes caractéristiques. Son secret : il fabrique un antigel grâce auquel il peut vivre dans une eau où la température est de − 2° C. Certains poissons peuvent survivre dans une eau à température négative et l'on en connaît qui vivent en eau profonde mais dès qu'un cristal de glace pénètre dans leur sang (et Dieu sait si les particules de glace sont nombreuses en surface) ils se congèlent instantanément. On a trouvé ainsi des poissons gelés, prisonniers depuis des millénaires, dans la glace flottante des *ice-shelfs*. Le rôle des antigels est précisément de dissoudre ces petits cristaux de glace, de façon à empêcher que cesse la surfusion. Certaines espèces fabriquent des sels, tels que le chlorure de sodium; le *Notothenia* sécrète en plus des molécules complexes de sucres et aminoacides beaucoup plus efficaces. Cela lui demande beaucoup d'énergie et pour que ces molécules ne soient pas éliminées dans les urines il les retient par filtrage dans les reins. Toujours pour économiser l'énergie et remonter des fonds sans effort ces poissons ajustent leur flottabilité, peut-être en stockant des graisses utilisées pour modifier leur densité, et assurer leurs besoins énergétiques. Mais nous sommes là dans le domaine des hypothèses : la biologie marine est encore largement ouverte à la recherche et aux découvertes.

Les combats du krill

L'*Euphausia Superba* est le principal constituant du krill, et la plus abondante des crevettes qui prolifèrent dans l'océan Austral. On pourrait parler de surpopulation : au total peut-être 600 000 milliards d'individus, avec une densité qui peut atteindre 20 millions au kilomètre carré, représentant une masse de 650 millions de tonnes, soit plus que le poids de l'espèce humaine sur Terre. Une crevette mesure en moyenne 6 à 7 centimètres de long; elle avance grâce à cinq paires de pattes qui lui servent d'avirons et recule par mouvements de sa queue. De façon étrange, le krill est peu adapté à son habitat car étant plus lourd que l'eau il doit dépenser une énergie considérable pour flotter vers la surface, où il se nourrit de phytoplancton, utilisant un système de filtration qui, lui, est fort efficace. En hiver, le krill doit vivre pendant de longs mois sous la glace de mer, dans l'obscurité d'un milieu où sa nourriture devient rare, en attendant le retour des beaux jours... Les femelles pondent deux à trois mille œufs deux fois par an et les larves atteignent une taille adulte en deux ou trois ans. Au total le krill survivra à sept ou huit cycles annuels; non seulement à cause de ses facultés d'adaptation, mais surtout peut-être parce qu'il n'existe pas là d'espèces de poissons, comme les anchois, susceptibles de consommer une trop grande part du phytoplancton. Quoi qu'il en soit, les gigantesques essaims de krill sont une aubaine pour les pêcheurs dont les échosondeurs ont détecté des bancs représentant jusqu'à 2 millions de tonnes sur une surface de 500 kilomètres carrés. Mais le krill sert à bien autre chose que la pêche : à nourrir, outre les poissons et les oiseaux, les mammifères marins.

Baleines et phoques

Qui n'a rêvé de voir des baleines? Ces masses énormes, jusqu'à 150 tonnes pour 30 mètres de long, à l'aise dans tous les océans, se signalent par leur souffle et le jet d'eau qu'il entraîne lorsqu'elles ne disparaissent pas vers les profondeurs dans un mouvement ample et puissant, laissant pour un instant apercevoir leur queue. Qu'elles soient à fanons ou à dents, elles conservent leur « aura » de mystère qui n'est pas sans leur attirer la sympathie instinctive de l'homme.

Migrant des régions chaudes où elles se reproduisent, sept espèces de baleines à fanons viennent se nourrir de krill dans l'océan Austral. La plus grande est la baleine bleue ou rorqual; l'une des plus pêchées actuellement est la Minke, plus petite (généralement 10 mètres pour un poids de 20 tonnes). De même, huit espèces de baleines à dents fréquentent le pourtour de l'Antarctique, surtout en été. Parmi elles, le cachalot (18 mètres et 70 tonnes pour le mâle) qui se nourrit aussi de céphalopodes (calmars et pieuvres), et le plus carnassier des cétacés, l'orque épaulard, lointain cousin des dauphins que l'on montre en exhibition dans les aquariums – ce n'est pas pour rien que les Anglais l'appellent *killer whale* (la baleine tueuse). Les plus grands cétacés arrivent les premiers en Antarctique, où ils se nourrissent pendant six à sept mois. Mais gare à la glace de mer qui peut les emprisonner dès l'automne, les obligeant à rechercher des surfaces libres où ils peuvent venir respirer : chacun a en mémoire les trois baleines repérées par les Esquimaux en octobre 1988 dans l'Arctique, en Alaska, et finalement sauvées par l'arrivée de brise-glace. Combien de tels drames silencieux se sont-ils passés dans l'océan Austral, loin de la couverture médiatique des écrans de télévision ?

La plupart des baleines se nourrissent essentiellement de krill, avec un rendement très faible puisque l'on estime que pour grossir de un kilogramme elles doivent en absorber 100... Elles ont donc développé des systèmes de filtration de l'eau très efficaces, qui retiennent les crevettes nourricières. La chasse dévastatrice des baleines a réduit la consommation de krill de quelque 150 millions de tonnes – une aubaine pour les crevettes !

Quant aux phoques, animaux venus du grand Nord il y a peut-être 30 millions d'années, ils sont aujourd'hui l'une des images de marque de l'Antarctique. Les espèces sont peu nombreuses; quatre sont typiques de l'océan Austral, vivant au contact des glaces. Le phoque crabier est le plus courant : on en dénombre au moins 15 millions... Mais comment compter exactement sur les 4 à 20 millions de kilomètres carrés que couvre la glace de mer? Il y a aussi le léopard de mer, à la forme très fuselée et qui dispose de redoutables canines. Il en existe peut-être deux à trois cent mille et beaucoup de polaires ont vu des manchots s'éjecter littéralement de l'eau, jusqu'à plusieurs mètres d'altitude, pour échapper à ce redoutable prédateur. Aux autres espèces on a donné le nom de mers : phoques de Ross et de Weddell. Ces derniers, environ huit cent mille, sont les plus gros, mesurant jusqu'à 3 mètres pour un poids de 300 à 500 kilogrammes. Quelle surprise de les découvrir, s'étalant paresseusement au soleil, alors qu'ils sont impitoyablement chassés dans d'autres parties du globe. Ici ils profitent au mieux de la glace de mer, relativement stable près des côtes. Le mâle rassemble son harem en été et les femelles accouchent d'un petit, passant directement d'un ventre chaleureux au contact de la glace. Heureusement le bébé phoque est muni d'une couche de graisse suffisante pour maintenir sa température interne à + 38° C (proche de celle de l'homme) et survivre à ce choc thermique. Sa fourrure est aussi bien sûr une autre marque de son adaptation. Les phoques vivent quelques dizaines d'années, probablement moins de vingt ans en moyenne, car ils sont souvent victimes de la baleine tueuse et, pour les plus jeunes, du léopard de mer. Ils se nourrissent de krill, mais aussi de poissons. Grâce à des mesureurs de pression fixés sur eux, on a découvert que ces animaux étaient capables de plongées supérieures à une heure, jusqu'à six ou sept cents mètres de profondeur, sans doute pour se nourrir, avant de refaire surface pour respirer dans les trous d'eau qu'ils aménagent en creusant la glace avec leurs dents. Par quels mécanismes peuvent-ils ainsi vivre en plongée profonde, résister à la pression (dix mètres d'eau représentent le poids de l'atmosphère), irriguer les tissus et les muscles en oxygène, éliminer la production de gaz carbonique, éviter la dissolution de l'azote dans le sang et « l'ivresse des profondeurs », survivre au choc de la remontée – en un mot, résoudre tous les problèmes que connaissent bien les plongeurs pourtant munis d'un arsenal technique sophistiqué? Il semble que les phoques soient capables de stocker beaucoup d'oxygène; une cage thoracique plus souple protège probablement mieux des poumons dont le volume se rétracte en profondeur, réduisant le rythme cardiaque et la circulation sanguine à un circuit vital, alors que certaines parties du corps fonctionneraient sans oxygène.

On ignore encore beaucoup de choses sur cette magnifique machine à plonger, tout comme on ne sait rien des endroits où ces pinnipèdes migrent à l'approche de l'hiver ni pourquoi les phoques qui vivaient dans les eaux chaudes pendant les temps géologiques passés ont migré vers les latitudes polaires où ils ont su s'adapter.

Oiseaux et manchots

Au printemps des milliers d'oiseaux de mer construisent leur nid sur les rochers dénudés qui bordent l'Antarctique. Tous ont en commun leur mode de reproduction. Après la période des « fiançailles » où l'on fait sa cour, vient l'accouplement, assez souvent avec le partenaire des années passées. La femelle part alors se nourrir en mer et revient pour pondre l'œuf qui sera ensuite couvé par le mâle ou la femelle. L'un ou l'autre nourrit ensuite le poussin, qui transforme rapidement son duvet en plumes ou en pelage étanche, gagnant ainsi son autonomie. Tous ces oiseaux vivent de la mer. Ils consomment, entre autres, plus de 100 millions de tonnes de krill chaque année. Mais là s'arrêtent les similitudes, car il faut distinguer les espèces qui volent de celles qui nagent.

Nombreuse est la famille des pétrels. Ils se nourrissent à la surface de la mer ou en plongeant jusqu'à 2 ou 3 mètres, de plancton, de krill et de poissons. Les pétrels géants dont l'envergure atteint 2 mètres, les albatros, le petit pétrel des neiges, ainsi nommé parce qu'il est blanc, tous sont de remarquables voiliers. Beaucoup sont capables de tourner autour du globe entre les latitudes de 40 et 60° sud, naviguant sur des milliers de kilomètres, presque sans paraître battre des ailes. Certains volent même d'un bout du monde à l'autre, parcourant quelque 40 000 kilomètres aller et retour dans l'année pour « bénéficier » de l'été des deux pôles. Chacun des voyages dure de un à deux mois; Soleil et étoiles ou champ magnétique terrestre, on ne sait ce qui les guide.

Les plus connus des oiseaux de l'Antarctique sont sans doute les manchots, marchant sur terre, merveilleux nageurs et plongeant jusqu'à 200 ou 300 mètres de profondeur, mais ne volant pas.

Manchots ou pingouins ?

Pingouins de l'hémisphère Nord et manchots de l'hémisphère Sud appartiennent à deux « familles » différentes : les premiers sont des alcidés, les seconds sont des sphéniscidés. Constatons cependant que la langue anglaise ne fait pas la distinction, pas plus que le grand public... ou le commandant Cousteau. « Manchot » implique aussi dans le langage courant un handicap physique qui semble faire injure à ces animaux si à l'aise dans l'eau, leur milieu naturel. Quoi qu'il en soit, Adélies ou Empereurs, ces manchots sont pour tous un symbole de l'Antarctique.

C'est au printemps, vers la mi-octobre, qu'arrive l'Adélie, de la mer proche ou après une plus ou moins longue marche sur la banquise : 70 centimètres de haut, l'œil en bouton de bottine, alerte et bagarreur, dos noir et plastron blanc; le noir, dit-on, le rendrait moins visible aux prédateurs de surface, et le blanc moins repérable des profondeurs. Fiançailles, cris et bagarres pour conserver l'élue ou pour s'approprier les cailloux qui constituent le nid, la colonie ou « rookerie » est riche de vie. Il s'agit en fait souvent de retrouvailles comme l'indique le retour des couples bagués. Premier mystère : comment se guident ces animaux, après des mois en mer à des centaines de kilomètres pour retrouver le même compagnon et le même morceau de rocher? Certainement pas par un système magnétique dans des sites, comme en Terre Adélie, où la boussole s'affole avec la proximité du pôle.

La femelle ne s'alimente pas durant quinze à trente jours, pendant lesquels elle pond deux œufs. C'est ensuite au mâle de jeûner. Après un bon mois d'incubation, les poussins apparaissent, restant pour quelque temps encore à l'abri du ventre des parents qui les nourrissent en régurgitant un liquide tiré de leurs réserves. L'eau est proche maintenant et les adultes reprennent vigueur en laissant les crèches au soin de quelques gardiens. Après la mue, les jeunes Adélies peuvent à leur tour se nourrir en mer, avant que tous ne migrent, à l'automne, vers des cieux plus cléments. Comment ces manchots sont-ils capables de jeûner pendant des périodes parfois longues? Comment accumulent-ils des réserves suffisantes pour nourrir, malgré le jeûne, des poussins exigeants?

Il existe un exemple encore plus frappant, celui du manchot Empereur. A l'automne, vers la fin mars, reviennent vers l'Antarctique, en longues files, les Empereurs. Hauts de plus d'un mètre, ils pèsent de 30 à 40 kilogrammes. Quasiment obèses, ils avancent en se dandinant lentement, marchant à 1 ou 2 kilomètres à l'heure sur la glace, ou se propulsant sur le ventre au moyen de leurs ailerons. Isolés par une double couche (du duvet vers l'intérieur et des plumes bien serrées à l'extérieur), ils ont accumulé d'importantes réserves de graisses avant d'affronter les rigueurs de l'hiver au cours duquel, à l'inverse de la plupart des autres animaux, ils vont se reproduire et attendre la mue des poussins. Grâce à un chant qui est propre à chacun, les manchots reconnaissent leur partenaire et, plus tard, leur progéniture. La colonie, composée de milliers d'individus, se forme mais sans construire de nid, ce qui lui permettra ensuite d'assurer collectivement sa survie. La ponte (un seul œuf) a lieu en mai et la femelle, après quarante jours de jeûne environ, l'abandonne au mâle. La couvaison de l'œuf, protégé dans un repli abdominal, durera plus de deux mois, alors que s'installe l'hiver. − 30° C, peut-être − 40, des vents allant au-delà de 100 kilomètres à l'heure, il s'agit pour le manchot de maintenir la température du corps, ce qui l'oblige à fournir de l'énergie, dans la nuit australe. Sa température s'abaisse bien à + 36 ou + 35° C, ce qui réduit la dépense énergétique, mais il lui faut au minimum garder les + 34 nécessaires à l'incubation de l'œuf. Si duvet et plumage garantissent un métabolisme normal par − 10° C, en dessous il faut puiser dans les réserves. Trait d'adaptation et exemple de protection collective tout à fait remarquables : dans le froid et la tempête, les manchots s'assemblent en « tortues » regroupant des milliers d'individus. Serrés les uns contre les autres, exposant au vent les plumes de leur dos, les plus isolantes, ils entament une étrange ronde afin de permettre que chacun, à tour de rôle, glisse lentement de l'extérieur vers le cœur de la tortue avant de se retrouver à nouveau exposé au blizzard. Lentement, car il s'agit d'économiser ses réserves et de conserver l'œuf en appui sur les pattes et bien calé dans la poche abdominale; s'il venait à toucher le sol glacé, l'œuf serait perdu. Si tout se passe bien, la femelle revient en juillet pour assurer la nourriture du poussin éclos. Dans le cas contraire, le mâle ira au bout de ses ressources, alimentant pendant quelque temps le poussin affamé d'une mixture de protéines et de graisses. L'instinct de survie le poussera finalement à entreprendre une marche vers la mer, parfois encore distante de 2 à 300 kilomètres; il a alors perdu, après quatre mois de jeûne, près de la moitié de son poids. Si le poussin survit, mâle et femelle se relaieront pour l'élever pendant près de quarante jours, à des intervalles de plus en plus courts avec la disparition de la glace de mer. Au total ce n'est que deux cent cinquante jours après les retrouvailles du couple que le poussin sera émancipé, prêt à partir en mer après un séjour « en crèche ».

Réserves importantes, protection collective, économie de mouvements qui explique sa démarche digne et mesurée ne sont pas les seuls secrets du manchot. Tout d'abord ses réserves sont surtout constituées de graisses, les lipides, qui sont la source essentielle de l'énergie nécessaire au maintien de sa température interne. Plus que chez l'homme, les protéines vitales pour assurer le fonctionnement musculaire sont épargnées... jusqu'à un certain point. A l'économie de gestes et de mouvements, car en période de jeûne le manchot ne parcourt guère que quelques dizaines de mètres par jour, s'ajoute le moindre effort nécessaire pour déplacer un corps amaigri. Tout est mis en œuvre pour que le manchot conserve suffisamment de muscles pour entreprendre, à la fin du jeûne, sa longue marche vers la mer. La remarquable adaptation du manchot au froid et au jeûne n'est pas sans intérêt pour la physiologie humaine. Épargne des protéines, réduction du métabolisme de base avec l'apparition d'un sommeil lent sont autant de mécanismes qui pourraient s'appliquer à l'homme. Chacun voit bien l'usage d'un régime alimentaire pour l'homme obèse qui réduirait les graisses en épargnant les protéines.

Mais les chercheurs n'en sont pas là; pour l'instant il s'agit d'étudier un animal aux capacités d'adaptation tout à fait remarquables. Il existe près de 300 000 manchots Empereurs répartis dans une trentaine de colonies. Au momenet de sa découverte, en 1950, celle à proximité de laquelle sera installée plus tard la base de Dumont d'Urville en Terre Adélie était la quatrième connue. C'est ce qui explique que depuis une trentaine d'années les biologistes français en aient fait un thème de choix pour leurs études.

Et l'homme

L'homme aussi doit s'adapter aux conditions de vie dans l'Antarctique. Confrontation avec l'environnement physique d'abord. Si l'on peut vivre confortablement en base, « l'aventurier » qui traverse l'Antarctique à la recherche d'un exploit sportif ou le chercheur qui échantillonne la glace doivent s'acclimater au froid et au vent, voire à l'altitude. Problèmes classiques que connaît bien l'alpiniste par exemple. Mais sur le continent austral s'y ajoute un élément particulièrement redoutable : le vent. Comme on l'a déjà dit, une température de − 30° C avec un vent de 100 kilomètres/heure a le même effet que − 70° C en air calme. Heureusement l'homme transporte avec lui ses calories, ses vêtements isolants et son abri, même si ce n'est qu'une tente; de plus il faut constater que l'organisme s'accoutume, puisque celui qui fait du terrain supporte en bras de chemise des températures qui l'auraient transi à son arrivée.

Confrontation avec l'environnement social aussi, dans une

communauté restreinte et isolée, où les conditions de promiscuité peuvent exacerber, le temps passant, les tensions.

Confrontation avec soi-même enfin, avec le sentiment de solitude qui peut se développer dans la longue nuit d'hiver du désert de glace. La présence d'un groupe physiquement sain, isolé pour une longue période, sur le même territoire confiné et mangeant la même nourriture, offre des opportunités d'étude, se renouvelant chaque année, qu'on ne peut guère trouver ailleurs. Les sujets de recherche portent ainsi sur l'adaptation psychologique et sociale, sur la mémoire, la vigilance et le sommeil – dont chaque hivernant sait qu'il est pour le moins déréglé – et naturellement sur la dynamique du groupe.

Dans le domaine de la physiologie, en plus de l'adaptation aux conditions climatiques, on étudie aussi le développement des bactéries, leur transmission et, parallèlement, les fonctions immunologiques. Un autre thème est celui des hormones, possibles modulatrices des rythmes physiques, voire de l'humeur; la sécrétion de ces hormones est en effet fonction de la durée des jours et des nuits. Ces recherches pourraient avoir une application dans le traitement des troubles créés par le décalage horaire que connaissent bien les grands voyageurs ou ceux qui travaillent en quarts.

On retrouve d'ailleurs, plus ou moins marqués, ces problèmes psychologiques et physiologiques dans d'autres milieux : équipages qui entreprennent de longues traversées, groupes qui vivent sur les plates-formes pétrolières, dans une sphère habitée au fond des mers, ou une station spatiale... Des analogies que poussent à l'extrême les conditions de vie d'une toute petite station polaire isolée sur le continent antarctique. C'est en tout cas le sentiment de la NASA qui envisage de simuler là-bas de futures expéditions planétaires.

Un continent à la dérive

Dès 1912 l'Allemand Alfred Wegener avait proposé sa théorie sur la dérive des continents, basée notamment sur le fait que les contours de l'Afrique, de l'Amérique du Sud et de l'Australie s'ajustaient presque parfaitement entre eux et avec ceux du continent antarctique. Vingt-cinq ans après, Alexander du Toit apportait de solides évidences géologiques à l'appui de cette théorie. Il faudra pourtant attendre le début des années 1960 et les données de la géophysique marine pour qu'elle soit acceptée... et remise à jour. Cette révolution dans les sciences géologiques décrit la surface de la Terre comme constituée de huit plaques solides principales flottant et dérivant sur une couche de matériaux fluides. Ces plaques sont délimitées par les grandes failles océaniques où elles se génèrent avec la montée en surface du magma basaltique provenant du manteau supérieur. A l'autre extrémité elles se détruisent soit en plongeant l'une sous l'autre, soit en s'écrasant l'une contre l'autre, provoquant par exemple la formation de chaînes montagneuses.

L'Antarctique est au cœur de l'une de ces plaques. On y a découvert des fossiles vieux de 250 millions d'années semblables à ceux trouvés sur les autres continents. C'est de cette époque aussi que datent des gisements organiques provenant de la décomposition des plantes et témoignant d'un climat tempéré... La reconstruction de l'évolution du continent austral est venue essentiellement des données de la géophysique marine, qui permettent de retracer dans le temps *(figure 1.5)* la position des continents. Il y a quelque 150 à 160 millions d'années que le Gondwana, un supercontinent de l'hémisphère Sud, a commencé à se fracturer. L'Antarctique s'est d'abord séparé de l'Afrique du Sud puis, à un moindre degré, de l'Amérique du Sud et enfin de l'Inde. Dérivant lentement, il se retrouve, il y a environ 60 millions d'années, centré sur le pôle Sud. Vers cette époque le fossé se creuse avec l'Australie. Depuis moins de 30 millions d'années l'Antarctique se trouve climatiquement isolé, avec l'ouverture du passage de Drake vers l'Amérique du Sud, qui provoque l'établissement du courant marin circumpolaire. Masses d'eau et masses d'air

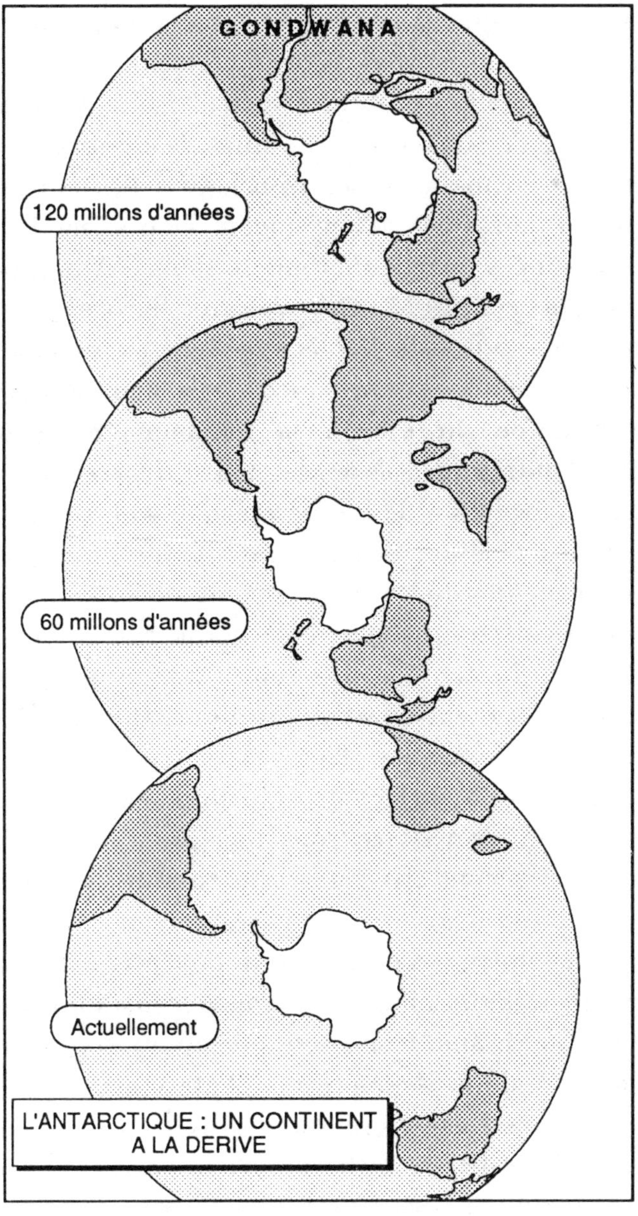

Figure 1.5. Un continent à la dérive

Le Gondwana a commencé à se fracturer il y a quelque 150 millions d'années. L'Antarctique s'est d'abord séparé de l'Afrique du Sud et a dérivé jusqu'au pôle Sud où il se trouve depuis 60 millions d'années. Il s'est retrouvé climatiquement isolé après la dérive de l'Australie puis la formation du passage de Drake qui le sépare de l'Amérique du Sud depuis 30 millions d'années.

tournent désormais librement sur des milliers de kilomètres autour du continent : là commence l'histoire de sa glaciation.

L'Antarctique n'est pas géologiquement homogène. On trouve de très vieilles roches, principalement dans la partie Est, dont l'âge de trois à quatre milliards d'années est caractéristique des formations précambriennes des autres continents. Il y a aussi des affleurements jeunes, moins de dix millions d'années, particulièrement dans l'Antarctique de l'Ouest et sa péninsule. Des volcans encore en activité témoignent des processus géologiques en cours : on voit des fumées sortir de l'Erebus, au pied de la mer de Ross, et la dernière éruption sur l'île de la Déception, au bout de la péninsule Antarctique, date de 1910. Il reste en fait à comprendre l'évolution de la microplaque de l'Antarctique de l'Ouest et la formation de la chaîne Transantarctique pour compléter les pièces du puzzle qui compose la plaque Antarctique. Cela permettrait peut-être d'expliquer pourquoi, malgré la poursuite de l'activité géologique, l'Antarctique ne montre pas le moindre signe d'agitation sismique. Difficiles questions si l'on se souvient que les affleurements rocheux constituent moins de 2 % de la surface du continent. Le reste est inaccessible, gardant ses mystères sous une épaisse couche de glace. Sous la glace existent aussi de vastes bassins sédimentaires; d'autres se trouvent au fond de l'océan Austral. Formés à la suite de phénomènes d'érosion qui ont pris place sur des centaines de millions d'années, avant, pendant et après la fracture du Gondwana, ils laissent encore un grand vide dans la connaissance de la structure de l'Antarctique.

Ces recherches à caractère fondamental ont également des prolongements pratiques. Déterminer la structure et la composition de la croûte de surface, retracer l'évolution du continent et des fonds marins, reconstituer les paléoenvironnements physiques et biologiques, cela permet d'acquérir des connaissances utiles pour l'évaluation des ressources minérales – gîtes métalliques dans les roches et hydrocarbures dans les bassins sédimentaires – une perspective qui soulève de délicats problèmes, comme nous le verrons dans le dernier chapitre.

Revenons-en à la recherche de base. Pour pallier la rareté des roches accessibles on fait maintenant largement appel à la géophysique, outil privilégié pour ausculter les couches inaccessibles. Un programme international ambitieux se met en place. Il s'agit de combiner l'utilisation de techniques variées le long d'axes de plusieurs milliers de kilomètres, qui couvrent notamment les bassins des mers de Ross et de Weddell et des sections de la chaîne Transantarctique : profils sismiques permettant d'atteindre les couches plus profondes, cartographie des anomalies magnétiques et gravimétriques qui sont le reflet de structures sous-jacentes, et même photographies à partir de satellites pour synthétiser les observations géologiques; mesures au sol et par avion sur le continent, extension en mer, réalisation ultérieure de carottages... Il faudra pour cela mobiliser pendant des années des moyens logistiques importants.

Paléoenvironnements et glaciation

L'évolution de l'environnement antarctique au cours des dernières dizaines de millions d'années, plus près de nous dans l'échelle de temps géologique, et en particulier sa glaciation, pose encore nombre d'énigmes. Cette glaciation a eu des effets sur le climat à l'échelle du globe et donc sur le développement des espèces vivantes, aussi bien sur les continents que dans les océans, comme le montre la frontière climatique et biologique qu'est le courant circumpolaire antarctique. Comment expliquer le passage d'un climat tempéré et uniforme qui existait il y a quelque 60 millions d'années, au début de l'ère cénozoïque, au climat géographiquement contrasté que la Terre connaît actuellement et depuis le début des époques glaciaires du Quaternaire? Une partie de la réponse viendra sans doute de l'Antarctique. Malheureusement, cette histoire demeure encore pour l'essentiel cachée dans les dépôts sédimentaires accumulés sur les continents et au fond des océans.

A l'échelle mondiale, l'analyse isotopique des foraminifères présents dans les carottes marines montre une lente augmentation de la teneur en oxygène 18 depuis le milieu de l'Éocène (vers 40-45 millions d'années) jusqu'au début de l'Oligocène, vers 36 millions d'années, où prend place un brusque enrichissement. Après quelques fluctuations on observe à nouveau une croissance marquée dès le début du Miocène, il y a moins de 20 millions d'années. Deux facteurs peuvent expliquer l'augmentation des teneurs isotopiques : température de l'océan plus froide et volume des glaces continentales plus grand. L'interprétation classique est que la croissance observée il y a 36 millions d'années est due au refroidissement des eaux lié à l'apparition de la glace de mer autour de l'Antarctique (laquelle entraîna la formation d'eaux profondes plus froides à l'échelle mondiale) et que celle notée il y a 20 millions d'années traduit le développement de la calotte glaciaire antarctique. L'alternative inverse est aussi avancée, proposant comme événement initial l'établissement de la glace continentale. Comment trancher entre ces deux hypothèses ?

Les informations ne sont pas claires non plus sur le continent. S'il existe des traces d'une glaciation ancienne, comment savoir s'il s'agit d'un phénomène local ou au contraire concernant l'ensemble du continent ? Dans la chaîne Transantarctique on a bien trouvé, à 4 000 mètres d'altitude, des fossiles et des diatomées témoins d'un climat chaud et même de la présence d'eau qui pourraient dater du Pliocène, donc de quelques millions d'années seulement. Il est possible cependant que cette flore ait existé au niveau de la mer; elle se serait retrouvée en altitude avec l'émergence de la chaîne montagneuse, car on ne trouve pas de témoins évidents de tels bouleversements climatiques vers cette époque dans les carottes marines.

L'histoire de la glaciation antarctique comporte par conséquent encore bien des mystères, que l'on espère résoudre par une série de forages sur le continent et en mer. On y étudiera aussi l'histoire plus récente du climat du Quaternaire, dont les cycles glaciaire-interglaciaire sont également enregistrés, comme on le verra, dans la glace.

Nous voici rendus au bout du tour d'horizon des passionnants problèmes que seule la recherche en Antarctique permettra de résoudre. Nous n'avons fait qu'effleurer l'inlandsis. Il est temps maintenant d'aborder la glaciologie proprement dite. Les recherches entreprises au cours de nombreuses campagnes dans le désert de glace nous concernent tous : leurs retombées touchent aux problèmes très actuels de l'environnement, de l'évolution du climat et du niveau des mers.

CHAPITRE II

Désert de glace et solitude

Comme on l'a vu, l'Antarctique est resté un continent pratiquement inexploré jusqu'à l'Année Géophysique Internationale, qui marque le véritable démarrage d'une recherche scientifique à l'échelle du continent.

En France, sous l'impulsion de Jean Coulomb notamment, l'Académie des Sciences crée alors un Comité Antarctique présidé par Paul-Émile Victor et confie la direction des expéditions à Bertrand Imbert. Aux hommes d'expérience formés par les Expéditions Polaires Françaises s'ajoute une poignée de jeunes scientifiques dont beaucoup feront une brillante carrière dans la recherche. Trois expéditions sont organisées dans le cadre de l'AGI. La première, commandée par Robert Guillard, a pour mission d'implanter deux bases qui porteront le nom d'explorateurs prestigieux : Dumont d'Urville, située sur l'île des Pétrels (66° 40′ sud, 140° est), et Charcot, 320 kilomètres au sud de la première, à 2 400 mètres d'altitude sur la calotte glaciaire. Les deux suivantes, dirigées par Bertrand Imbert et Gaston Rouillon, ont une mission essentiellement scientifique.

Dumont d'Urville a été conçu comme un observatoire géophysique très complet. A proximité du pôle magnétique il occupe notamment une position privilégiée pour l'étude de l'ionosphère, des aurores... et bien sûr du magnétisme. Les observations météorologiques entrent dans le cadre d'un réseau mondial et portent aussi sur l'étude des vents catabatiques, particulièrement marqués dans cette zone. Les programmes de recherche de la station Charcot sont moins ambitieux, mais concernent également la météorologie, le magnétisme et la glaciologie. En 1957 et 1958, deux équipes de trois hommes vont hiverner dans cette base avancée. Je fais mes débuts en Antarctique.

Hivernage à la station Charcot, 1957

En route vers le plateau

Fin 1956 – Débarquement du « Norsel », découverte de la base Dumont d'Urville, des hivernants et de leur expérience polaire, festivités de Noël. Tout va très vite. Le temps est favorable et nous en profitons pour décharger la cargaison du navire sur une fragile banquette de glace et charrier d'innombrables caisses jusqu'aux dépôts disséminés sur l'île, au milieu des manchots Adélie, guère effarouchés. Le matériel destiné à la station Charcot est soigneusement repéré; il est transporté par barcasse et hélicoptère jusqu'à la côte.

La belle saison est courte : il faut sans délai préparer le raid pour rejoindre la petite base que Robert Guillard et ses compagnons ont installée à 315 kilomètres de la côte et 2 400 mètres d'altitude, par 69° 30′ de latitude sud et 139° 01′ de longitude est. L'implantation de cet abri sur ce continent impitoyablement hostile, des combustibles, du matériel et des vivres nécessaires à la vie de trois hommes qui resteront isolés pendant un an, a nécessité de nombreux transports, mobilisé durant plus de quatre-vingts jours sept hommes disposant de cinq véhicules chenillés et de traîneaux, dans les conditions difficiles du plateau. Ils ont aussi placé des dépôts de ravitaillement en carburant le long de la trace; il ne nous reste que quatre tonnes à transporter, réparties en caisses que nous avons voulues accessibles et maniables. Avant de quitter la base Dumont d'Urville nous avons refait l'inventaire : un inventaire à la Prévert, comprenant caleçons et anoraks, boîtes de haricots et fûts de farine, romans policiers et symphonies de Beethoven, tournevis et galvanomètres sensibles. Tout est prévu pour permettre de vivre et travailler dans cette base implantée en plein désert de glace; mais les traîneaux surchargés nous contraignent à des choix sévères et tout ce qui n'est pas jugé indispensable est abandonné.

Début janvier, nous quittons la côte; nous laissons derrière nous le glacier de l'Astrolabe, dont l'avancée tranche sur les falaises de glace qui tombent à pic dans la mer d'une hauteur de 50 mètres, et découpent d'un trait net les contours du continent blanc sur le bleu de l'océan. Le camp de base d'où partira le convoi est installé à quelques kilomètres seulement de la côte. Mais déjà nous sommes dans un monde différent; le vent secoue la tente dans laquelle nous passons la première nuit et la neige qu'il transporte ensevelit nos caisses. Nous faisons connaissance avec les conditions de vie en raid : il nous faudra près de trois semaines pour parcourir les 300 kilomètres qui nous séparent de la base Charcot. Les journées sans histoire sont rares, pendant lesquelles, sous un soleil lumineux, on suit à quelques kilomètres à l'heure la trace et les balises laissées par les convois précédents. Nous connaîtrons les chenilles cassées en passant les « sastruggis » (dunes de neige tassée) de 1 mètre de haut sculptés par le vent, la rupture des patins de traîneaux, les moteurs difficiles à démarrer avec le froid qui gagne en altitude, les tempêtes de neige qui bornent notre horizon à la pointe de nos chaussures et immobilisent notre convoi pendant plusieurs jours, les fastidieuses séances de déneigement des moteurs (car la neige s'infiltre partout) et des traîneaux. Aux heures du repos ou de la longue attente, la bonne humeur du copain, lui aussi enfoui dans son duvet, sur les planches de bois qui transforment l'intérieur du tracteur en un dortoir exigu, est précieuse.

Enfin nous arrivons sur la station Charcot, pratiquement sans la voir, suivant en aveugles Bertrand Imbert qui marche et guide les véhicules : deux cheminées, une trappe et les antennes radio sur lesquelles carillonnent joyeusement deux petits grelots émergent seules de la neige. Fatigués, transis, notre petite baraque vite tiédie par le poêle à mazout nous semble un refuge magnifique de confort. C'est là que nous hivernerons : Jacques Dubois, ingénieur ayant l'expérience des missions polaires, est notre ancien, à Roland Schlich et à moi qui venons de terminer nos études et qui sommes surtout riches d'enthousiasme.

La vie à Charcot

Pour moi l'aventure a commencé il y a un peu plus d'un an, lorsque j'ai lu une annonce sur le panneau d'affichage de la Faculté des Sciences de Besançon : « Recherchons jeunes scientifiques pour participer aux campagnes de l'Année Géophysique Internationale ». Interviews, tests physiques et psychologiques : je suis recruté. Initiation à la glaciologie, une discipline rare à l'Université, avec une courte campagne au Groenland, stages de secourisme et de soins d'urgence car le choix a été fait d'une station sans médecin... l'année passera vite. Une année au cours de laquelle s'aiguise l'envie de vivre cette expérience et se soude l'amitié de notre petite équipe.

Le 31 janvier 1957, la station scientifique de Charcot est officiellement ouverte. Nos camarades repartent vers la côte et la base Dumont d'Urville. Notre refuge est une baraque hémicylindrique : 6 mètres de long, 4 de large et, au centre, une hauteur sous plafond de 2 mètres. A l'entrée, le coin cuisine et repas; au milieu, des tablettes montées contre les parois qui servent de bureaux. Les appareils qui enregistrent les mesures des capteurs extérieurs envahissent aussi la partie couchettes; de mon lit, je vois danser les flammes du poêle à mazout. Pour mieux l'isoler du vent et du froid, la station Charcot est enfouie sous la neige. Elle s'ouvre sur des galeries que nous creusons chaque jour au pic à glace, les doigts engourdis de froid car il fait – 40° C; au total nous aurons dégagé cent vingt tonnes de névé. Nous installons dans des niches agrandies les laboratoires de magnétisme et glaciologie ainsi que le coin toilette. Le long des parois, nous entassons les caisses de vivres, les vêtements, des réserves de carburant, de quoi survivre si notre abri prenait feu. Au bout de l'une des galeries une échelle installée dans une petite tour; c'est le sas qui s'ouvre vers la surface et qu'il nous faudra déneiger à longueur d'année. A l'extérieur, des dépôts balisés par des fanions; ils seront bientôt ensevelis sous la neige.

Notre premier souci est d'installer une éolienne. Nous sommes heureux de voir tourner l'hélice dans le ciel; avec un vent moyen de 40 km/heure, elle nous fournit cinq cents watts sous vingt-quatre volts. Nous pouvons ranger les lampes à pétrole, nous avons la lumière dans notre abri et nos galeries. Nous pouvons aussi chaque jour entrer en relation radio avec Dumont d'Urville, notre lien avec le monde extérieur. Notre vie s'organise. Une nourriture faite essentiellement de conserves car on ne connaît pas encore le surgelé; Roland est notre chef cuisinier et il saura les rendre appétissantes tout au long de l'année. Moins doué, sauf pour quelques croissants malingres que je m'efforce de faire chaque dimanche matin, je suis chargé de la vaisselle – une corvée que l'on réduit souvent au minimum. Jacques, notre ingénieur, répare et dépanne. Il faut aussi alimenter en neige la marmite qui tiédit sur le poêle; nous consommerons cependant très peu d'eau pour nous laver, utilisant nos sous-vêtements jusqu'à ce qu'ils soient dans un état de propreté plus que douteux.

Paradoxe possible pour un observateur lointain, nous sommes très occupés. Il nous faut déballer nos caisses, monter nos expériences scientifiques. Miracle : il ne manquera pas grand-chose. Mais faute des deux chronomètres spéciaux qu'il avait préparés, Roland devra appuyer deux cent vingt mille fois sur un contact à main pour obtenir des repères de temps à chaque minute sur les enregistrements des « pulsations » du champ magnétique...

Pour nous trois, le repas du soir est un moment de détente; dans cet espace envahi par des objets de toutes sortes, nous discutons des problèmes que nous avons rencontrés. Nous apprendrons vite à étouffer les heurts, le sentiment de notre unité s'imposant de plus en plus au cours des travaux collectifs nécessaires à la vie de la station. Une de nos soirées les plus réussies sera celle où nous déballerons bibliothèque et discothèque; les membres las, l'esprit plein de projets, il fait bon écouter notre premier disque.

Absorbés dans le quotidien, un peu plus sales et barbus chaque soir, nous vivons la fin de l'été. Notre observatoire fonctionne. Jacques assure régulièrement les relevés météorologiques transmis chaque jour à Dumont d'Urville. Roland ausculte en permanence les variations, lentes ou rapides, du champ magnétique terrestre. Nous avons monté une tour d'une dizaine de mètres de haut; équipée d'anémomètres, elle permet de mesurer la vitesse du vent à différentes hauteurs. Avec l'enregistrement du rayonnement que nous recevons du Soleil, de celui réfléchi ou émis par la surface de neige, j'établis ainsi le bilan thermique de la calotte. Jusqu'au jour où un vent de 120 km/heure déferle sur le plateau : au matin nous retrouverons la tour au sol, tous ses éléments tordus, rendant vains les efforts de dizaines de jours. Il nous faudra beaucoup de peine pour reprendre ce programme d'observations.

Nous entrons dans l'automne. Le soleil se couche de plus en plus tôt, se lève de plus en plus tard; le thermomètre descend... − 30, − 40° C. Le 9 mars, au réveil, nous n'entendons plus le ronronnement familier de l'éolienne. Le groupe électrogène d'appoint, lui aussi à l'extérieur, ne peut plus tourner. Nous tâchons de le protéger et l'installons dans les couloirs de neige, à côté de notre abri. Nous devons toutefois renoncer : très vite notre détecteur d'oxyde de carbone indique

« dose mortelle en une heure ». Il faut ressortir les lampes à pétrole. Nos batteries s'épuisent et nous ne pouvons plus émettre vers la base Dumont d'Urville. Nous entendrons encore le radio René Merle nous appeler inlassablement : « Allô Charcot, allô Charcot... Ici Dumont d'Urville qui vous écoute et ne vous reçoit pas... » Pendant quarante jours, nous serons coupés du monde. Nous ne recevons plus les télégrammes de nos proches. Laconiques, déformés, ânonnés, ils paraissaient à la réception vides de leur chaleur humaine; pourtant ils permettaient de recréer à distance un contact humain pour chacun de nous, le soir dans sa couchette. A Dumont d'Urville, c'est l'angoisse car l'on craint le pire. Bertrand Imbert et son équipe envisagent longuement la possibilité d'organiser un raid; une folie dans le froid et la nuit qui s'installent sur le plateau antarctique. Chaque soir nous sommes un peu plus moroses, parfois découragés, envahis par le sentiment d'impuissance à dire que nous existons. Enfin après de très longues recherches, nous retrouverons une génératrice à main dans une caisse enfouie sous la neige. A la manière de coureurs cyclistes qui pédaleraient avec leurs bras, Roland et moi l'actionnons tandis que Jacques, que nous trouvons toujours trop bavard, rétablit le contact avec Dumont d'Urville. Ce n'est qu'après l'hiver, le retour du soleil et la hausse de la température, que notre éolienne soigneusement révisée ronronnera de nouveau. S'il suffit, dans nos maisons, d'appuyer sur un interrupteur, il n'en est décidément pas de même en Antarctique : quelle joie de voir à nouveau nos ampoules s'allumer, notre tourne-disques... tourner.

21 juin – Depuis quelque temps le soleil ne se lève plus sur la station Charcot. C'est pourtant la fête, la *Mid Winter*, Noël pour les quelques centaines d'hommes qui vivent dans les bases antarctiques. Le repas sera plantureux (pâté de foie gras, cœurs d'artichauts, poulet-frites et tarte du chef) arrosé par une bonne bouteille préservée du gel. Toilette, coupe de cheveux, habits de civilisé; nous avions un peu oublié dans notre

existence hirsute le bien-être d'un corps tout neuf. Distribution de cadeaux et lettres; préparés par nos proches, il y a près d'un an, ils transmettent encore leur message de tendresse. Discussions, souvenirs, rêves... Nous nous échappons de notre prison sans barreaux et de notre promiscuité.

A Dumont d'Urville, notre camarade André Lebeau a été opéré d'une appendicite. Pour nous les consultations médicales se feront par radio; l'appendice et les dents de sagesse douteuses ont été enlevés avant notre départ et nos seuls ennuis seront dus à l'ophtalmie des neiges et aux gelures. Heureusement, car lorsque Roland fera une crise de scorbut, que nous réussirons tout de même à soigner avec les moyens du bord, nous n'arriverons pas à retrouver le précieux thermomètre médical. Enfermés dans notre horizon quotidien, nous ignorons à peu près tout des événements du monde extérieur; c'est pendant notre hivernage que sera lancé le premier satellite, Spoutnik, dont nous saurons plus tard qu'il a mené à la découverte de ceintures de radiation autour de la Terre, donnant une nouvelle dimension à l'Année Géophysique Internationale.

Le 21 juillet est notre jour le plus froid : − 62° C; cette nuit-là, sans vent, sorti pour faire des mesures de rayonnement nocturne, je me couche sur le dos quelques instants, regardant les étoiles. Nos organismes sont acclimatés et bien protégés.

Progressivement le soleil refait son apparition et la station tourne à plein. Nous retrouvons une chose précieuse dans nos rapports humains : le sourire du matin, qui n'est pas toujours facile.

Nous avons réalisé nos premiers carottages dans le névé, modestes puisqu'ils n'atteignent que quelques dizaines de mètres. Dans mon laboratoire, j'étudie au microscope la structure des « carottes ». Les grains les plus gros dans les couches caractérisent la neige d'été et ceux plus petits indiquent celle de l'hiver, marquée aussi par l'existence de croûtes très minces et dures formées par le vent; on peut de cette façon déterminer la quantité de neige qui se dépose chaque année. A Charcot, cette accumulation représente 25 centimètres de neige, équivalant une fois fondus à 10 centimètres d'eau. A 30 mètres de profondeur, le névé a près de deux cents ans d'âge. Il est formé de précipitations qui se sont déposées au moment de la Révolution française... Au fil des années, nous apprendrons à déchiffrer les informations qu'il contient, témoignant des caractéristiques des atmosphères passées.

En novembre, par − 30° C, nos sorties sont plus fréquentes et avec le soleil notre esprit engourdi semble se réveiller. On marche, pour le plaisir, dans cet univers immense, tout blanc. Et un jour, une grande joie : un pétrel des neiges, sorte d'hirondelle toute blanche, tourne autour de la station. Dix mois que nous n'avons pas vu de vie! Nous regardons cet oiseau, peut-être égaré, en espérant qu'il pourra rejoindre la côte et y trouver une nourriture que le désert de glace ne peut lui offrir. Dans son vol gracieux il emporte nos pensées vers le monde civilisé...

Mais un autre voyage nous passionne : une équipe de raid, dirigée par Bertrand Imbert, a quitté Dumont d'Urville pour nous rejoindre. Le 23 novembre, par un temps bouché, nous retrouvons nos camarades; embrassades et steaks de manchots Empereurs, viande fraîche dont le goût nous paraît délicieux après les conserves consommées pendant des mois. Des figures nouvelles, un contact chaleureux et tant de choses à se raconter.

L'équipe de Bertrand Imbert poursuivra son exploration plus au sud. Il s'agit notamment pour elle, à partir de sondages sismiques et de prospection gravimétrique, de déterminer l'épaisseur de la couche de glace. Nous apprendrons ainsi qu'à la station Charcot, à 2 400 mètres d'altitude, nous avons deux kilomètres et demi de glace sous nos pieds.

Nous mettrons les bouchées doubles pour terminer notre programme d'observations avant la relève. Un an, jour pour jour après notre arrivée nous quittons la station Charcot; René Garcia, Henri Larzillière et Guy Ricou prennent le relais. Ils nous apportent du courrier tout frais : il date de moins de deux mois. Nous voici déjà ailleurs, très loin. Le voyage du retour est une lente acclimatation : d'abord la descente vers la côte, où l'on retrouve des couleurs et des odeurs puis trois semaines sur un bateau de ligne luxueux, où l'on retrouve les plaisirs du monde civilisé. Les moments difficiles sont déjà oubliés. Accoudé au bastingage, les yeux perdus vers l'horizon, c'est l'heure d'un premier bilan. J'ai aimé cette vie d'expédition. J'ai envie d'en savoir plus, je me sens poursuivi par les nombreuses énigmes rencontrées dans ce premier contact avec la calotte glaciaire... Avant d'accoster en métropole, je sais que je reviendrai.

Le monde des glaces

Depuis l'Année Géophysique, au fil des saisons, des raids ont parcouru la calotte glaciaire pour sonder son épaisseur et de nouvelles techniques ont permis de prendre conscience, peu à peu, du formidable volume des glaces, 30 millions de km^3, qui constitue l'inlandsis. Grâce aux satellites, on a pu préciser les contours de la planète glace. Chutes de neige et décharges d'icebergs équilibrent de façon très approximative le bilan de masse de l'Antarctique, dont on tente aujourd'hui de modéliser le comportement.

Au temps de l'Année Géophysique

Pour les hivernants de la station Charcot la neige s'étendait à l'infini et la calotte glaciaire était encore *Terra Incognita*. Les raids organisés au cours de l'Année Géophysique s'efforçaient d'en découvrir les premiers secrets : Américains dans l'Antarctique de l'Ouest, Anglais avec la traversée du continent menée par Vivian Fuchs et Edmund Hillary (le vainqueur de l'Everest), Australiens, Français, Japonais et surtout Soviétiques explorant l'Antarctique de l'Est.

A cette époque, les techniques sont encore limitées. En dehors des régions côtières, où les travaux de cartographie et de photographie aérienne peuvent s'appuyer sur des points fixes rocheux déterminés géodésiquement, tout devient difficile lorsqu'on s'enfonce vers l'intérieur de la calotte glaciaire. Pour déterminer l'altitude, on utilise les différences de pression mesurées simultanément dans les tracteurs situés à quelques kilomètres de distance. Le cheminement est long (quelques kilomètres par heure) et les erreurs se cumulent; cependant les milliers de mesures alors réalisées pourront être calées à partir d'observations plus complètes faites dans les stations d'hivernage, permettant de calculer des altitudes à 100 mètres près et de donner une première idée de la topographie de la surface du continent.

Connaissant l'altitude de la surface, on détermine alors l'épaisseur de la glace par des méthodes gravimétriques et sismiques. De façon simplifiée l'attraction exercée sur le détecteur du gravimètre installé en surface dépend, parmi d'autres facteurs comme la latitude, de la proportion des hauteurs de glace et de roche par rapport au niveau de la mer. La méthode sismique est plus simple en principe puisque la mesure du temps écoulé entre une explosion en surface et son enregistrement après réflexion sur le socle rocheux donne directement l'épaisseur si l'on connaît la vitesse de propagation des ondes dans la glace. Mais sa mise en œuvre est beaucoup plus lourde, puisqu'il faut transporter les explosifs et, à chaque station, forer un trou dans la glace de 10 à 15 mètres de profondeur, déployer le réseau des récepteurs et contrôler sur place les enregistrements. Elle permet cependant d'obtenir une précision de quelques %, meilleure que celle de la méthode gravimétrique.

Le long des itinéraires, les convois placent des balises pour retrouver la trace mais aussi mesurer l'enneigement au cours d'un passage ultérieur. Les glaciologues creusent des trous et examinent la structure des couches de névé; densité et taille des grains servent à estimer l'accumulation au cours des années passées. A une dizaine de mètres de profondeur la variation saisonnière de la température est amortie et le thermomètre placé au fond du trou donne une première idée de la température moyenne annuelle.

Vers la côte les géodésiens, à partir de repères fixes, obtiennent les premières mesures du déplacement de la glace en visant les falaises et glaciers qui se terminent en mer; les vitesses vont de quelques mètres à plus du kilomètre par an.

Même si ces données sont relativement imprécises, elles sont tout de même précieuses. Les quelques milliers de kilomètres parcourus laborieusement et dans des conditions difficiles permettent de tracer quelques traits sur les cartes de la surface et du socle du continent, notamment à partir des travaux de l'Américain C. Bentley.

Du progrès des techniques

Au fil des années se développera tout un arsenal de techniques nouvelles. L'une des plus importantes sera la mise au point de radars donnant directement l'épaisseur de la glace. Des hélicoptères ou des avions utilisant des altimètres radars dans des conditions de *white-out*, où l'on ne peut discerner la surface, se sont parfois écrasés au sol. En cherchant à expliquer ces accidents, on comprit que pour certaines fréquences les signaux radars traversent la glace et se réfléchissent sur le fond. Dans ce cas, l'altimètre indique la distance à la surface augmentée de l'épaisseur de la glace. Des chercheurs américains et anglais (A.H. Waite de l'US Army Signal Corps; G. de Q. Robin et D. Drewry du Scott Polar Research Institute) mirent au point des instruments émettant des signaux très haute fréquence (typiquement trente à trois cents mégahertz) qui traversent la glace et sont captés après réflexion sur le fond rocheux. Connaissant la vitesse de propagation de ces ondes on en déduit facilement les épaisseurs de glace.

Dès lors tout va changer. Des avions C130 spécialement équipés vont survoler une bonne partie de l'Antarctique (leur rayon d'action reste insuffisant pour en couvrir l'ensemble) et déterminer la topographie de la surface et du socle rocheux : les précisions atteintes sont de l'ordre de quelques dizaines de mètres pour l'altitude de la surface et de 1 à 2 % pour les épaisseurs de glace.

Plus récemment, des données enregistrées par ballons plafonnant à altitude constante et surtout par satellites ont complété mes connaissances. Le satellite Landsat fournit ainsi des images sur une bonne partie du pourtour de l'Antarctique avec une définition de quelques dizaines de mètres et celle des clichés de SPOT est inférieure à 10 mètres. Il devient possible de cartographier le trait de côte de l'Antarctique et même de mesurer les vitesses de déplacement horizontal de la glace, si l'on dispose de points de repère fixes sur les clichés. Le satellite Seasat, muni d'un radar altimétrique, a permis de relever la topographie de la surface de la calotte jusqu'à une latitude de 72° sud, avec une précision de l'ordre du mètre. De son côté le système Transit donne par effet Doppler (changement de fréquence d'un signal électromagnétique résultant du mouvement de l'émetteur ou du réflecteur) les coordonnées dans les trois dimensions d'une balise réceptrice placée à la surface de l'Antarctique avec une précision, après quelques jours d'observation, d'environ 1 mètre.

Le futur s'annonce prometteur : les études en cours sur les clichés pris dans le visible et dans différentes longueurs d'onde apportent des informations sur la température de surface de la calotte, voire sur le taux d'accumulation de la neige. Dans le domaine de la climatologie, le réseau au sol de stations météorologiques automatiques se développe et permettra de combler une lacune importante due au fait qu'il n'existe que de trop rares observatoires permanents sur cet immense continent.

Les données spatiales sur l'Antarctique ne sont pour l'instant que des retombées relativement marginales des observations des satellites lancés essentiellement pour d'autres missions. Le développement de l'instrumentation, le choix d'orbites garantissant une couverture géographique plus adéquate et les recherches des Américains, Soviétiques, Japonais, Européens et Français, notamment à Toulouse et Grenoble, autorisent à penser qu'une bonne partie des caractéristiques physiques de la calotte glaciaire pourraient être déterminées avec précision au cours de la prochaine décennie : étendue, altitude de la surface, vitesses de déplacement, température et accumulation de la neige, voire épaisseur de la glace. Il sera alors possible de connaître le bilan de masse de l'inlandsis (la variation de son volume) : il s'agit en effet d'une donnée indispensable pour expliquer la variation du niveau des mers au cours du dernier siècle et prédire son évolution à la suite du réchauffement attendu, lié à l'effet de serre, de notre Planète. Même dans ce domaine il sera cependant nécessaire de poursuivre des programmes sur le terrain pour étalonner les données spatiales; les passionnés des campagnes en Antarctique, dont je suis, ne s'en plaindront certes pas.

Glaces de l'inlandsis

Après quelque trente ans d'observations on peut décrire la calotte glaciaire – l'inlandsis – comme formée de trois parties. L'Antarctique de l'Est en constitue la plus grande; il couvre presque 10 millions de km^2 et culmine au dôme Argus, à une altitude de 4 000 mètres. C'est dans cette partie que se trouve le véritable centre de gravité de l'inlandsis vers 81° sud et 73° est. Ce point est le plus éloigné des côtes et les conditions y sont telles qu'il a été baptisé « Pôle d'inaccessibilité ». La chaîne de montagnes Transantarctiques qui culmine à plus de 4 500 mètres au mont Kirkpatrick sépare effectivement cette masse de glace de celle de l'Antarctique de l'Ouest (2 millions de km^2) qui atteint 2 300 mètres. L'une des caractéristiques de cette partie est la présence d'immenses plates-formes de glace (*ice-shelfs* en anglais) qui prolongent la calotte glaciaire et flottent sur la mer; celles s'étalant sur les mers de Ross et de Weddell ont chacune une surface supérieure à 500 000 km^2, c'est-à-dire comparable à la superficie de l'Hexagone. Enfin la péninsule Antarctique (un demi-million de km^2) présente des aspects plus variés avec l'existence de petits dômes glaciaires séparés et de nombreux affleurements rocheux. L'inlandsis couvre donc une surface de 14 millions de km^2. Pour l'essentiel cette glace repose sur le socle rocheux, à l'exception des *ice-shelfs* qui s'étendent sur 1,5 million de km^2. Les massifs montagneux apparents, dont le plus haut est le mont Vinson (5 140 mètres), ne représentent que 300 000 km^2, soit 2 % de la surface totale.

Par rapport aux altitudes dont la variation est progressive dans les différentes parties de l'Antarctique, les épaisseurs de glace qui dépendent d'un relief rocheux accidenté varient de façon plus irrégulière *(figure 2.1)*. Les valeurs les plus grandes se trouvent dans les bassins sous-glaciaires qui existent aussi bien dans l'Antarctique de l'Est que de l'Ouest. C'est ainsi que la couche de glace atteint 4 800 mètres dans un site situé à 400 kilomètres de la côte de Terre Adélie par 69° 54′ sud et 135° 12′ est (un record, alors que l'altitude de la surface n'est que de 2 400 mètres) et 4 000 mètres dans la zone de la fosse de Bentley; à cet endroit l'altitude est de 1 450 mètres et le socle rocheux se trouve à 2 550 mètres en dessous du niveau de la mer. L'épaisseur de la glace est généralement beaucoup plus faible dans les régions côtières mais elle n'est guère supérieure à 1 000 mètres dans les régions centrales de l'Antarctique de l'Est, là où se trouve le massif sous-glaciaire Gamburtsev. Enfin les shelfs ont une épaisseur plus homogène : 400 mètres en moyenne.

Même si les mesures ne couvrent pas l'ensemble du continent et notamment le secteur de la Terre de la Reine Maud, le volume total de la glace Antarctique est estimé à environ

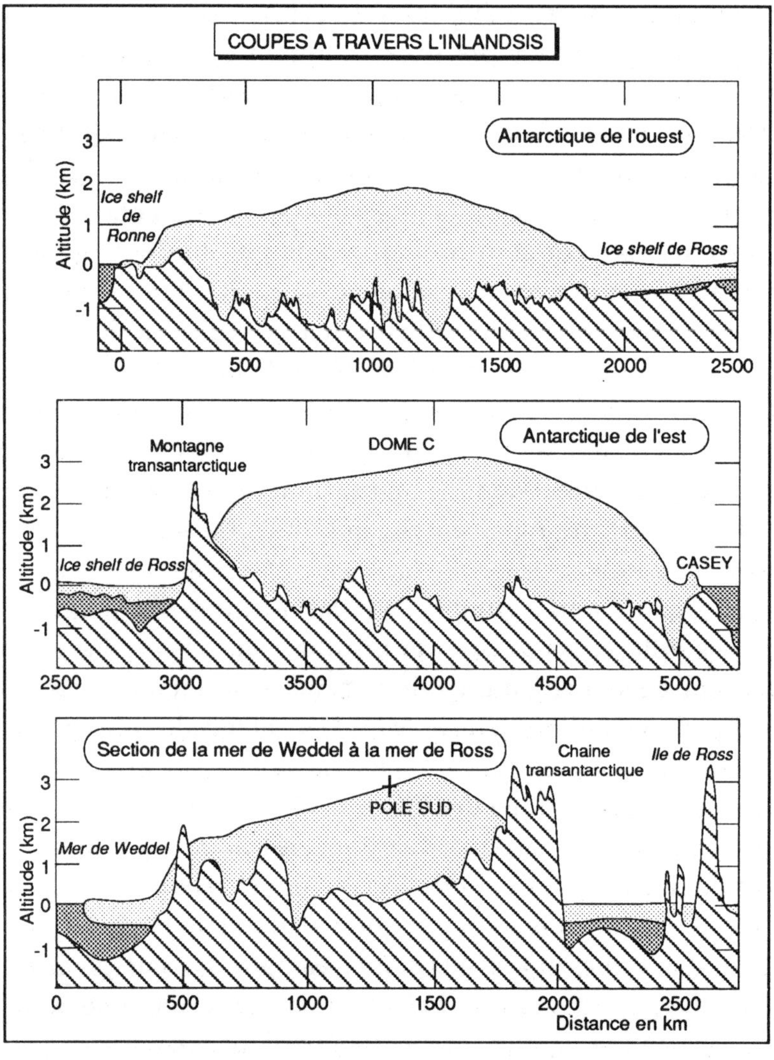

Figure 2.1. Coupes à travers l'inlandsis

De haut en bas :

– dans l'Antarctique de l'Ouest, entre les ice-shelfs de Ronne et de Ross, à l'ouest de la chaîne Transantarctique;

– à partir de l'ice-shelf de Ronne jusqu'à la base de Casey (110° est), en passant par le Dôme C;

– entre la mer de Weddell et la baie de Mac Murdo, en passant par le pôle Sud.

Le socle rocheux (hachuré sur la carte) est généralement au-dessus du niveau de la mer dans l'Antarctique de l'Est mais la couche de glace (en gris clair sur la carte) peut avoir jusqu'à 4 800 mètres d'épaisseur. Dans la partie Ouest le relief sous-glaciaire est plus contrasté et souvent en dessous du niveau de la mer; la glace y atteint jusqu'à 4 000 mètres. On distingue les ice-shelfs flottant sur la mer et dont l'épaisseur est de 400 mètres (d'après Scott Polar Research Institute, D.J. Drewry, 1983).

30 millions de km^3. Plus de 85 % de cette glace se trouve dans l'Antarctique de l'Est, le reste constituant l'Antarctique de l'Ouest (un peu plus de 10 %), la péninsule Antarctique et les plates-formes de glace. On peut illustrer l'importance de ce volume de glace en imaginant un pays grand comme vingt-cinq fois la France, ou comme les États-Unis et le Mexique réunis, recouvert par une couche de glace de plus de 2 kilomètres.

Glace de mer

Parce qu'elle contient du sel, la mer ne gèle qu'à partir de – 1,8° C. C'est chose courante dans l'océan Austral : chaque hiver, il se couvre d'une immense pellicule de glace, qui disparaît cependant en grande partie durant l'été, moment où les navires de relève des expéditions convergent vers l'Antarctique. Pendant longtemps ce sont ces navires qui, en s'efforçant de trouver un passage à travers la banquise, ont fourni les seules informations dont on disposait sur la glace de mer. A partir des années 1970, les satellites ont donné une image plus globale de la surface de l'océan gelé. C'est ainsi que Nimbus 5, équipé d'un radiomètre micro-ondes à balayage et lancé par la NASA fin 1972, a pu différencier les radiations émises par la surface de la Terre, même dans l'obscurité et en présence de nuages, et les étendues respectives d'eau et de glace, avec une résolution de 30 kilomètres. Lancé plus récemment (1978) le satellite Seasat est équipé d'un radar dit « à synthèse d'ouverture », aux performances encore supérieures.

La surface couverte par la glace de mer varie avec les saisons de façon considérable *(figure 2.2)*. Elle est au minimum en février, c'est-à-dire à la fin de l'été austral, de 4 millions de km^2. L'essentiel des côtes de l'Antarctique de l'Est se trouve alors dégagé tandis que la bordure de l'Antarctique de l'Ouest demeure englacée, notamment dans la partie de la mer de Weddell qui jouxte la péninsule Antarctique. Avec la fin de

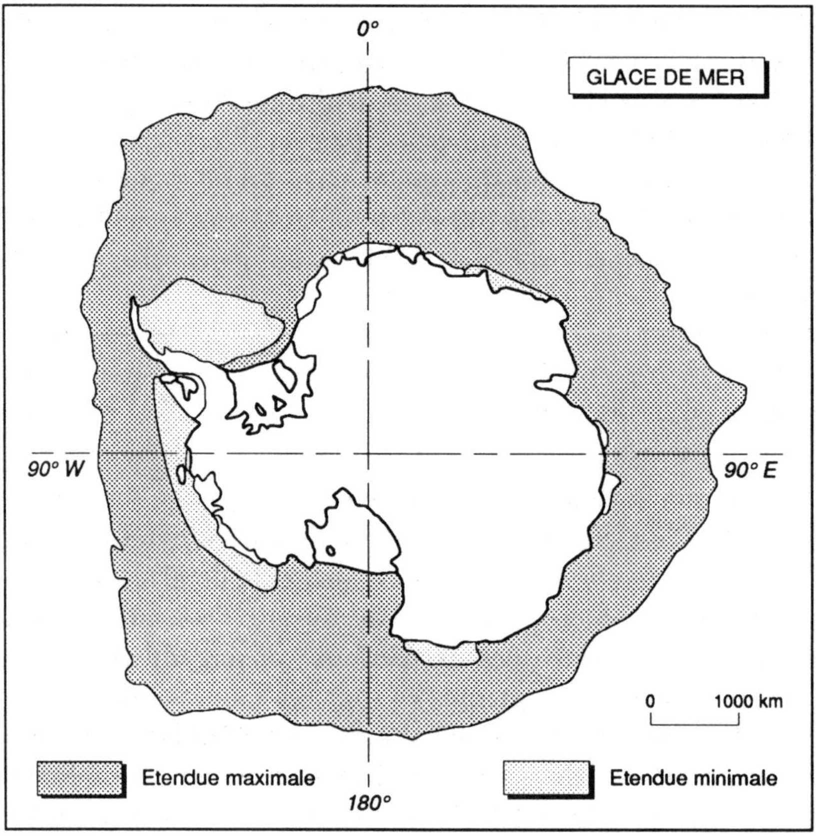

Figure 2.2. Glace de mer

Pendant l'hiver, l'océan Austral gèle en surface et se couvre d'une couche de glace de quelques mètres d'épaisseur qui atteint jusqu'à 20 millions de km². A la fin de l'été, en février, cette surface se réduit à 4 millions de km². L'accès des navires aux côtes antarctiques reste cependant parfois problématique.

l'été, la surface gelée augmente très rapidement, de 3 à 4 millions de km² pour chacun des mois de mai et juin. A la fin de septembre elle atteint son maximum : 20 millions de km², soit une fois et demie la surface de l'inlandsis. Le navire qui tenterait alors d'atteindre l'Antarctique aurait le plus souvent à traverser 1 000 kilomètres de banquise!

Si les surfaces sont grandes, les épaisseurs sont faibles et comprises généralement entre 1 et 3 mètres. A son maximum d'étendue, le volume de cette glace de mer est donc mille fois plus petit que celui de la calotte glaciaire. Cette étendue n'est d'ailleurs pas uniforme; outre les icebergs emprisonnés l'eau apparaît parfois en surface. Sous l'action des vents et des courants marins, la glace peut se disloquer et libérer de très larges étendues d'eau libre, comme le « polynie » de 300 000 km^2 souvent présent dans la mer de Weddell. Débâcles et regel peuvent se produire très rapidement et de façon imprévisible. On se souvient de l'odyssée de Shackleton, l'« Endurance » restant emprisonné par les glaces en plein été austral. De tels drames se jouent encore de nos jours : le « Southern Ouest », navire affrété par une expédition privée, coule en mer de Ross en 1986 et nous évoquerons plus loin l'aventure du navire de relève soviétique, le « Somov », resté bloqué dans les glaces pendant cent trente-trois jours.

Planète glace

Tout voyageur qui survole les régions arctiques en hiver peut se rendre compte – à la condition que l'hôtesse ne baisse pas le volet de son hublot pour ne pas nuire à la projection du film – des immensités couvertes par la neige et la glace sous ses différentes formes. La Terre est en fait la seule planète du système solaire où les conditions de température sont telles que l'eau y existe sous ses trois formes, liquide, gazeuse et... solide, dans des proportions qui varient avec les conditions climatiques.

Parlons de la neige d'abord, que tout un chacun connaît. La couverture neigeuse varie considérablement avec les saisons; dans l'hémisphère Nord, elle disparaît presque complètement par fusion en été, mais en hiver, avec une étendue de près de 50 millions de km^2, elle couvre pratiquement la moitié des continents de cet hémisphère. De la même façon la glace de mer est très sensible au rythme saisonnier. Nous avons vu qu'elle oscille entre 4 et 20 millions de km^2 sur l'océan Austral largement ouvert; dans l'océan Arctique, bordé de continents, la variation, décalée d'environ six mois, est moindre : de 8 à 15 millions de km^2.

Par opposition avec la neige et la glace de mer, peu épaisses (l'unité est le mètre), les glaciers de montagne et les petites calottes glaciaires que l'on trouve surtout dans l'Arctique, sont moins sensibles aux températures saisonnières, mais varient lentement à l'échelle d'une vie humaine; avec des épaisseurs de quelques centaines de mètres, ils couvrent près de 500 000 km^2.

Enfin les deux inlandsis polaires apparaissent comme immuables. Nous avons longuement décrit la glace de l'Antarctique; la calotte glaciaire du Groenland a une surface de 1,8 million de km^2 et couvre en grande partie une île longue de 2 500 kilomètres. Cette glace est largement emprisonnée entre les chaînes de montagne qui ceinturent l'île et repose sur un fond relativement plat; les épaisseurs dépassent 3 000 mètres dans les régions centrales et le volume de glace est de près de 3 millions de km^3. La calotte est très étendue en latitude : allant bien au-delà du cercle polaire, elle descend jusque vers 60 degrés dans sa partie la plus méridionale; elle connaît donc des températures moyennes bien moins froides que l'Antarctique. Si le thermomètre descend à − 45° C au sommet, les températures d'été sont voisines de 0° C et parfois positives dans les régions côtières.

Cet inventaire, résumé dans le tableau ci-contre, montre donc que la glace permanente couvre une surface de plus de 16 millions de km^2, soit 11 % de la surface des continents qui est de 150 millions. En prenant en compte la couverture neigeuse, ce rapport est de 42 % durant l'hiver boréal. La glace de mer s'étend en moyenne sur 7 % de la surface des océans, puisqu'elle se développe et diminue en alternance dans les deux hémisphères. Dans les régions froides des hautes latitudes où cette glace se concentre, la planète bleue devient blanche.

Quant au volume (et non plus à la surface) des glaces, il est essentiellement concentré dans les calottes polaires : sur un total de 33 millions de km^3, l'Antarctique contribue pour

Surface et volume de la glace sur Terre

		SURFACE (millions de km²)	VOLUME (millions de km³)
GLACE CONTINENTALE	Antarctique	14	30
	Groenland	1,8	3
	Autres glaciers	0,5	0,1
	Neige	mini 1 maxi 47	~0,001
GLACE DE MER	Océan Austral	mini 4	0,005
		maxi 20	0,03
	Arctique	mini 8	0,02
		maxi 15	0,05
CONTINENTS		150	–
OCÉANS		360	1350

La surface couverte représente en moyenne 14 % de la Terre.
Le volume des glaces est essentiellement concentré dans les calottes polaires, dont 90 % pour le seul Antarctique.

presque 90 % et le Groenland pour 10 %, la part des autres glaciers étant par conséquent insignifiante. Bien que ce rapprochement soit tout à fait artificiel, sur le plan pratique tout au moins, on a l'habitude de comparer ce volume à celui de l'eau douce contenue dans les lacs et autres réservoirs à la surface de la Terre (125 000 km^3) ou encore au volume des eaux souterraines (au moins 4 millions de km^3, sans doute beaucoup plus en profondeur). Il faut pour cela tenir compte de la densité de la glace (0.9) : 33 millions de km^3 équivalent à 30 millions de km^3 d'eau. Ces chiffres illustrent un commentaire fréquent : les calottes polaires, et principalement l'Antarctique, constituent la plus grande réserve d'eau douce du monde. Réparti entre les cinq milliards d'habitants de la planète, cela correspond à 150 litres d'eau par personne et par jour pendant 100 000 ans!

Bien qu'apparaissant considérable, le volume des glaces ne représente qu'un peu plus de 2 % de celui de l'eau de mer (1 350 millions de km^3); pourtant nous verrons que ses variations ont influé de façon importante sur le niveau des eaux au cours des dernières centaines de milliers d'années, à l'échelle des cycles glaciaire-interglaciaire. Hypothèse d'école qui permet néanmoins de donner l'ordre de grandeur : ce volume de glace ferait monter le niveau des océans de plus de 80 mètres, dont 70 mètres dus au seul Antarctique; sans tenir compte du rehaussement des continents libérés du poids des calottes.

L'inlandsis en équilibre?

Déterminer si le volume de cette glace augmente, diminue ou reste stationnaire est un problème difficile et encore non résolu. Les composantes du bilan de masse à comparer sont d'une part la quantité de neige qui alimente la calotte et d'autre part la masse évacuée vers l'océan; les températures sont en effet toujours assez basses pour qu'il n'y ait pas de fusion de la glace en surface.

Notons d'abord que la limite extérieure de la glace peut varier de façon brusque dès qu'elle flotte sur la mer au lieu de reposer sur la roche du continent et que la partie flottante n'aura, selon le principe d'Archimède, aucune influence sur les variations du niveau des mers. Il apparaît donc que la limite à prendre en considération est celle où la glace décolle de son socle; comme nous l'avons vu précédemment, la surface concernée est alors de 12,5 millions de km^2.

Il neige peu en Antarctique et les « pluviomètres » des stations météorologiques ne sont guère adaptés. Les dépressions qui permettent l'arrivée des masses d'air maritime humide traversent assez rarement le continent et l'essentiel de la neige se dépose dans les régions côtières où l'air se refroidit rapidement du fait de l'augmentation rapide de l'altitude de la calotte. L'air froid qui atteint les régions centrales ne contient pratiquement plus de vapeur d'eau et les précipitations sont généralement constituées de petites particules de glace que l'on voit scintiller dans l'air. L'enneigement est mesuré à partir de réseaux de balises implantées au cours des raids ou à proximité des stations; l'essentiel des données provient en fait de l'étude des couches de névé dans les « puits » creusés par les glaciologues et dans les carottes obtenues par forage. La neige accumulée vers la côte représente en moyenne l'équivalent de 60 centimètres d'eau par an et n'est plus que de 20 centimètres à 200 kilomètres de distance. L'intérieur du continent est un véritable désert : sur près de 5 millions de km^2 (dix fois la surface de la France) en Antarctique de l'Est il tombe chaque année moins de 5 centimètres d'équivalent en eau, valeur qui peut descendre à moins de 2 centimètres. Quelle patience il a fallu à la nature pour constituer ainsi des couches de glace de plusieurs kilomètres!

Les valeurs disponibles ont été obtenues lors de raids somme toute peu nombreux et ne permettent pas d'estimer de façon précise la quantité totale de neige qui s'accumule chaque année en moyenne à l'échelle de l'Antarctique. Bien sûr les extrapolations sont permises, en surface et dans le temps. Dans les années soixante-dix, Gordon Robin, alors directeur du Scott Polar Research Institute de Cambridge, eut l'idée d'exprimer la quantité de vapeur d'eau dans l'atmosphère, qui gouverne l'importance des précipitations, en fonction de la température. Ce que confirment les observations : à la surface du continent, neige déposée et température sont bien corrélées. Des données de température plus nombreuses permettent ainsi de compléter les valeurs d'accumulation. Par ailleurs, puits et carottages montrent que l'importance des couches déposées reste relativement constante dans le temps. On observe bien sûr de grandes variations d'une année à l'autre dans les régions côtières, où le blizzard peut transporter des quantités importantes de neige et où les sastruggis témoignent de la variabilité des dépôts; mais à l'échelle des dizaines d'années et sur l'ensemble du continent, il est possible de dégager des valeurs moyennes. En fait nous verrons que les seules variations importantes sont liées à celles du climat. Malgré cela, l'estimation de la quantité de neige accumulée à l'échelle de l'inlandsis et du siècle varie dans une large fourchette allant de 1 800 à 2 200 milliards de tonnes par an; disons 2 000 à + ou − 10 %, en restant optimiste.

Quant à estimer le débit de glace à la limite choisie, il faut connaître à la fois les épaisseurs, dont nous avons déjà parlé, et les vitesses. Celles-ci sont très faibles dans les régions centrales : peut-être 1 mètre par an vers les sommets de la calotte et dix fois plus au pôle Sud. Mais elles atteignent 100 mètres en moyenne dans les régions côtières, avec une très grande variabilité. Sur l'ensemble du pourtour de la calotte la glace n'avance que lentement, de quelques dizaines de mètres par an, mais les glaciers ont des vitesses bien supérieures, de un à plusieurs kilomètres/an. Dès maintenant les images obtenues par satellite sont utiles; elles permettent de dénombrer les icebergs les plus importants et de déterminer les variations du bord de la calotte. Ce sont essentiellement le shelf d'Amery et ceux flottant sur les mers de Ross et de Weddell qui fournissent les gros icebergs. C'est ainsi qu'en 1986 le camp d'été soviétique « Druzhana », installé sur la plate-forme de Filchner et heureusement alors inoccupé, s'est mis à dériver en mer sur un iceberg de plus de 13 000 km^2; le même type de débâcle s'est reproduit l'année suivante de l'autre côté de la mer de Weddell. Chacun de ces événements représente un volume de glace formidable : 6 000 km^3, soit l'équivalent de trois années de l'accumulation de neige sur l'Antarctique. Ces débâcles ne sont pas liées à des variations du climat mais principalement à des ruptures mécaniques dues à l'action de la mer sur la glace flottante; il faudra peut-être attendre de nombreuses années avant qu'elles ne se reproduisent. On comprend sans doute mieux maintenant pourquoi le bilan de masse de la calotte doit être établi aux limites du continent rocheux, ce qui n'est pas facile. Avec cette contrainte une seule estimation de la décharge de la glace a été faite : Bill Budd et ses collègues australiens proposent une valeur de 1 900 km^3/an, peut-être à 30 % près.

Admettre que la glace de l'Antarctique est en état d'équilibre est donc une hypothèse très approximative. De plus, si l'on compare la neige accumulée chaque année au volume de glace, on obtient un « temps moyen de renouvellement » qui est de l'ordre de 15 000 ans; dans son comportement, la calotte garde la mémoire des conditions passées, température et précipitations notamment, et ne saurait donc, par principe, être en équilibre avec les conditions climatiques d'un interglaciaire qui a commencé il y a seulement 10 000 ans, à la fin de la dernière glaciation.

Pour illustrer l'importance de ce problème disons à ce stade qu'accumulation et ablation correspondent à une couche d'eau, répartie sur les 360 millions de km^2 couverts par les océans, de 55 centimètres pour un siècle, la durée d'une vie. Le bilan n'est pas connu avec une précision supérieure à 20 % de cette valeur; on voit aussi que sur 100 ans le bilan de masse de l'Antarctique pourrait avoir entraîné soit une baisse du niveau des mers d'environ 10 centimètres, soit une hausse de la même valeur. Une incertitude qui ne permet pas de mesurer la contribution possible de l'inlandsis à l'augmentation du niveau des mers au cours du dernier siècle, laquelle est estimée à 15 centimètres. Il faudra attendre l'ère des satellites polaires donnant accumulation, vitesses, profils de la surface et du socle et donc variations d'épaisseur pour lever cette ambiguïté.

Modélisation de la calotte glaciaire

Sous l'action de la gravité les couches de neige successivement déposées se transforment en glace et s'enfoncent au sein de l'inlandsis en même temps qu'elles s'amincissent en s'écoulant vers la côte. Il s'agit donc de calculer par exemple les trajectoires de la glace et l'âge des couches en profondeur. Il faut pour cela connaître au minimum les profils de la surface et du socle rocheux et les valeurs de l'accumulation. La vitesse horizontale est perpendiculaire aux courbes de niveau de la surface et sa valeur moyenne, pour une section de glace comprise entre deux lignes d'écoulement, est telle qu'elle permet d'évacuer la quantité de neige déposée dans la zone d'accumulation située en amont. La composante verticale de la vitesse est égale en surface à la quantité de neige accumulée chaque année et décroît linéairement avec la profondeur pour devenir nulle au contact du socle rocheux. Il est ainsi possible de calculer les trajectoires d'écoulement et l'âge de la glace en fonction de la profondeur *(figure 2.3)*. Ces trajectoires sont pratiquement verticales dans la partie supérieure des régions centrales; elles sont plus inclinées dans les régions côtières où les mouvements horizontaux sont importants et, très en profondeur, elles suivent sensiblement la topographie du socle rocheux.

L'âge calculé des couches augmente avec la profondeur et peut atteindre plusieurs centaines de milliers d'années. Un carottage réalisé dans les régions centrales permet d'obtenir une séquence peu perturbée par l'écoulement de la glace; ce n'est pas le cas des forages côtiers où la glace rencontrée en profondeur s'est formée en des sites de plus en plus lointains. A partir des vitesses on peut aussi calculer le temps que met une particule de glace pour atteindre la côte; si l'on part des régions centrales il s'agit d'un long voyage puisqu'il peut durer quelque 500 000 ans!

Bien que les vitesses calculées en surface soient assez proches de celles mesurées, une telle modélisation souffre de nombreuses limitations. Elle suppose en particulier l'inlandsis en état d'équilibre et prend très mal en compte des paramètres qui interviennent de façon importante dans la loi rhéologique de déformation de la glace. Les propriétés mécaniques de la glace dépendent en particulier de sa structure et de la tem-

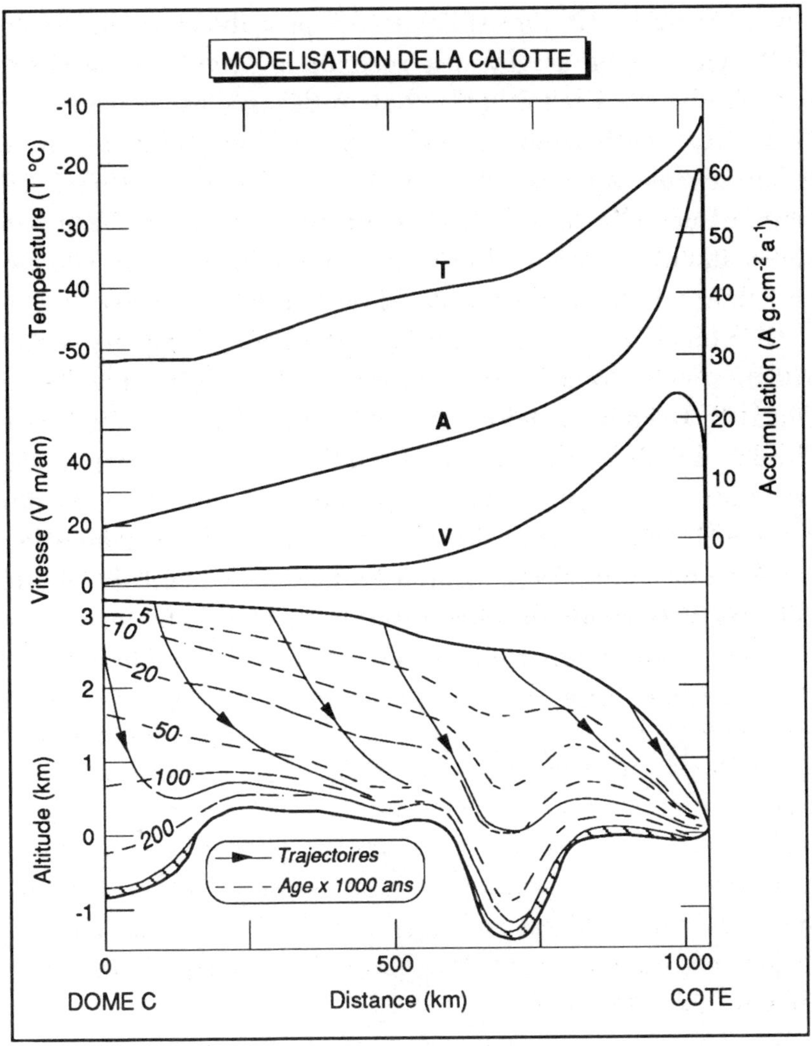

Figure 2.3. Modélisation de la calotte

– La figure représente le profil de la calotte entre le Dôme C et la côte (vers la base Dumont d'Urville). La zone hachurée indique les parties où la glace peut atteindre son point de fusion au contact du socle rocheux.

– Les courbes du haut représentent successivement les variations de la température moyenne (T), de l'accumulation de la neige (A) et de la vitesse horizontale de la glace (V) en fonction de la distance. Ces paramètres permettent de calculer les trajectoires de la glace et son âge en profondeur (d'après C. Lorius, Palais de la Découverte, 1984).

pérature *in situ;* celle-ci est notamment liée à l'écoulement de la glace, ce qui nécessite des boucles successives pour améliorer la représentation du champ des températures et des vitesses. Un autre point critique est l'existence probable d'un glissement de la glace au contact du socle rocheux lorsque la température, sous l'influence à la fois de la chaleur dégagée par le frottement et du flux géothermique, devient voisine du point de fusion. Enfin le rôle joué par les ice-shelfs doit être éclairci; s'ils freinent actuellement l'écoulement de la calotte ils sont sensibles au climat et leur diminution, voire disparition, pourrait entraîner une accélération de la décharge des glaciers.

On voit donc la complexité des problèmes auxquels se sont attachés les chercheurs des équipes de Louis Lliboutry et Paul Duval à Grenoble, John Nye et John Glen en Angleterre, Barclay Kamb et d'autres aux États-Unis, Hans Oerlemans en Hollande, Bill Budd en Australie, pour ne citer que les plus connus. L'objectif est d'obtenir un modèle à trois dimensions permettant de décrire le comportement de l'inlandsis lors des grandes variations glaciaire-interglaciaire du Quaternaire et de prévoir son comportement dans le cas d'un réchauffement futur. Le chemin à parcourir reste long...

CHAPITRE III

A la surface du continent

La description que nous venons de faire de la calotte glaciaire antarctique est tirée de données qui proviennent pour l'essentiel de trente ans de raids d'exploration. Certaines des mesures géophysiques ont pu être réalisées par avion, enrichissant de façon considérable nos connaissances. Pourtant, dès à présent et plus encore demain, les satellites sont utilisés, de moins en moins dépendants d'observateurs au sol.

Il reste cependant un domaine où l'homme de terrain est pleinement nécessaire : celui portant sur l'étude des archives glaciaires. Il faut pour cela extraire la glace profonde et déchiffrer les différents messages qu'elle contient, empreintes de notre environnement atmosphérique. Avant de remonter dans le passé il faut explorer les couches de surface et relier leurs caractéristiques à celles de l'atmosphère. Une enquête difficile et pour laquelle la dimension géographique est nécessaire; c'est elle que permettent d'atteindre les raids.

Raid en Terre de Victoria, 1959-1980

18 octobre 1959 – Christchurch, Nouvelle-Zélande – 17 h 30. Un dernier coup d'œil sur les baraquements de l'US Navy Task Force et je me hisse par la trappe dans le Globemaster dont les moteurs rugissent déjà : destination Mac Murdo Sound, base opérationnelle de l'activité américaine sur le continent austral. L'avion emporte ce jour-là dix tonnes de matériel, dont les bases à la fin de leur hivernage ont un besoin urgent; les six passagers disposent de banquettes rabattantes et de hublots un peu crasseux au travers desquels défilent les moutons néo-zélandais. C'est le moment d'abandonner nos derniers vêtements de civilisés : l'intérieur de la cabine n'est pas conditionné... Douze heures de vol sur l'océan, d'abord sous son aspect familier puis se couvrant peu à peu de petites tartelettes (*pancakes* comme disent les spécialistes) d'une glace qui finit par former une couche continue. La glace de mer est encore présente : le bateau ne passe pas, mais l'avion permet de rompre le long isolement hivernal des stations de l'Antarctique. Nous avons de la chance; la météo est bonne et le Globemaster poursuit son vol au-delà du point de non-retour. Nous longeons les côtes du Continent; sur des centaines de kilomètres la chaîne des montagnes Transantarctiques offre un spectacle grandiose : sommets à plus de 4 000 mètres dénudés, larges vallées glaciaires descendant vers la mer. Derrière, à l'infini, la Terre de Victoria, zone que notre raid doit explorer.

19 octobre – Aéroport de Mac Murdo, 78°30′ sud – 5 h 30. La glace de mer est encore épaisse (2 mètres environ) et l'avion pose ses roues sur la surface uniforme. Un peu de vent, – 15° C, mais le soleil illumine le paysage et les flancs du mont Erebus

(4 070 mètres d'altitude), seul volcan du continent en activité, comme le montre son petit panache de fumée. De l'autre côté, tout plat, l'immense ice-shelf de la mer de Ross.

Un « Hello » chaleureux; Toney, un grand diable vêtu d'un pantalon rouge, est là pour m'accueillir. Tant de choses à voir, à faire... La première nuit sera blanche, mieux vaut ne pas se coucher. Le mess est toujours ouvert, occasion d'un « breakfast » copieux au cours duquel je peux faire le point avec mon hôte. Il représente la National Science Foundation (notre CNRS à l'échelle américaine) qui a la responsabilité des programmes de recherche et dispose d'un détachement de l'US Navy chargé d'assurer le support des opérations antarctiques. Après mon hivernage en Terre Adélie, je mesure la différence des moyens mis en œuvre. Côté français, le « Norsel » et ses 1 500 tonnes de cargaison, un hélicoptère, quelques véhicules chenillés et 27 hivernants. Côté américain, 4 brise-glace, 2 cargos, 1 pétrolier, une véritable flotte aérienne (1 Superconstellation, 10 Globemasters, 8 avions de tailles diverses équipés de skis et 2 hélicoptères lourds). Il faut dire que les Américains maintiennent 4 bases dans différents secteurs de l'Antarctique, occupées par 191 hivernants. Une innovation cette année, le premier C130, avion à grand rayon d'action équipé de skis, appelé à assurer l'essentiel des opérations sur le continent Antarctique.

J'ai demandé à participer au grand raid projeté durant l'été dans le cadre de l'opération *Deepfreeze* avec comme objectif Terme Sud; c'est le point terminal atteint par les expéditions antarctiques françaises au cours de l'Année Géophysique Internationale, à 150 kilomètres de la Station Charcot où demeure une partie de mes souvenirs. Le retour est prévu sur le glacier de Tucker, non loin de la base de Cap Hallett. Cela représente environ 2 500 kilomètres à parcourir dans une région inexplorée, du 15 octobre au 15 février, par des températures moyennes supposées de – 30° C. Neuf garçons dans cette équipe : six Américains, un Hollandais, un Néo-Zélandais et un Français. Trois tracteurs *Snow-cats* avec leurs traîneaux ont quitté la base il y a deux jours; le planning opérationnel se décompose en trois périodes *(figure 3.1)* :

– Mac Murdo – « Plateau Dépôt » (78° 02′ sud, 158° 25′ est, 2 500 mètres d'altitude, distance 550 kilomètres) que l'on espère atteindre le 1er novembre.

– Plateau-Dépôt – Terme Sud (71° 09′ sud, 139° 12′ est), 1 100 kilomètres à parcourir jusqu'à Noël.

– Terme Sud – Tucker Glacier (850 kilomètres) où nous devons être rendus autour du 15 février pour rejoindre la côte vers 72° de latitude.

Les *Snow-cats* (chats des neiges), tracteurs à quatre chenilles

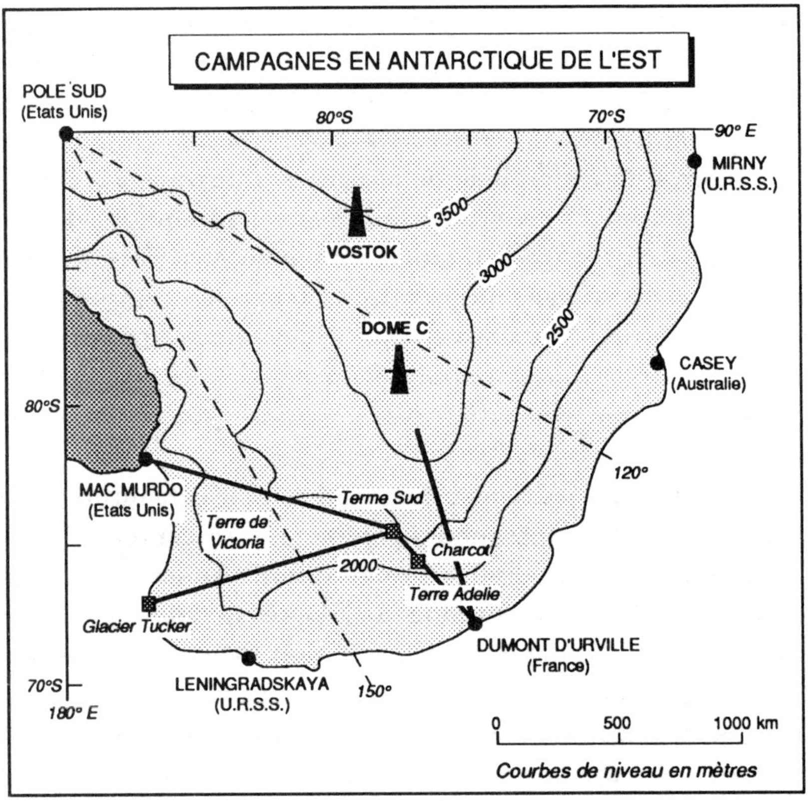

Figure 3.1. Campagnes en Antarctique de l'Est

La carte indique la position des stations françaises Dumont d'Urville et Charcot, l'itinéraire des raids réalisés en Terre Adélie et en Terre de Victoria et les sites de forage profond dans la glace, Dôme C et Vostok.

motrices et d'une puissance de 180 chevaux, tirent des traîneaux chargés de quinze tonnes de carburant, nourriture, appareillage scientifique, explosifs pour la sismique et pièces de rechange mécaniques; le gros problème est le carburant, la quantité globale nécessaire tournant autour de 30 000 litres qu'il nous est impossible d'emporter dans ce convoi déjà surchargé. Aussi deux parachutages devront être faits le long de notre itinéraire : le premier avant Terme Sud, le second sur notre voie de retour vers le glacier de Tucker.

Au terme du raid, une semaine d'étude est prévue pour un premier relevé cartographique et géologique des montagnes de l'Admiralty dont seule la partie donnant sur l'océan est connue; il s'agit aussi de trouver une passe permettant d'atteindre la mer par le glacier de Tucker. Sinon il faudra abandonner véhicules et matériel; un Dakota devrait alors atterrir en bordure du plateau pour l'évacuation de l'équipe de raid sur Mac Murdo. Cette dernière phase doit prendre place autour de la fin février et un brise-glace nous rapatriera ensuite sur la Nouvelle-Zélande, avant que le continent antarctique ne retombe dans son isolement annuel. Le programme d'étude envisagé est vaste : observations météorologiques, détermination des altitudes de la surface et des épaisseurs de glace par prospections gravimétrique et sismique, relevés magnétiques, stations d'études glaciologiques. Tout cela me semble un peu ambitieux et je sais que les circonstances, et surtout la nature hostile, nous obligeront à composer.

Qu'importe, ce projet me plaît. Me voici dans les « rues » de Mac Murdo : il me faut compléter mon équipement personnel et scientifique. J'ai la surprise de découvrir sur le plan des quelque soixante-dix baraques, hangars et tentes qui constituent la base, qu'il existe un bar, un cinéma mais aussi une église : la vie devient confortable dans l'Antarctique. Une chose me tient tout particulièrement à cœur : prendre contact avec la base française de Terre Adélie, Dumont d'Urville... « Allô d'Urville, allô d'Urville, ici Mac Murdo qui vous appelle, allô René, ici Claude qui t'appelle... 1,2,3... » Quel plaisir de retrouver la voix de René Merle qui chaque soir à la station Charcot, il y a déjà deux ans, nous reliait au monde extérieur; et j'aurai la chance, pendant le raid, de pouvoir rester en contact avec mes camarades français...

En route vers le plateau, à travers les crevasses

20 octobre – 15 h 30. Le DC3 (Dakota) décolle de Mac Murdo équipé de fusées Jeto et après une heure de vol au travers de ces montagnes lumineuses et blanches atteint le « Plateau-Dépôt » où nous déchargeons des caisses d'explosifs; de là, nous volons vers la position du convoi, au-dessus de l'immense ice-shelf de Ross, par 78° 51′ sud, 170° est. Pour moi, le raid commence.

A 8 heures, Franz notre leader ouvre la porte du *Mess-cat* et allume le petit réchaud à essence sur lequel l'eau fondue hier soir est devenue glace; pour nous, c'est l'heure du lever. Dans cet espace de moins de 6 mètres sur 2 il y a le siège du conducteur à côté du moteur; l'équipement radio est juste derrière son dos, séparant le compartiment habitation. De chaque côté deux banquettes formant coffre; le soir, la table commune est repliée. Tom rabat sa couchette et Bill installe son lit de camp dans l'allée. Cela me vaut les meilleures minutes de la journée : tandis que Bill s'habille et replie son lit, le matin, je profite encore de la douce chaleur de mon double duvet.

Pour Tom, le mécanicien de l'équipe, cette heure matinale est pratiquement toujours source d'ennuis. Par – 40° C, il lui faut d'abord démarrer un réchauffeur extérieur qui ramènera un peu de vie dans notre moteur; pendant ce temps Bill prépare le breakfast, tandis que je vérifie le chargement du traîneau. Les camarades arrivent un à un : Franz, Jack, Al le géologue, Arnold, Jackmann et Al le glaciologue. Chacun a hâte d'absorber une boisson chaude et, si le moteur a bien voulu démarrer, de profiter d'un peu de chaleur; vers 9 heures, nous sommes prêts à partir.

Detector-cat s'en va le premier, poussant quatre parapluies métalliques renversés devant lui, électrodes d'un montage électrique servant à détecter les crevasses; généralement les deux Al et Arnold en forment l'équipage. Une heure après ils prennent contact par radio avec *Sismo-cat* qui abrite l'équipement sismique : lecture des instruments (altimètre, gravimètre, magnétomètre) de part et d'autre et nous démarrons à notre tour; je conduis généralement *Sismo-cat* avec Franz et Jack. Nous suivons les empreintes laissées par les chenilles. La surface est relativement dure et le vent a créé un microrelief dont les accidents ont de 30 à 40 centimètres de hauteur. Cela nous oblige à une vitesse restreinte en vue de ménager nos véhicules... et leur contenu.

Après plus d'une heure, à environ 4 ou 5 kilomètres, nous trouvons au milieu de la trace le petit fanion laissé par nos camarades; mesures, changement de conducteur et l'on repart. Nous progressons sur une surface assez régulière, à une altitude de 50 mètres; sous nos pieds, près de 500 mètres de glace flottant sur la mer. Pourtant l'acclimatation est difficile. L'été n'est pas encore là et, le 26 octobre, il fait − 36° C à notre lever; les parois de notre véhicule et nos sacs de couchage sont couverts du givre de nos respirations. Il ne fait plus que − 20° C dans la cabine lorsque nous démarrons, mais 50 km/heure de vent empêche le moteur de nous réchauffer. J'aurai froid toute la journée. Battant des mains, tapant des pieds, je profite des stations pour dégourdir à l'extérieur mon corps ankylosé. Comme j'envie nos quatre camarades qui sont depuis un an en Antarctique! Ils semblent à leur aise : les facultés humaines d'adaptation sont grandes. Il me suffira de quelques jours pour chasser de mon esprit l'obsession du froid, qui m'empêchait de penser.

Le 27 octobre, nous sommes au pied du glacier de Skelton, la voie vers le plateau utilisée par Fuchs et Hillary deux ans auparavant lors de leur raid transantarctique. Devant nous, un paysage merveilleux : les montagnes. Le changement est saisissant, après la platitude monotone des jours précédents. Un ciel très bleu, des rochers nimbés de rose : j'ai préféré dormir seul sous la tente pour mieux profiter de cet équilibre et de cette paix. Un hélicoptère nous apporte œufs, légumes, fruits et courrier; nous organisons une petite fête et écoutons de la musique sortie d'un magnétophone dont Bill nous fait la surprise. Comme il en faut peu pour nous rendre euphoriques et comme les plus simples plaisirs sont alors appréciés! Reprenant la voie ouverte lors du raid transantarctique, nous en sous-estimons sans doute les difficultés...

Le 28 octobre, il fait – 42° C lorsque nous attaquons l'accès au plateau. La pente augmente, la surface devient glace vive et, dans la journée, nous voyons apparaître les premières fissures transversales bleutées; en dix heures de route, nous avons parcouru 25 kilomètres et installons notre camp de nuit; le glacier fait environ 15 kilomètres de large et notre itinéraire suit le centre bombé de la vallée, évitant soigneusement les côtés affaissés et crevassés.

Le 29 octobre, nous crevons quelques petits ponts de neige; dangereuses pour le marcheur, ces crevasses d'environ 50 centimètres sont franchissables par nos véhicules dont les pontons font environ 1,50 mètre. Après 20 kilomètres, c'est l'accident. *Sismo-cat* est dans une crevasse, fort heureusement peu large (2 mètres environ), mais incapable de se tirer d'affaire par lui-même, les pontons pendant au-dessus d'un vide de 10 mètres environ. Il nous faut constater l'efficacité très relative du système de détection. Je peux bien avouer aujourd'hui avoir ressenti une certaine émotion en sentant le sol céder; mais la chute était déjà terminée avant que nous ayons eu le temps de réaliser ce qui nous arrivait. Alerté par radio, *Detector-cat* revient; notre traîneau est décroché et notre véhicule hissé sur l'autre bord de la crevasse. Seule conséquence, peu grave en soi, nous avons brisé notre pont arrière. Mais par une lacune inexplicable, nous n'avons pas un seul rechange de cette pièce, qu'il nous faudra remplacer quinze fois au cours du raid... Nous campons au milieu des crevasses, soigneusement balisées afin d'éviter l'accident; heureusement elles sont le plus souvent visibles... La liaison radio journalière nous retrouve tous réunis autour du poste de *Mess-cat;* Mac Murdo annonce l'envoi d'un hélicoptère porteur de la précieuse pièce et d'autres choses qui nous manquent déjà. Dans la nuit le vent se lève, déversant le chasse-neige (neige transportée par le vent) dans la vallée; nous attendrons cinq longs jours dans la tempête, dans le vent et la neige, sous un ciel bouché, entassés autour de la table commune, tâchant de lire et d'écrire les doigts engourdis de froid.

Malgré un vent de 50 km/heure, deux Sykorsky réussiront finalement à se poser. Réparation faite, nous parcourons 10 kilomètres dans l'après-midi du 3 novembre. L'aspect de la surface a maintenant changé : la glace est recouverte de névé, dissimulant sous un même aspect parties saines et crevasses. Pour nous guider nous avons les repères mis en place par nos camarades; nous allons précautionneusement, de fanion en fanion, mais nous savons que ces points de repère ne sont qu'une sécurité illusoire; l'appareillage de détection électrique des crevasses est hors d'état de marche, malgré tous les efforts de Franz.

Le 4 novembre à 12 h 30, *Detector-cat* crève un pont de névé! Cela nous arrivera quatre fois au cours de l'après-midi, malgré les sondages effectués par les hommes encordés devant les véhicules. Ce travail épuisant, qui consiste à enfoncer pas à pas les sondes dans le névé dur, ne nous donne pourtant aucune certitude, car ce qui semble résister sous la sonde peut céder sous le poids des chenilles du *Snow-cat.* Six kilomètres parcourus dans notre journée... En fin d'après-midi, *Mess-cat,* en reculant pour haler *Detector-cat* dont les chenilles avant pendent dans le vide, bascule lui aussi dans une crevasse. La technique de sauvetage nous est maintenant familière; on dégage les bords de la crevasse au piolet et à la pelle, on place de gros madriers formant pont sous les chenilles du *Snow-cat* que l'on hisse avec un autre véhicule. Je reverrai toujours le visage d'enfant de Tom un peu crispé lorsque, seul à bord de *Mess-cat*, il ne comptait que sur la solidité de notre pontonnage... A 22 heures, tous les véhicules sont sur la neige ferme. Mais la soirée sera tendue : tous, nous ressentons un sentiment d'impuissance en face de ces pièges; nous savons que nous ne devons qu'au hasard de ne pas avoir rencontré la crevasse capable d'engloutir un de nos véhicules...

Le 5 novembre, la reconnaissance aérienne, prévue depuis plusieurs jours, peut enfin être effectuée. La technique utilisée pour le balisage de notre piste est pour moi inédite. Les deux Sykorsky, volant à différentes altitudes, sont capables de déceler de légères différences de teinte qui indiquent la présence de crevasses. L'un d'eux descend vers le sol et reste en position fixe pendant que le navigateur plante depuis la portière ouverte de l'appareil en vol le fanion rouge qui signale le danger.

Avant notre départ, nous faisons sauter le pont de neige qui recouvre une crevasse devant le véhicule de tête : 4 mètres de large et 20 mètres de profondeur... Le lendemain, la chance est avec nous : roulant pendant 12 heures, nous parcourrons plus de 30 kilomètres et serons au-delà de la zone dangereuse. Un jour merveilleux!

Le 8 novembre marque la fin de la première partie de notre voyage. Nous sommes au « Plateau Dépôt » (78° 02′ sud, 158° 25′ est), à 2 500 mètres d'altitude; nous aurons ce soir-là un repas très sympathique, arrosé de rhum et animé de chansons. En 24 jours nous avons parcouru 550 kilomètres. Nous passons deux jours à refaire le chargement du convoi : explosifs pour les tirs sismiques et carburant en quantité, puisque chaque *Snow-cat* consomme plus de trois litres par kilomètre. Pour la première fois, nous utilisons un train de deux immenses pneus d'environ 1,50 m de haut, qui servent de réservoir d'une capacité de 4 000 litres. Nous ne savons comment se comportera ce *rollitanker*, tracté directement, mais nous apprécions le gain qu'il représente sur la charge des traîneaux (en fait l'expérience ne sera guère concluante). Nous organisons aussi la répartition du travail et des espaces car dans cette vie de nomade, chacun aime avoir son petit coin pour ses affaires personnelles : appareil photo, journal... Mon petit chat fétiche s'installe au-dessus du compteur de vitesse. Dernier courrier aussi : un parachutage est toujours possible, mais en cas de pépin aucun avion ne prendra le risque d'atterrir sur le terrain accidenté du plateau. C'est le moment où les pensées et les mots voyagent très loin, vers ceux qui nous sont chers, et s'évadent de nos journées bien remplies de scientifiques-explorateurs.

Cap sur Terme Sud

Le 10 novembre, nous quittons « Plateau Dépôt ». Comme d'habitude *Detector-cat* part en premier; une fois notre cap déterminé, la navigation se fait à l'astrocompas. Toutes les demi-heures on se hisse sur le toit du véhicule pour pointer le soleil et diriger notre compas. La ligne droite ainsi obtenue est toute théorique car les sastruggis qui ont jusqu'à 1,50 m de haut nous obligent à de fréquents zigzags.

Louis le navigateur est bien sûr dans ce premier véhicule, avec les deux glaciologues, Al et Arnold. Derrière eux, un traîneau chargé à cinq tonnes et une roue de bicyclette avec compteur kilométrique, système rustique mais plus fiable que notre indicateur de bord. A la station, environ 5 kilomètres plus loin, Louis plante un fanion au milieu de la piste et relève le compteur, selon une routine bien établie. Arnold contacte *Sismo-cat* par radio de façon à procéder à la lecture simultanée des magnétomètres et altimètres. Al fait un sondage des propriétés mécaniques de la couche superficielle de neige.

A une heure derrière eux, *Sismo-cat* traîne le *rollitanker* de quatre tonnes et un traîneau de six tonnes. Lorsqu'il arrive à la station repérée par le fanion, Franz appelle *Detector-cat* par radio pour que ses occupants installent une station à leur point actuel, lit altimètre et magnétomètre; Jack, qui a conduit, récupère le fanion et installe le tripode du gravimètre. Quant à moi, j'installe cet appareil et procède à la mesure de la valeur de la gravité. Tout cela se fait par n'importe quel temps, régulièrement. On protège comme on peut le tripode du gravimètre et on abrite de son corps le magnétomètre; il n'est pas rare de procéder à main nue pour les ajustements les plus délicats. Le plus souvent nous nous retrouvons tous dehors à battre la semelle sous le vent du véhicule, pour désengourdir nos membres.

Mess-cat nous suit de très près; c'est le véhicule dépanneur, dont le traîneau de sept tonnes comprend toutes nos ressources mécaniques, royaume de Tom. Bill et Al profitent de ces arrêts pour extirper quelques boîtes du petit traîneau ravitaillement qui vient en fin de convoi, et qui seront notre repas du soir.

Le premier véhicule démarre en général vers 9 heures; et lorsque nous arrivons à la station de nuit, il est souvent 19 heures passées. Pendant que Bill prépare le repas, nous faisons le plein des véhicules, procédons à quelque réparation tandis que Franz installe l'antenne pour notre rendez-vous quotidien avec Mac Murdo. Vers 20 h 30, nous sommes tous réunis dans *Mess-cat*, profitant enfin d'un peu de la chaleur de notre réchauffeur. C'est l'heure où l'on fait le point; pratiquement il ne se passe pas un seul jour sans incident. Bill met en marche l'enregistrement de son magnétophone, tout en dressant la table. Pour lui dont le programme est l'étude du comportement psychologique de notre groupe, les opportunités ne manquent pas.

Sur la surface extrêmement dure et accidentée, avec des températures moyennes de − 35° C et un vent souvent chargé de neige et de blizzard, chaque jour apporte quelque nouvelle difficulté à vaincre : circuit d'essence bouché, chenilles cassées, ressorts à remplacer, roulements déchiquetés, attelage et patins des traîneaux démantelés. Je ne pense pas être au-dessus de la vérité en estimant à trois heures par jour le temps consacré à la maintenance des véhicules et des traîneaux. Tom bien sûr est plus spécialement éprouvé par ce régime; mais tous les doigts ont blanchi en serrant l'écrou, tous les nez sont devenus douloureux sous le vent qui s'engouffre entre les pontons.

23 novembre – A notre lever, le thermomètre indique – 38° C. Ciel très clair, très pur, le chasse-neige peu élevé fait penser à un champ de blé ondulant sous le vent et nous ressentons une impression de chaleur... Nous captons un message de détresse d'une équipe néo-zélandaise à 500 kilomètres de nous : un *Snow-cat* est tombé dans une crevasse. Pendant toute la nuit, les autres membres de l'expédition ont essayé d'atteindre les trois occupants du véhicule 30 mètres sous eux, hélas en vain. Notre SOS est immédiatement capté sur la fréquence d'urgence de Mac Murdo, d'où s'organise le secours aérien. Nous saurons plus tard le bilan de cet accident : un mort, une amputation de jambe, une colonne vertébrale brisée.

Dans notre équipe, Al le géologue présente d'inquiétants symptômes : guéri d'une pneumonie il y a deux ou trois ans, il en reconnaît exactement les caractéristiques. Un message radio alerte d'urgence Mac Murdo; le médecin de la base ordonne quelques prescriptions. L'évacuation est envisagée. Triste soirée pour nous dans *Mess-cat*, où nous avons préparé l'appareil à oxygène pour le seul cas, a expressément recommandé le médecin, où les ongles deviendraient bleus. Al trouve difficilement sa respiration; il restera assis, emmitouflé toute la nuit, buvant fréquemment l'eau fondue par le réchaud à essence que nous gardons allumé pour lui. Dès l'aube notre radio est sur écoute : deux Sykorsky décollent de Mac Murdo et nous suivons avec anxiété leur progression. Vers 14 heures, ils survolent le Plateau Dépôt. Consternation : un des appareils est en difficulté et tous deux doivent rebrousser chemin. L'éloignement (près de 500 kilomètres), l'altitude (2 600 mètres) sont des obstacles sérieux pour les hélicoptères qui ne peuvent compter sur aucun soutien terrestre. D'autre part il est douteux qu'un avion prenne le risque d'atterrir, à cause de l'état chaotique de la surface sur laquelle nous nous trouvons. Dans la soirée, le moral de notre camarade est tombé assez bas, tandis que notre récepteur demeure silencieux. Mais nous espérons... Enfin, on nous annonce le décollage d'un Sykorsky escorté par un avion bimoteur. Vers minuit l'hélicoptère se pose avec à son bord un pilote et un mécanicien. Al embarque sans aucun bagage. Dans le ciel, l'avion tourne, rassurant... Al s'en remettra.

Nous avons aussi de bons moments : j'ai certains soirs le plaisir de parler avec d'Urville; René m'a transmis deux télégrammes d'êtres qui me sont chers. De simples mots font parfois rêver. En entrant dans *Mess-cat*, une table accueillante : apéritif, serviettes en papier, et menu de choix : noisettes salées avec l'apéritif, steak grillé, naturellement congelé et que l'on découpe à la scie, avec haricots verts et purée de pommes de terre, macédoine de fruits et thé. Comme boisson : bière en boîte fort consommable malgré le gel et qui nous amuse beaucoup car chaque ouverture est suivie d'une douche pour les voisins.

Le temps devient plus clément : moins de vent, et si nos matinées sont toujours aussi difficiles, le moteur et le soleil finissent par chauffer notre véhicule, où la température approche du zéro en fin d'après-midi. Les moteurs partent mieux le matin et plusieurs fois nous réussissons à parcourir 40 kilomètres en une seule journée, ce qui est pour nous extraordinaire.

Tous les 50 kilomètres nous établissons une station d'étude. Dès le soir, Jack et Franz creusent à la tarière un trou d'une vingtaine de mètres de profondeur; cela prend trois ou quatre heures. Le lendemain matin, un thermomètre placé au fond du trou donne la température moyenne annuelle : sur notre itinéraire, elle restera toujours en dessous de −41° C. Les sismologues placent une petite charge d'explosif au fond du trou; les géophones installés en surface permettent d'enregistrer les ondes réfléchies sur le socle rocheux et le dépouillement fait sur place donne l'épaisseur de la glace : entre 2 800 et 3 300 mètres sur notre parcours. Le socle rocheux, en Terre de Victoria, se trouve généralement en dessous du niveau de la mer, puisque la surface est en moyenne à 2 500 mètres d'altitude.

De leur côté, Al et Arnold creusent à la pelle un trou de 2 mètres sur 3 en surface et d'une profondeur de 3 mètres. Cela représente quelques tonnes à déblayer avant de pouvoir étudier les couches de neige et de névé. Avec eux et lors des forages j'ai prélevé des échantillons; l'analyse montrera que leurs caractéristiques géochimiques ont enregistré certains paramètres atmosphériques. Je relève aussi les températures dans l'air et à différentes profondeurs, ainsi que le vent et l'énergie solaire reçue et réfléchie par la neige : il s'agit de mesurer les échanges d'énergie entre l'atmosphère et la calotte, ce « puits » de froid de la Planète. Louis a installé son théodolite à l'abri du vent; les visées sur le soleil permettent de préciser notre position et de fixer le cap à suivre.

Après avoir aidé Tom à visser le dernier boulon, nous disposons souvent d'une à deux heures pour mettre à jour nos notes ou changer nos vêtements (il arrive même que l'on trouve le temps de se laver, sommairement je dois le reconnaître). Fin novembre, j'ai changé ma tenue d'hiver pour la tenue d'été; sur les sous-vêtements, chemise et pull de laine, l'anorak a remplacé la parka fourrée.

Le 2 décembre, nous arrivons sur le dépôt de carburant : 32 fûts, soit près de 10 000 litres largués il y a quelques jours à basse altitude par avion et repérés par des balises lestées qui se sont plantées dans la neige. Nous récupérerons aussi, éparpillés sur quelques kilomètres, pièces de rechange, bière et courrier... qui pour l'instant restera sans réponse.

Le 24 décembre, veille de Noël, nous atteignons Terme Sud. Une balise en aluminium peinte en orange surmontée d'un drapeau, bicolore car le rouge est parti déchiqueté par le vent; une boîte d'ovomaltine servant de boîte aux lettres y est fixée. Le message, datant d'un an, porte la signature de l'équipe de quatre hommes menée par Gaston Rouillon qui avait atteint ce point. Comment traduire l'émotion que j'ai ressentie en tenant ce bout de papier, qui me ramenait vers tant de souvenirs partagés avec mes camarades français en Terre Adélie? J'ai senti que pour nous tous ce fut un instant marquant du raid et j'ai posé, un peu cabotin, pour la photo.

Cette station permettra de relier l'ensemble des réseaux de mesures réalisées par les équipes françaises et américaines. Un skua, oiseau rapace vivant l'été sur les côtes de l'Antarctique, est venu nous rendre visite, guidé sur tant de kilomètres dans une nature hostile et sans ressources par on ne sait quel instinct... Sûrement pas celui de célébrer avec nous l'événement.

Sur le chemin du retour

Le temps est trop favorable pour que l'on songe à des vacances de Noël. Nous changeons de cap; nous avons suffisamment d'essence et de vivres pour atteindre la chaîne de montagnes et le glacier de Tucker d'où nous devons descendre vers la côte. Nous avançons maintenant perpendiculairement au vent dominant et prenons les sastruggis par le travers. Dur pour la mécanique. Le châssis de *Detector-cat* s'est fissuré et penche de plus en plus. Le 14 janvier 1960, après avoir récupéré instruments et pièces de rechange, nous devons abandonner la misérable carcasse. Il nous faut nous serrer pour la nuit dans les véhicules et les deux glaciologues coucheront chaque soir dans une petite tente, abritée par les tracteurs. Toujours du blanc à l'infini, la fatigue du matériel et des hommes; la progression devient plus lente. J'ai repris ma tenue d'hiver car le mauvais temps est là. La température n'est que de − 20° C mais pendant dix jours nous subirons un vent de 40 à 70 km/heure; le ciel est couvert, la neige charriée par le vent finit par détremper des habits inséchables. Le plus souvent nous avançons sans visibilité, nous guidant sur la direction du vent et l'orientation des sastruggis. Le chasse-neige charge statiquement nos antennes et nous prive de communication radio. Les mesures sont difficiles et le moral plutôt bas... Le

30 janvier, après des jours de progression dans un monde cotonneux et sans profondeur, le soleil est là au réveil. Nous dansons de joie en apercevant les premières montagnes. Quelques heures après l'horizon se referme complètement et nous voici de nouveau plongés dans la grisaille. Qu'importe, nous savons que nous approchons du but.

Bonne nouvelle : dès la première éclaircie un avion de reconnaissance vient de Mac Murdo. Mauvaise nouvelle : entre le glacier de Tucker, qui descend vers la mer à travers la partie côtière de la chaîne Transantarctique, et nous, il existe une chaîne moins élevée qui n'avait pas encore été reconnue. Verdict du pilote : il n'y a pas de passage pour notre convoi.

Après deux jours de mauvais temps, nous partons à la conquête de notre premier sommet. Jack, Arnold, Al et moi, en deux cordées, passons la journée à faire l'ascension du plus facile des trois reliefs, que nous avons baptisés les *sisters*. Chargés d'échantillons de roche, enfonçant dans la neige fraîche à chaque pas, nous rentrons épuisés le soir; mais quelle ivresse pour le corps! Et puis, bien que piètre alpiniste, j'y aurai gagné de voir figurer dans les atlas américains, perdu parmi beaucoup d'autres, le mont Lorius.

Mac Murdo a décidé l'évacuation par avion; la zone la plus favorable est soigneusement reconnue et le 10 février le Dakota se pose sur ses skis. Pas question de redécoller avec un avion surchargé. Nous abandonnons tout; seuls quelques appareils légers et coûteux, et bien sûr nos données scientifiques, trouvent grâce. Aidé de fusées l'appareil s'envole... 119 jours de raid, 2 500 kilomètres explorés; nous sommes heureux. Tard dans la nuit nous chantons en prenant notre première douche depuis quatre mois.

Parmi d'autres résultats, ce raid aura contribué à notre connaissance des caractéristiques géochimiques de la neige, en particulier de l'empreinte laissée par l'atmosphère sur ses couches superficielles.

Géochimie, en effleurant la glace

La glace n'est pas un matériau pur. Quand on regarde une carotte par transparence, on voit immédiatement des bulles dont la taille est de l'ordre du millimètre : elles constituent des échantillons de l'atmosphère, scellés au moment de la formation de la glace. La découpe d'une lame mince dans cette glace et l'observation sous microscope permettent de découvrir de petites poussières, dont la dimension est souvent de l'ordre du millième de millimètre (soit un micron) : les poussières en suspension dans l'air se retrouvent au sein des couches de neige. Enfin, cette lame mince examinée en lumière polarisée fait apparaître des cristaux colorés qui constituent l'eau solide et dont la taille va du millimètre à plusieurs centimètres. L'analyse de ces trois composantes (bulles d'air, impuretés chimiques et eau solide) va nous permettre de diagnostiquer l'état de l'atmosphère au moment où la glace s'est formée.

Le thermomètre isotopique

Les isotopes d'un élément chimique sont des atomes qui ont le même nombre de protons dans leur noyau mais qui diffèrent par celui des neutrons. Ils ont donc le même nombre d'électrons périphériques et les mêmes propriétés chimiques, mais comme ils n'ont pas la même masse, leurs propriétés physiques sont différentes. La molécule d'eau constituée d'un atome d'oxygène lié à deux atomes d'hydrogène comporte un certain nombre d'isotopes. Dans l'eau de l'océan, les atomes d'hydrogène ont le plus souvent la masse 1, mais il existe une faible proportion d'isotope, le deutérium, dont la masse est 2. Dans l'océan actuel, le rapport D/H est de 155 pour 1 million. L'évaporation favorise le passage de l'océan vers l'atmosphère des molécules d'eau plus légères et cette vapeur d'eau va donner pluie et neige. La condensation, phénomène inverse de l'évaporation, favorise, elle, la précipitation des molécules les plus lourdes. Au fur et à mesure que le nuage se déplace vers les hautes latitudes en se refroidissant la vapeur d'eau restante s'appauvrit en isotopes lourds. Les précipitations successives contiennent donc de moins en moins d'isotopes lourds. Typiquement, sur l'Antarctique, le rapport D/H exprimé en ppm (parties par million) diminue de 1 lorsque la température de condensation baisse de 1° C. Ces variations, que l'on exprime aussi généralement en millièmes par rapport à la composition actuelle de l'océan (soit δD ‰), sont très facilement mesurées avec les spectromètres de masse modernes. De la même façon, l'atome d'oxygène qui constitue la molécule d'eau peut être l'atome léger ^{16}O (dans plus de 99,8 % des cas) ou l'isotope lourd ^{18}O, dont la concentration va se trouver appauvrie à mesure que la température diminue. Il s'agit là bien sûr d'une présentation très simplifiée des phénomènes qui prennent place dans la nature et il peut paraître illusoire de considérer une masse d'air nuageuse isolée, se refroidissant régulièrement et toujours en état d'équilibre, pour calculer la composition isotopique des précipitations qui se déposent sur l'Antarctique; et pourtant...

Lors des raids, il est facile de prélever une carotte de quelques mètres de profondeur et l'analyse de l'eau de fonte est représentative des précipitations accumulées sur plusieurs années. Comme on l'a déjà dit, la température mesurée à une dizaine de mètres de profondeur est la température moyenne annuelle du site où le prélèvement est fait. On s'aperçoit ainsi que, comme le prévoit la théorie, la concentration des précipitations en isotopes lourds diminue avec la température. Bien sûr, la température mesurée au sol n'est pas celle qui gouverne la précipitation; mais dans l'Antarctique il est possible de relier facilement l'une à l'autre, à partir des radiosondages réalisés dans l'atmosphère. En surface, la relation expérimentale obtenue pour le deutérium correspond à une variation de 1 ppm par degré; c'est précisément ce que la théorie avait prévu. On constate *(figure 3.2)* une légère dispersion des résultats par rapport à cette décroissance moyenne; mais elle est faible et le plus remarquable est de voir combien cette approche simplifiée rend compte de l'essentiel : la température de l'atmosphère antarctique est enregistrée dans la composition isotopique de la neige qui se dépose.

Le glaciologue danois Willi Dansgaard a proposé, dès les années 1950, d'utiliser la composition isotopique de la glace comme un indicateur climatique. Ses travaux portaient essentiellement sur le Groenland. Le Centre d'Études Nucléaires de Saclay disposait de spectromètres de masse précis, utilisés pour les mesures sur l'eau lourde; Jacques Labeyrie et Étienne Roth

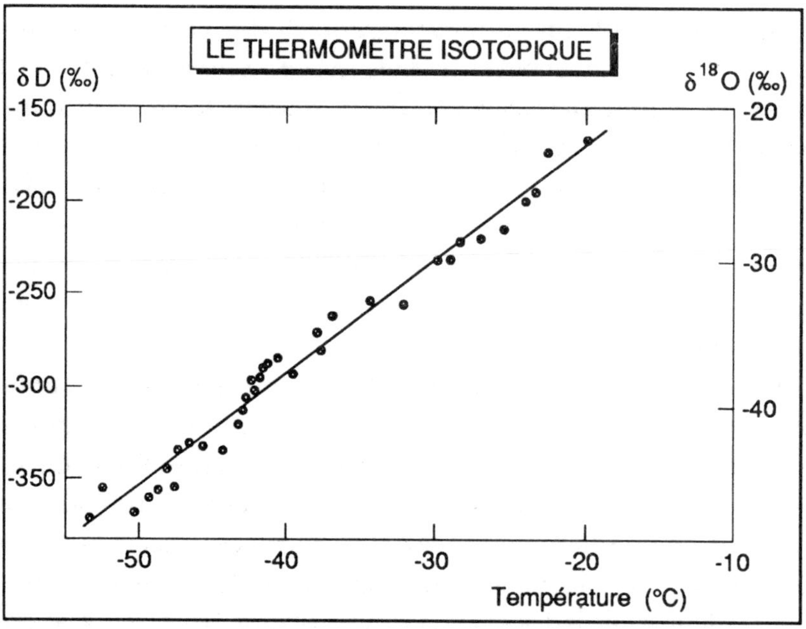

Figure 3.2. Le thermomètre isotopique
La composition isotopique de la neige varie de façon linéaire avec la température du site où elle se dépose. En analysant les couches de glace successivement déposées il est ainsi possible de déterminer la variation de température en fonction du temps. L'indice δ exprime le rapport des concentrations entre les isotopes lourds (^{18}O, D) et légers (^{16}O, H) des molécules H_2O qui constituent la glace (d'après C. Lorius et L. Merlivat, 1977).

ont incité le jeune étudiant que j'étais à entreprendre ces travaux sur l'Antarctique. Liliane Merlivat puis Jean Jouzel ont été ensuite les véritables moteurs du développement de la paléoclimatologie antarctique.

La première étape a été de montrer que, dans une station donnée, les précipitations successives ont bien enregistré les températures. Les variations de température récentes les plus marquées sont celles qui caractérisent les saisons. L'analyse fine d'une carotte de 18 mètres de profondeur, prélevée au pôle Sud, a permis d'observer que les concentrations isotopiques varient de façon sensiblement cyclique. La teneur en deutérium est plus faible dans la neige déposée en hiver que celle mesurée dans les couches d'été. On peut ainsi caractériser cent années successives, mais il aura fallu pour cela neuf cents prélèvements et analyses. Outre la confirmation, au moins qualitative, d'une relation entre teneur isotopique et température en un lieu donné, on peut ainsi dater les couches et connaître, année après année, la quantité de neige accumulée. Nous reviendrons dans le chapitre suivant sur les variations climatiques du passé déduites de l'étude des carottes de glace.

Poussières antarctiques

Il peut paraître surprenant de trouver des poussières dans la glace antarctique, la calotte glaciaire recouvrant pratiquement tout ce continent très éloigné des autres. Bien sûr, à l'échelle du globe, l'érosion par le vent injecte dans l'atmosphère des centaines de millions de tonnes de particules ou aérosols chaque année, principalement au-dessus des déserts, mais il existe des barrières à la circulation troposphérique : l'Équateur et les zones de convergences polaires. Les poussières se déposent soit par gravité, soit par lessivage (entraînées au sol en même temps que les précipitations). Les plus petites vont seules subsister lorsque l'on s'éloigne des sources, d'autant plus qu'elles peuvent monter dans l'atmosphère par turbulence. Elles voyageront ainsi plus loin, comme le montrent par exemple les retombées épisodiques de sable du Sahara sur la France. Des aérosols continentaux voyageant plusieurs semaines arrivent à atteindre l'Antarctique, en très petites quantités puisque l'on a calculé qu'il faudrait probablement un million d'années pour en accumuler un millimètre. Ces poussières, inférieures au micron, sont essentiellement des aluminosilicates dont les éléments caractéristiques sont l'aluminium (Al), le silicium (Si) et le fer (Fe). Bien que leur masse ne représente que quelques centièmes de gramme par tonne de neige, on peut en compter plusieurs milliers dans un centimètre cube d'eau fondue.

Les embruns marins introduisent aussi des centaines de millions de tonnes par an de sel de mer dans l'atmosphère. Là encore, la plus grande partie est rapidement éliminée; mais l'océan Austral entoure l'Antarctique, tout au moins pendant les mois d'été car cette source s'éloigne lorsque la glace de mer se développe en hiver, et les précipitations relativement abondantes de la zone côtière sont riches en chlore (Cl) et sodium (Na). Plus à l'intérieur les teneurs sont moins élevées; le sel de mer ne représente lui aussi que quelques centièmes de gramme par tonne de neige. Enfin on trouve aussi dans la neige de petites poussières d'origine cosmogénique, qui sont de fascinants objets d'étude mais représentent une masse tout à fait négligeable, et de très rares débris organiques tels que les pollens.

Mais l'essentiel des impuretés chimiques présentes dans la neige des régions centrales est constitué des acides sulfurique (H_2SO_4) et nitrique (HNO_3). Les composés soufrés donnant naissance au premier de ces acides proviennent d'un gaz (le sulfure de diméthyl) émis par les algues et le phytoplancton de l'océan Austral. L'origine des composés azotés qui conduisent à la formation d'acide nitrique est moins bien connue : il est possible qu'ils proviennent de l'azote atmosphérique « fixé » dans la stratosphère, ou dans la troposphère sous l'action de fortes décharges électriques se produisant lors des éclairs. Les concentrations mesurées pour ces deux acides sont de l'ordre de 0,1 à 0,2 gramme par tonne de neige.

Enfin des réactions chimiques peuvent se produire dans l'atmosphère entre l'acide sulfurique et le chlorure de sodium conduisant à la formation d'acide chlorhydrique gazeux (HCl); cet acide peut constituer un composant significatif des impuretés contenues dans la neige antarctique, au niveau de 0,005 gramme par tonne. C'est aussi le cas du peroxyde d'hydrogène (H_2O_2) dont la découverte dans la neige est relativement récente; l'origine de ce composé, réputé instable, demeure encore mystérieuse. Sa concentration est cependant équivalente, en masse, à celle des principaux acides.

Dire que la présence d'acides, avec une certaine proportion de sels marins, constitue la principale caractéristique chimique des précipitations dans les régions centrales de l'Antarctique ne signifie pas qu'il faille porter des gants (sinon pour se protéger du froid) lorsque l'on manipule les échantillons! Ces acides sont en effet extrêmement dilués et le total des impuretés représente moins d'un demi-gramme par tonne de neige; pour reprendre un slogan connu, c'est en Antarctique que l'on peut boire l'eau « la plus pure du monde ». La plupart des impuretés (85 %) sont dissoutes lorsque l'on fait fondre la glace et sont donc mesurées dans l'eau. Le reste, et principalement les poussières continentales, peut être recueilli, puis étudié sur des filtres.

Les mécanismes par lesquels ces impuretés se retrouvent dans les couches de neige sont complexes : elles peuvent servir à l'origine de noyaux de condensation pour les précipitations ou être balayées par les cristaux dans leur chute; elles peuvent aussi se déposer directement. La relation entre les concentrations mesurées dans la neige et celles qui existent dans l'atmosphère n'est pas simple et peut varier géographiquement; lorsque les précipitations sont relativement abondantes et que les deux premiers mécanismes prédominent, elles sont sensiblement proportionnelles. Dans les régions centrales où l'accumulation est très faible, les retombées dites sèches peuvent atteindre un pourcentage important, peut-être la moitié; les concentrations mesurées dans les dépôts sont alors plus ou moins diluées, en raison inverse de la valeur des précipitations. Dans quelques cas on a pu mesurer à la fois les teneurs atmosphériques et celles des précipitations correspondantes; il semble alors que les quantités présentes dans un gramme de neige représentent celles contenues dans un à deux mètres cubes d'air. On dispose ainsi, en analysant les couches de glace, d'un indicateur des variations de la teneur de l'atmosphère en aérosols *(figure 3.3)*.

L'étude des dépôts de surface met en évidence des variations de concentration à l'échelle des saisons qui peuvent aller jusqu'à un facteur dix. Les sels marins sont plus abondants en automne, au moment où la glace de mer a pratiquement disparu et où les dépressions pénètrent plus facilement sur le continent; les teneurs en sulfates sont plus élevées en été, au moment où le rayonnement solaire favorise les réactions photochimiques qui produisent l'oxydation des composés soufrés. On dispose ainsi d'un outil apte lui aussi à caractériser les saisons et donc le taux d'accumulation de la neige.

Continents et océans sont des sources permanentes d'aérosols alors que les volcans ont une activité sporadique; cependant les éruptions majeures injectent dans l'atmosphère des quantités énormes de gaz soufrés (SO_2) qui vont se transformer par oxydation en H_2SO_4 (acide sulfurique). Gaz et particules sont envoyés très haut dans l'atmosphère et peuvent dans certains cas pénétrer jusque dans la stratosphère où leur temps de séjour sera alors très long. C'est ce qui explique que l'on retrouve dans les neiges du pôle Sud les retombées d'un certain nombre d'événements volcaniques historiquement connus, tels ceux du mont Agung en 1963, du Krakatoa en 1883 et du Tambora en 1815. Tous ces sites sont situés en Indonésie, à quelques degrés de latitude sud, et la puissance des éruptions a été telle (celle du mont Agung a rejeté dans l'atmosphère plus de 10 millions de tonnes de SO_2) qu'elles ont marqué, par des pics d'acidité et des teneurs en sulfate élevées, à la

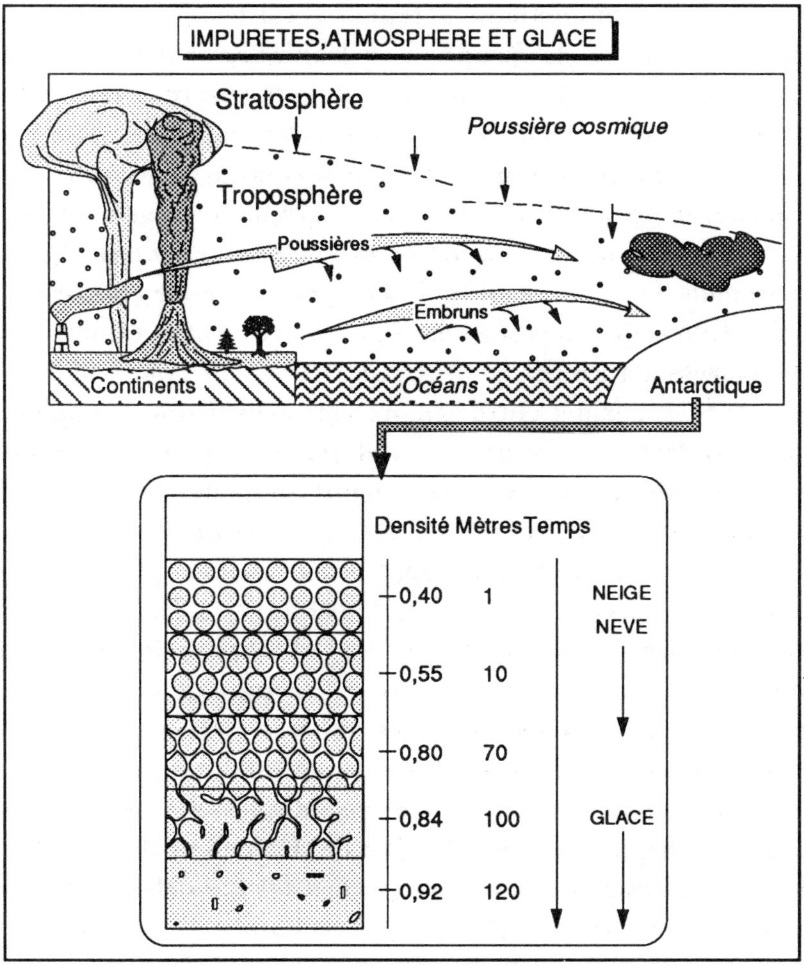

Figure 3.3. Impuretés, atmosphère et glace
Les aérosols provenant de sources lointaines se retrouvent dans la glace antarctique, en particulier lorsqu'ils voyagent en altitude. Les couches de neige successivement déposées contiennent ainsi des impuretés provenant de sources naturelles telles qu'embruns marins, poussières continentales et volcaniques ou produites par l'homme comme certains aérosols radioactifs. Les gaz se mélangent rapidement dans l'atmosphère et se retrouvent emprisonnés sous forme de bulles dans la glace qui se forme en profondeur par tassement des couches de neige et de névé. Ces bulles permettent de reconstituer les variations de la composition de l'atmosphère, qu'elles soient naturelles ou dues à l'activité de l'homme.

fois les neiges de l'Antarctique et celles du Groenland. On dispose ainsi, en mesurant l'acidité, d'un outil permettant de dater de façon précise certaines couches. Réciproquement, lorsque l'on remonte dans le temps, il est possible de retracer l'histoire des grandes éruptions volcaniques et d'évaluer leur rôle possible dans l'évolution des climats *(figure 3.4)*.

Nous verrons que la concentration des impuretés d'origine naturelle contenues dans la glace a très largement varié dans le passé et principalement lors des grands changements climatiques. L'impact de l'homme, quant à lui, est marqué dans les couches les plus récentes et sera décrit dans le chapitre VI. Si les impuretés déposées dans les neiges antarctiques, loin des sources naturelles, donnent le « bruit de fond » de l'atmosphère et permettent d'explorer les mécanismes complexes qui gouvernent les cycles des différents éléments, la chimie de l'atmosphère est aussi maintenant au cœur des problèmes de société, tout comme le climat. Les mesures ne sont pas aisées car les concentrations sont faibles dans la glace et cette science que l'on peut appeler « glaciochimie » a moins de vingt ans d'âge. Nous l'avons démarrée au Laboratoire de Glaciologie de Grenoble; Robert Delmas, Michel Legrand, d'autres encore comme Michel Lefebvre et son équipe de Créteil, ont pris la relève et en assurent aujourd'hui le plein développement, utilisant au mieux le progrès des techniques de mesures qui reculent chaque année les limites de détection. Michel Pourchet a développé de son côté la mesure des radioéléments dans la glace en collaboration avec Gérard Lambert. Ce dernier et son équipe de Gif-sur-Yvette s'intéressent plus spécifiquement aux traceurs radioactifs qui permettent de suivre la circulation des masses d'air arrivant sur l'Antarctique. Américains, Anglais et Japonais mais aussi Danois au Groenland... l'intérêt pour ce domaine va croissant.

De la glace à la Lune

Au cours de son voyage dans l'espace, la Terre capture chaque année quelque 10 000 tonnes de poussières cosmiques très fines ou micrométéorites et peut-être un millier de météo-

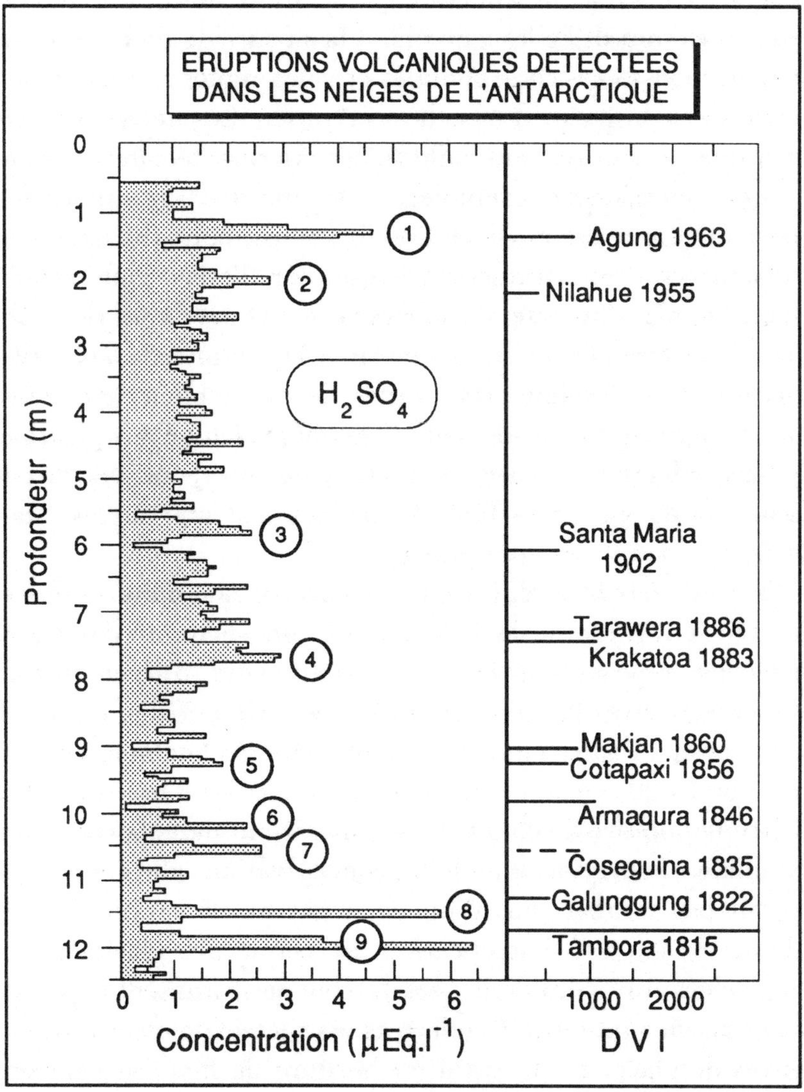

Figure 3.4. Éruptions volcaniques détectées dans les neiges de l'Antarctique

Les gaz soufrés (SO_2) émis dans l'atmosphère lors des éruptions volcaniques explosives se transforment par oxydation en acide sulfurique (H_2SO_4) que l'on retrouve, en concentrations très faibles, dans les neiges antarctiques. Les teneurs en H_2SO_4 mesurées au Dôme C en fonction de la profondeur montrent l'existence de pics (numérotés de 1 à 9) que l'on peut corréler, malgré les incertitudes de datation des couches, avec des éruptions volcaniques majeures. Le *Dust Veil Index* (DVI) traduit l'importance des quantités de matière émises. On distingue en particulier les pics correspondant aux émissions du mont Agung (1963) et du Tambora (1815) situés en Indonésie (d'après M. Legrand et R. Delmas, 1987).

rites dont les masses atteignent la centaine de grammes. Ces retombées sont difficiles à déceler à la surface du globe, perdues dans les poussières continentales et volcaniques beaucoup plus abondantes ou parmi les roches terrestres. Les neiges de l'Antarctique, très pures, ont collecté ces micrométéorites que l'on peut caractériser par exemple par des mesures chimiques très fines; l'iridium est ainsi 20 000 fois plus abondant dans certains matériaux extraterrestres que sur Terre. Tout récemment, Michel Maurette, du laboratoire d'Orsay, a pu recueillir par filtration 5 000 micrométéorites et autant de sphérules cosmiques en fondant 100 tonnes de glace bleue, dans une zone côtière où l'ablation semble favoriser leur concentration. Remarquablement conservées, ces particules ont permis de découvrir de nouvelles familles d'objets extraterrestres. Mais on trouve des fragments plus gros.

En 1969, par hasard, les Japonais découvrent dans les monts Yamato, en Terre de la Reine Maud, un véritable champ de météorites reposant sur la glace. Peu après les Américains font la même trouvaille, dans la région des Allan Hills, en Terre de Victoria, à l'autre bout de l'Antarctique. En quelques années, quelque 7 000 spécimens sont collectés, ce qui multiplie par quatre le nombre d'échantillons qui existent dans la collection mondiale. Pourquoi une telle concentration alors qu'il ne devrait pas tomber plus d'un objet par an et par million de kilomètres carrés? L'explication est venue des glaciologues : les glaciers qui s'écoulent vers la côte sont alimentés par de vastes bassins où ont été collectées ces météorites; certains des fleuves de glace, en arrivant en bordure de mer, se heurtent au fond rocheux qui se relève et la glace remonte alors en surface. Lorsque ces zones sont balayées par le vent la neige ne s'accumule pas; on voit alors en surface de la glace bleue, produite par une légère fusion d'été. Cette glace, venue de très loin, peut être très vieille et riche en météorites. La détermination de l'âge du dépôt de ces météorites sur l'inlandsis donne ainsi des valeurs allant jusqu'à un million d'années! L'une des surprises de cette collection a été la découverte, parmi les objets provenant des astéroïdes (source déjà connue), d'échantillons issus du sol lunaire, voire de la planète Mars. L'identification de l'origine lunaire résulte des analogies observées avec les échantillons prélevés par les engins spatiaux automatiques Luna et les astronautes des missions Apollo. Pas besoin d'aller sur la Lune? Il reste du moins beaucoup à découvrir dans la glace de l'Antarctique. L'origine martienne de certaines météorites, suggérée par des concentrations en gaz rares voisines de celles trouvées dans l'atmosphère de cette planète par les sondes Viking de la NASA, reste à confirmer. La façon dont ces objets interplanétaires ont pu échapper à l'attraction des astres dont ils proviennent demeure aussi un sujet de controverse.

Autre découverte surprenante : certaines météorites carbonées (c'est-à-dire qui contiennent de l'eau et des hydrocarbures) présentent des traces de nombreux aminoacides, substances qui constituent la base des protéines des êtres vivants. Tombées et enfouies dans la neige des régions centrales, il semble peu probable que ces météorites aient pu être contaminées; cette découverte prouverait que des matières organiques existaient dans le système solaire, très longtemps avant l'apparition de la vie sur Terre.

Bulles d'air

Une couche de neige fraîche est généralement peu dense et l'homme y laisse facilement l'empreinte de son pas. Les flocons aux formes artistiques se transforment rapidement; les grains s'arrondissent par sublimation et se tassent par gravité sous le poids des couches superposées pour former le névé. La densité croît avec la profondeur et la dimension des pores (entre lesquels l'air circule librement et communique avec l'atmosphère) diminue. A partir d'une valeur d'environ 0,55, les différents grains se soudent entre eux, par déformation plastique et selon un mécanisme connu en métallurgie, dans le domaine des poudres, sous le terme de frittage. Les grains grossissent avec le temps et l'espace occupé par les pores aux formes irrégulières diminue. C'est à partir d'une densité de 0,8 que l'air cesse d'échanger avec l'atmosphère et que les bulles s'individualisent. Ce processus d'emprisonnement atteint son stade final à une densité de 0,83 : on se trouve alors dans la glace parfaitement étanche, et dont les bulles ne s'échapperont plus. Cette valeur est sensiblement constante quel que soit le site, mais le temps mis pour l'atteindre et la profondeur à laquelle on rencontre la glace varient très largement en fonction de la température et de la quantité moyenne de neige déposée chaque année. Dans les régions côtières, où température et accumulation sont relativement élevées, la glace est formée dès la profondeur de 50 mètres à partir des précipitations qui ont quelques dizaines d'années d'âge. Dans les régions centrales, où les températures sont basses et les précipitations faibles, il faut parfois aller jusqu'à 100 mètres de profondeur pour trouver une glace déjà vieille, peut-être de plus de 2 000 ans. Cette densité de 0,83 est plus faible que celle de la glace pure qui est de 0,92 : cela est dû à la présence des bulles d'air, dont le poids est négligeable, mais qui occupent près de 10 % du volume. Peu à peu sous la pression de la glace accumulée, le volume des bulles diminue; la densité devient alors proche de celle de la glace pure.

L'air extrait de la glace profonde contient de riches informations : la quantité recueillie est un indicateur de l'altitude à laquelle la glace s'est formée tandis que sa composition est un témoin fidèle de celle de l'atmosphère passée. La quantité recueillie est bien sûr fonction des conditions physiques du site : température et pression atmosphérique. Les études réalisées à partir de carottes prélevées en différents sites antarctiques montrent que le volume de gaz mesuré, ramené aux conditions normales (0° C et 1 013 millibars), décroît de façon linéaire avec l'altitude. Ainsi cent grammes de glace formée dans les régions côtières au niveau de la mer contiennent 10 cm^3 d'air, alors que la même quantité de glace prélevée à la station

Vostok, où l'altitude est de 3 500 mètres et la pression atmosphérique de 600 millibars, n'en renferme plus que 6 cm³. La simple mesure du volume de gaz contenu dans un échantillon de glace profonde est donc un indicateur de l'altitude à laquelle la glace s'est formée; une information plus qu'utile pour étudier la dynamique de l'inlandsis et ses variations d'épaisseur.

Surtout, l'analyse des bulles d'air contenues dans cette glace froide des calottes polaires est le seul moyen dont on dispose pour mesurer de façon directe la composition des atmosphères passées. C'est impossible en effet à partir des échantillons prélevés dans les glaciers tempérés, ceux de nos Alpes par exemple, car la présence d'eau de fusion, qui dissout de façon sélective certains gaz, modifie la composition initiale de l'air. L'atmosphère est principalement constituée d'azote et d'oxygène, dans une proportion qui ne semble pas avoir varié au cours de la dernière centaine de milliers d'années. Mais l'atmosphère contient aussi des gaz tels que le méthane (CH_4) et le gaz carbonique (CO_2). Les activités humaines ont-elles modifié de façon importante les concentrations naturelles de ces gaz dits « à effet de serre » ? Quel pourrait en être l'impact sur le climat de la Terre? Ce sujet très « chaud » sera traité ultérieurement, au chapitre VI.

C'est en regardant exploser les bulles d'air d'un glaçon antarctique plongé dans un verre de whisky que certaines de ces idées de recherche sont nées. Dominique Raynaud en a fait l'un des fleurons de l'activité du Laboratoire de Grenoble. Un domaine sur lequel Hans Oeschger et son équipe à Berne travaillent également.

Atmosphère globale et antarctique : modèles

De façon sommaire la circulation de l'atmosphère autour de notre globe est déterminée par la rotation de la Terre autour de l'axe des pôles et par le contraste de température entre régions équatoriales chaudes et zones polaires froides. Si l'on fait une coupe de l'atmosphère en suivant un méridien, les mouvements de l'air dans la troposphère, c'est-à-dire environ sur 10 kilomètres d'altitude, peuvent être schématisés par trois cellules existant dans chaque hémisphère. Dans la première, l'air chaud des régions équatoriales monte pour redescendre à une latitude de 30 degrés et retourne en surface vers l'équateur. Cette boucle, dans laquelle la circulation est de loin la plus intense, imprime sa marque aux suivantes. Dans la deuxième, l'air s'écoule en surface d'une latitude de 30 degrés vers les régions plus froides situées vers 60 degrés, d'où il remonte dans l'atmosphère pour fermer la boucle vers les latitudes moins élevées. Dans la dernière cellule, l'air s'élève à proximité de 60 degrés et redescend vers les zones polaires. A la surface de l'Antarctique, l'atmosphère lourde et froide s'écoule vers la côte. Ces différentes cellules échangent entre elles et mélangent les gaz atmosphériques; un échantillon d'air prélevé au pôle Sud a ainsi une composition quasiment identique à celle mesurée à Paris – si l'on prend la précaution de ne pas se mettre directement au-dessus d'une cheminée d'usine ou au cœur d'un embouteillage de voitures! Comme on l'a vu, il n'en est pas de même pour les aérosols, ces fines particules contenues dans l'atmosphère. Les poussières émises au sol retombent par gravité ou sont piégées par les précipitations. Certains aérosols, au contraire, peuvent pénétrer dans la stratosphère parce qu'ils ont une origine gazeuse ou que la puissance de l'émission les propulse directement à haute altitude. Ils vont donc se retrouver plus facilement en Antarctique où se produisent des arrivées d'air stratosphérique.

La circulation de l'air contrôle la répartition des aérosols et de la vapeur d'eau qui va produire les précipitations. Pour placer les observations faites en Antarctique dans un contexte plus général, on utilise des modèles de circulation générale de l'atmosphère. A partir des équations qui caractérisent les écoulements fluides, les échanges thermodynamiques et la conservation des masses, et en introduisant des données concernant en particulier les flux d'énergie et de masse, on peut calculer les mouvements de l'air et les échanges de chaleur et de vapeur d'eau et reconstruire les caractéristiques de l'atmosphère : vents, températures, précipitations... La validité de ces simulations peut être testée dans les conditions actuelles en comparant les résultats avec les données météorologiques. On peut aussi introduire dans ces modèles des traceurs et tenter de simuler le transport des aérosols et le cycle de l'eau, et donc la composition isotopique des précipitations.

C'est cette expérience que réalisent actuellement Jean Jouzel et Sylvie Joussaume, en utilisant différents modèles de circulation générale de l'atmosphère, développés au Laboratoire de Météorologie Dynamique dirigé (Paris) par Robert Sadourny, et à la NASA, dans un groupe animé par Jim Hansen. Beaucoup de travail reste à faire dans le domaine des aérosols, mais il a déjà été possible de caractériser l'arrivée de poussières issues des zones désertiques jusque vers l'Antarctique. La simulation de la composition isotopique des précipitations conduit dès à présent à des résultats convaincants puisqu'elle rend très bien compte de la relation directement mesurée entre température et composition isotopique de la neige. Elle montre aussi que la relation est toujours valable dans les conditions de l'âge glaciaire, justifiant ainsi l'utilisation des teneurs isotopiques de la glace comme thermomètre du passé.

Car les modèles de circulation générale de l'atmosphère peuvent être utilisés pour simuler les climats passés. Il faut pour cela introduire un certain nombre de paramètres caractérisant l'époque étudiée : rayonnement solaire, composition de l'atmosphère, topographie des calottes glaciaires, étendue couverte par la glace de mer, pouvoir réflecteur des surfaces... Ces données et les températures de surface de l'océan ont été reconstituées par les paléoclimatologues pour le dernier âge glaciaire. Il est alors possible d'explorer plus en détail l'état climatique de la Terre et d'évaluer les températures sur les continents... comme l'Antarctique. En faisant varier séparément différents paramètres, par exemple la concentration du gaz carbonique dans l'atmosphère, on peut aussi estimer leur rôle dans les variations de température observées dans le passé.

Ces mêmes modèles sont utilisés pour simuler les climats du futur. Le paramètre majeur est l'augmentation des concentrations dans l'atmosphère des gaz à effet de serre et principalement du gaz carbonique, résultant des activités humaines. Même les calculateurs les plus puissants ne parviennent pas à saisir la complexité du fonctionnement du système climatique. Les simplifications nécessaires peuvent conduire à de larges erreurs dans les résultats et il faut tester la validité des modèles en comparant leurs résultats avec les observations. On le fait bien sûr en utilisant les nombreuses données météorologiques actuelles, mais cela ne suffit pas car il est toujours possible d'ajuster les nombreux paramètres d'une simulation pour rendre compte d'un seul type de situation. Il importe donc aussi de tester les sorties d'un modèle dans des situations différentes, à condition que l'on dispose d'un nombre suffisant d'observations. C'est le cas du dernier âge glaciaire, comme nous le verrons au chapitre suivant, grâce aux efforts des paléoclimatologues.

En comptant les années

Il ne suffit pas d'échantillonner les couches qui constituent la calotte glaciaire, il faut aussi connaître leur âge; exercice qui devient de plus en plus difficile avec la profondeur.

Vers la surface les dépôts saisonniers se distinguent par leur aspect et leurs propriétés physiques : ceux d'été, moins denses, sont formés de grains plus gros dont la croissance a été favorisée par les températures plus élevées; ceux d'hiver sont constitués de grains plus petits et sont souvent marqués par des « croûtes » formées par le vent qui a tassé la surface. Les couches saisonnières peuvent également se caractériser par des mesures géochimiques; nous avons vu que leur composition isotopique et leur teneur en impuretés sont différentes. Mais ce comptage des couches, à la manière dont on compte les anneaux d'arbre, n'est pas toujours sans problème, en particulier dans les zones très ventées ou lorsque l'épaisseur de neige accumulée est très faible; il est alors facile de « manquer » des années. De toute façon, par suite du tassement auquel peuvent s'ajouter des phénomènes de diffusion, ces alternances saisonnières s'estompent avec la profondeur et le temps, au point de devenir indiscernables.

On s'efforce donc par ailleurs de trouver dans la neige des « horizons repères ». Nous verrons au chapitre VI que les retombées radioactives ont particulièrement bien marqué les précipitations des années 1955 et 1965; de la même façon on utilise les niveaux constitués par les retombées d'éruptions volcaniques importantes et historiquement connues, comme on l'a signalé plus haut (cf. *figure 3.4*).

Grâce à ces techniques, il est généralement possible d'établir une échelle de temps assez précise, couvrant au moins les derniers siècles, et d'en déduire le taux d'accumulation de la neige. Ce taux d'accumulation ne semble pas avoir varié de façon significative au cours des derniers 10 000 ans, avec un climat resté sensiblement le même qu'au cours des derniers siècles. On peut donc extrapoler l'échelle de temps obtenue pour dater les couches plus profondes dans les zones où la vitesse d'écoulement de la glace est faible et ne perturbe pas la succession des dépôts. Au-delà cela se complique.

La glace contient aussi des radio-isotopes d'origine naturelle; connaissant leur période T (temps au bout duquel la radioactivité décroît d'un facteur 2), on peut potentiellement dater la glace. Le plomb 210 (T = 22,3 ans) est un isotope radioactif descendant du radon 222, qui provient lui-même de l'uranium 238 des roches terrestres. Il a permis d'obtenir des âges couvrant les derniers siècles. Le silicium 32 (T $\sim$ 300 ans) est également présent sous forme d'impuretés, mais, comme le carbone 14, il est d'origine cosmogénique; de même que pour tous les aérosols, l'hypothèse nécessaire d'un taux de concentration constant dans le temps en surface pose de sérieux problèmes.

D'autres radio-isotopes peuvent être présents dans les bulles d'air; c'est le cas du carbone 14 (T = 5 730 ans), formé dans l'atmosphère sous l'action du rayonnement cosmique et qui marque les molécules de gaz carbonique. Jusqu'à présent, les techniques de mesure disponibles obligeaient à fondre plusieurs tonnes de glace; l'utilisation de spectromètres de masse couplés avec un accélérateur de particules devrait permettre de réduire la quantité de glace nécessaire à quelques kilogrammes... mais on ne dispose encore d'aucune donnée.

Dans ce domaine le bilan est donc relativement maigre; les chercheurs explorent la possibilité d'utiliser d'autres radio-isotopes pour obtenir une échelle de temps qualifiée d'absolue, comme cela se fait dans différentes disciplines des sciences de la Terre. En attendant le développement de ces nouvelles technologies, il faut se tourner vers la datation à partir de modèles de déformation et d'écoulement de la glace. Or ces derniers souffrent de certaines limitations, nous l'avons vu au chapitre précédent, et la précision des âges ainsi obtenus est variable : très approximative dans les zones où le mouvement de la glace est complexe (à proximité du socle rocheux ou lorsque les vitesses sont très grandes par exemple), elle est meilleure dans d'autres cas, par exemple lorsqu'on dispose de carottages profonds réalisés dans les régions centrales et dont le fond reste éloigné du lit rocheux. C'est ainsi que l'échelle de temps de 150 000 ans déterminée à partir des 2 kilomètres de la carotte de Vostok est considérée comme ayant une précision de l'ordre de 10 % (cf. chapitre V). Au cours de cette période on observe de grandes variations du climat ayant un caractère global et qui ont pu être datées plus directement dans d'autres séries paléoclimatiques; la comparaison des âges conforte la chronologie des glaces obtenue de façon indépendante à partir de la modélisation de l'inlandsis.

Archives glaciaires

Au terme de l'exploration de la surface du continent et des couches superficielles de la calotte, nous pouvons faire un premier bilan des informations stockées dans la glace qui concernent le climat et notre environnement atmosphérique. Elles sont résumées dans le tableau ci-dessous.

Propriétés de l'atmosphère	Marquage dans la glace
– Température	Composition isotopique
– Précipitations	Stratigraphie physique et chimique
– Composition gazeuse	Bulles d'air
. d'origine naturelle	N_2, O_2, CO_2, CH_4, N_2O
. d'origine anthropique	CO_2, CH_4, N_2O
– Charge en aérosols	Impuretés
. d'origine naturelle	
océanique	Cl^-, Na^+, SO_4^{--}
continentale	Si, Al
volcanique	SO_4^{--}, acidité
cosmique	Ir, ^{10}Be et autres
. d'origine anthropique	
industrie et autres	SO_4^{--}, NO_3^-, acidité métaux lourds : Pb, ...
explosions thermonucléaires	^{90}Sr, ^{137}Cs ...

Nous voici bien armés maintenant pour remonter le temps dans le grand livre des archives glaciaires, en descendant au fond des glaces.

05

CHAPITRE IV

A la recherche du temps passé : il y a 20 000 ans

Remonter dans le passé n'est pas une mince affaire, lorsqu'il s'agit de forer la glace parfois sur plusieurs kilomètres d'épaisseur. Des techniques de carottage spécifiques doivent être mises au point et leur implantation nécessite des opérations lourdes. Avec l'aide des Américains, les Français ont atteint une profondeur de 900 mètres au Dôme C, au cœur de l'Antarctique de l'Est. Ces archives permettent d'étudier la période terminale du dernier âge glaciaire, déjà retrouvé dans d'autres dépôts sédimentaires sur les continents et, surtout, au fond des océans. Les paléoclimatologues ont ainsi pu reconstituer le climat froid d'il y a 20 000 ans, drastiquement différent du climat actuel; les carottes prélevées au Groenland et en Antarctique révèlent pour la première fois que l'atmosphère de l'âge glaciaire contient beaucoup plus d'aérosols et sensiblement moins de gaz carbonique et de méthane que celle que nous connaissons.

Carottage au Dôme C, 1974-1978

Des carottes... pas toujours cuites

Comme tous les forages, ceux dans la glace doivent résoudre un certain nombre de problèmes : pénétration, récupération de la carotte et des déchets, stabilisation du trou. Il faut aussi tenir compte des impératifs spécifiques des opérations polaires : limitation du matériel et de la durée, l'option étant entre quelques mois de campagnes d'été ou l'hivernage. De plus, la glace est un matériau aux propriétés particulières, ce qui explique que les techniques utilisées dans d'autres domaines ne soient pas directement applicables. Les glaciologues, avec des moyens relativement modestes, ont dû développer leurs propres équipements.

Il y a plus de trente ans, les Américains ont mis au point un carottier simple capable de forer, avec des passes inférieures à un mètre, dans le névé jusqu'à des profondeurs de quelques dizaines de mètres. Il fonctionne selon le principe d'une tarière; les copeaux produits par la découpe sont éliminés le long d'une hélice extérieure et retombent à l'intérieur du tube au-dessus de la carotte. L'adjonction de rallonges permet de descendre jusqu'à la glace que l'on trouve à une centaine de mètres; mais déjà le muscle ne suffit plus et il faut une machine pour entraîner le carottier et monter et redescendre le train de tiges. Pour réduire le poids on peut remplacer les rallonges métalliques par un câble électroporteur permettant d'actionner le carottier par un motoréducteur placé dans le trou et ancré dans les parois; un tube concentrique permet aussi de mieux récupérer les copeaux. La mise en œuvre a montré les limites de cette technique; avec des passes qu'il a fallu limiter à un mètre, les temps de montée et descente du carottier deviennent prohibitifs en profondeur.

Soviétiques à Vostok et Français au Dôme C ont utilisé dans les années 1970 un carottier pour forer jusque vers 1 000 mètres de profondeur *(figure 4.1)*. Une couronne chauffée par effet Joule découpe la glace en produisant de l'eau qui est aspirée au fur et à mesure dans un réservoir placé au-dessus du tube carottier. Pour obtenir une bonne vitesse de pénétration, il faut disposer d'une énergie importante : au

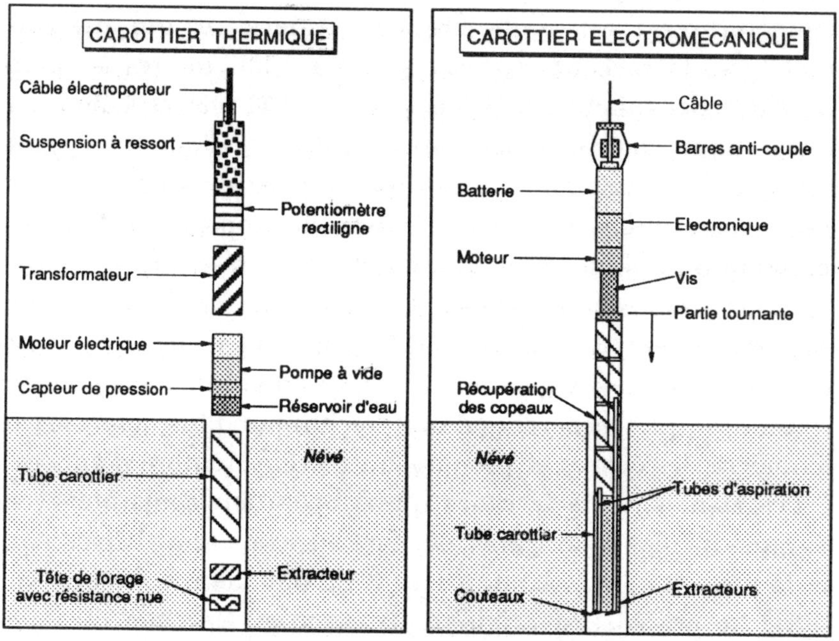

Figure 4.1. Carottiers thermique et électromécanique

Les systèmes de carottage profond dans la glace sont essentiellement de deux types. La pénétration du carottier thermique, muni à son extrémité d'une résistance chauffante, se fait par fusion d'un mince anneau de glace. Celle du carottier électromécanique se fait par des couteaux qui découpent, par rotation, un anneau de glace. A partir d'une certaine profondeur, il est nécessaire d'utiliser un fluide pour éviter la fermeture du trou. Les carottes de glace sont récupérées dans le carottier cylindrique qu'il faut remonter en surface à la fin de chaque passe. Pour éviter les coincements, il est indispensable de récupérer les « déchets », eau de fusion dans un cas, copeaux de découpe dans l'autre. Ces carottiers sont munis de nombreux détecteurs permettant de contrôler leur fonctionnement depuis la surface. Le premier type d'équipement a été utilisé par les Soviétiques (à Vostok) et les Français (à Dôme C) en Antarctique; le second l'a été par les Danois au Groenland.

Dôme C, avec le matériel mis au point par l'équipe de François Gillet, nous atteindrons 6 mètres par heure pour 6 kilowatts. Dimensions, poids du câble et du treuil, groupes électrogènes nécessaires, tout cela oblige à mettre en place des opérations lourdes.

La profondeur de 1 000 mètres marque une limite : même si la glace est très froide, et donc moins déformable, la pression hydrostatique entraîne la fermeture du trou. On ne peut plus forer « à sec », il faut employer un fluide d'une densité voisine de celle de la glace... mais ne gelant pas aux très basses températures. C'est ce que firent les Américains qui atteignirent le socle rocheux en deux sites : à 1 387 mètres à Camp Century (Groenland), en 1966, puis à 2 164 mètres à Byrd en Antarctique, au cours des années 1967 et 1968. Un record qui tiendra longtemps. Ils utilisèrent pour cela un carottier électromécanique, où la récupération des copeaux se fait par circulation du fluide et dissolution dans un réservoir situé au-dessus du moteur électrique. Avec un tube de 26 mètres de long recueillant des carottes de 6 mètres, et un treuil pesant près de 20 tonnes, l'appareillage représentait au total près de 70 tonnes. La recherche d'une technique plus appropriée connaîtra des échecs et prendra un certain nombre d'années.

Les Danois, dans le cadre d'une opération conjointe avec les Suisses et les Américains, ont foré à travers toute l'épaisseur de la glace au Groenland, à Dye 3 : 2 038 mètres atteints en 1981. Le procédé est original. Le carottier électromécanique a 11,5 mètres de long et pèse 180 kilos, le treuil et la tour de forage ne font guère plus d'une tonne, car le câble a un faible diamètre. Le carottier est entraîné par des batteries rechargeables descendant avec lui. Les carottes recueillies à chaque passe ont 2 mètres de longueur et 10 centimètres de diamètre. L'utilisation de microprocesseurs permet de transmettre une trentaine d'informations en surface et de contrôler le bon déroulement des opérations. Cet équipement est maintenant utilisé dans le cadre du programme de forage profond au Groenland (GRIP : *Greenland Ice Core Project*), à la station

Summit : l'objectif est de forer en trois ans la calotte dans les régions centrales où l'épaisseur de la glace est de 3,2 kilomètres. De nombreux pays participent à cette opération, dont le Danemark, la France, la Suisse, l'Allemagne... A la fin de la première campagne d'été (août 1990), la profondeur atteinte était de 770 mètres. Les Américains développent un projet parallèle et complémentaire, avec une nouvelle technique de forage en cours d'expérimentation.

En Antarctique, les Soviétiques ont atteint 2 545 mètres en 1989 à la station Vostok où l'épaisseur de glace est de 3,5 kilomètres, avec un carottier thermique opérant sous fluide. Le tube carottier fait moins de 6 mètres et les carottes recueillies ont 9 centimètres de diamètre et pas plus de 2 mètres de long. L'énergie nécessaire est de 8 à 9 kilowatts pour une vitesse de pénétration d'environ 4 mètres par heure. Un très beau succès : la profondeur atteinte est un record mais venant après de nombreuses années d'efforts. Les difficultés rencontrées par les Soviétiques et par d'autres équipes montrent bien la complexité des carottages profonds dans la glace et l'impérieux besoin d'un progrès technologique dans ce domaine. Le choix du fluide pose à lui seul un problème : il doit avoir une densité voisine de 0,92 et pouvoir être utilisé dans une large gamme de températures; celui employé à Byrd dans la glace à − 28° C peut ne pas convenir à la station Vostok, par − 55° C. De plus il faut éviter de contaminer les carottes de glace. Kérosène ou fuel lourd avec des additifs, dont certains sont nocifs, alcool... Le produit miracle n'a pas encore été trouvé.

Pour des raisons opérationnelles, les carottages lourds ont d'abord été réalisés à proximité des stations existantes. Nous verrons que l'interprétation des données devient difficile en profondeur, pour ceux faits au Groenland comme pour celui de Byrd en Antarctique. Le seul site délibérément choisi a été celui de Dôme C; c'est un peu par hasard que celui de Vostok se révélera si riche. Il est vrai que l'on a compris depuis quelques années seulement l'importance des données stockées dans les couches de glace et l'emplacement des carottages entrepris actuellement au Groenland a été, lui, déterminé sur des critères purement glaciologiques.

Américains, Australiens, Français, Japonais et bien sûr Soviétiques ont des projets de carottage profond en Antarctique au cours des prochaines années. Il s'agit en fait d'organiser un programme concernant les deux calottes polaires, de façon à obtenir des échantillons géographiquement répartis et couvrant de façon détaillée des échelles de temps allant du siècle à plusieurs centaines de milliers d'années. Les servitudes logistiques pour le support de ces forages sont lourdes. Scientifiques, responsables des opérations et bailleurs de fonds se concertent. Il importe non seulement de décrire les variations climatiques passées et d'en comprendre les causes mais aussi d'étudier les interactions entre climat et calottes polaires. C'est essentiel pour la prévision de l'évolution du climat et du niveau des mers. Car les résultats actuels couvrant de longues échelles de temps et que l'on peut qualifier de spectaculaires ne viennent que de quelques carottes prélevées dans les calottes polaires : deux au Groenland (Camp Century et Dye 3) et trois en Antarctique (Byrd, Dôme C et Vostok). Dérisoire si l'on songe qu'une carotte antarctique échantillonne 100 cm^2 sur 12,5 millions de km^2 couverts par la calotte glaciaire !

La reconnaissance

Des télégrammes depuis l'Antarctique :

2 décembre 1974 – C. Lorius à Expolaires, Paris – *Avons survolé avec équipe Gordon Robin du Scott Polar Research Institute la zone du Dôme C. Sondages radioélectriques indiquent topographie surface et socle rocheux favorables pour site forage. Coordonnées : 74°40′ S 124°10′ E; altitude 3 250 mètres; épaisseur de glace 3 500 mètres. D'après pilote conditions surface paraissent satisfaisantes pour atterrissage C130.*

21 décembre – C. Lorius à Expolaires, Paris – *Retour à Mac Murdo après deux semaines au pôle Sud. Programme de pré-*

lèvements réalisé. Rassemblons matériel pour établir station provisoire Dôme C et mener recherche. Pensons séjour Pôle a permis acclimatation froid et altitude prévus au Dôme C. Opération programmée dès que conditions météo satisfaisantes.

28 décembre – C. Lorius à Expolaires, Paris – *Nous sommes posés hier matin à 2 h 40. Le C130 a déposé 8 tonnes de matériel et 6 passagers. Quatre Français : Jean Campin, Claude Chauffriasse, François Gillet et Claude Lorius. William Voight l'Américain et Narcisse Barkov de l'Institut de Léningrad. Conditions atterrissage et décollage semblent normales. Température – 35° C. Léger mal de tête et difficultés respiration. Liaison radio satisfaisante. Repos nécessaire après 40 heures d'activité.*

10 janvier 1975 – C. Lorius à Expolaires, Paris – *Programme étude et prélèvements réalisés pour détermination caractéristiques géochimiques. Accumulation annuelle de neige environ 10 centimètres soit 3 grammes/cm². Déplacement glace devrait être voisin quelques mètres par an. Conditions favorables pour projet carottage profond. Avons demandé à Mac Murdo notre récupération et mise en place fûts de carburant en vue opération forage an prochain.*

Le 15 janvier nous fermons le camp. Le matériel peu fragile est stocké et balisé à l'extérieur; nous rentrons à l'intérieur de la tente *Jamesway* tout ce que nous pouvons y compris notre scooter des neiges et le groupe électrogène. Sur la table un mot de bienvenue et une bouteille de cognac. Toutes les ouvertures sont soigneusement bouchées pour que la neige n'envahisse pas l'abri. Petit point sur l'horizon, le C130 vole vers nous et se pose; après déchargement des fûts nous embarquons : hommes, échantillons et cahiers remplis de notes.

A 19 heures, ciel clair, peu de vent, – 30° C. L'avion s'élance sur 3 à 4 kilomètres, décolle légèrement, touche à nouveau le sol. Et puis tout se passe très vite : une explosion, un morceau d'hélice qui perce la carlingue, le feu vers la porte arrière. On se retrouve dehors, abasourdis, avec quelques équipements de survie toujours sous la main. L'un des moteurs flambe. L'une des fusées Jeto que l'avion utilise pour prendre de la vitesse (c'est nécessaire à cette altitude) a explosé, mis le feu à l'un des moteurs et déséquilibré l'avion qui se retrouve le nez planté dans la neige, son ski avant cassé. L'heure n'est pas à la philosophie : pilote et copilote, un peu traumatisés, sont en petites chaussures et nous sommes à plusieurs kilomètres du camp... Le scooter des neiges est remis en route pour rapatrier tout le monde dans la tente. On rallume le poêle à mazout et à 21 h 30 tout le monde est au chaud. Café et cognac; certains ont déjà le mal d'altitude et se contentent d'eau. Mac Murdo a été alerté par radio. Il n'y a aucun blessé.

A minuit, deux autres C130 se posent successivement. Visite sommaire de l'avion accidenté pour une première évaluation des dégâts par les mécaniciens; j'en profite pour récupérer des papiers précieux et ma caméra abandonnés lors du « sauve-qui-peut ». Un premier avion dans lequel se trouvent une partie des passagers et l'équipage accidenté fait plusieurs tentatives de décollage, sans utiliser de fusées d'appoint. On le voit décoller, retomber... ça « danse » de plus en plus. L'un des skis se détache de l'avion. Là encore la neige amortira le choc... pas de blessé.

A 3 heures, le 16 janvier, le dernier C130 affiche complet. Dérouté de son vol vers le pôle Sud il avait à bord des passagers et un réservoir de carburant. Plein donc dangereux? Je ne sais pas car tout va vite, dans un climat de tension extrême. Il emporte 43 personnes à bord : l'équipage opérationnel, les équipages accidentés, les passagers du pôle Sud et les occupants du camp Dôme C. Toutes les opérations américaines ont été suspendues : les deux derniers C130 opérant en Antarctique tournent au-dessus de nous. Nous nous attachons tous sur le plan incliné que constitue la porte de la soute arrière pour soulager au maximum l'avant de l'appareil où se trouvent les skis. Pleins gaz... une minute, deux peut-être qui paraissent l'éternité; mise à feu des fusées et l'avion s'arrache. « Hurrah » général suivi de *Fuck you Dôme Charlie* (traduction polie :

« Que tu sois damné Dôme Charlie »). Nous avons frôlé le désastre – mais à 4 h 30 nous nous posons dans la brume à Mac Murdo.

17 janvier – C. Lorius à Expolaires, pour familles – *Malgré décollage difficile, équipe Dôme C de retour à Mac Murdo. Sommes tous en parfaite santé. Bonheur vous revoir bientôt.*

Mais pour deux d'entre nous la campagne n'est pas terminée. Après bien des hésitations deux vols sont encore prévus sur Dôme C. Les Américains veulent évaluer les dégâts et voir dans quelle mesure les deux avions accidentés, coûteux et irremplaçables sauf à long terme, peuvent être sauvés. Nous nous devons de les aider; si besoin il faudrait remettre en route les installations du camp que nous connaissons bien. Ces vols se passeront bien; après la peur au ventre pendant les 3 heures de l'aller, le soulagement au retour du Dôme C. Mais aussi la mélancolie : ces accidents nous laissent peu de chances de réaliser notre projet de forage profond.

Trois ans après : le forage

Et pourtant si : le 18 novembre 1977 un C130 se pose au Dôme C, amenant une équipe de cinq Français menée par Daniel Donnou, responsable du projet de forage.

Pendant deux campagnes d'été les équipes américaines ont réussi une formidable opération technique : mettre en place des engins pour préparer une piste en damant la neige, construire un camp de tentes pour les mécaniciens de l'US Navy et les spécialistes de chez Lockheed, utiliser des dômes gonflables servant de hangars, acheminer et remplacer les moteurs, ailes, skis et finalement récupérer les avions endommagés, qui pourront rejoindre Mac Murdo puis les États-Unis où ils seront remis à neuf. Il restait un camp au cœur de l'Antarctique; les chercheurs français en ont bénéficié pour réaliser leur projet. Notre installation exigera six vols pour acheminer les 30 tonnes de matériel nécessaires puis le carburant, plus de 30 tonnes aussi. Quelle générosité! On la doit pour beaucoup à Dick Cameron, alors manager des programmes de glaciologie à la National Science Foundation.

Ce 18 novembre 1977, l'atterrissage est un peu chaotique pour Daniel et ses camarades, car les patins de l'avion se heurtent aux sastruggis de neige tassée formés par le vent au cours de l'hiver. Heureusement, l'avion a été chargé au minimum. Cinq jours de travail, vingt heures sur vingt-quatre, à une température de − 50° C, sur un tracteur sans cabine : la piste sur neige de 2 400 mètres de longueur et de 60 mètres de large convient maintenant parfaitement aux pilotes des C130. Le 1er décembre, l'équipe de 13 hommes est à pied d'œuvre : les tentes sont déneigées, le camp fonctionne, le matériel prioritaire est là. Quelques jours de travail sont encore nécessaires. La plate-forme de forage et son abri sont montés sur un plancher; le mât qui supporte le carottier de 9 mètres de long et émerge de l'abri est solidement haubané. Sous le plancher on creuse une large tranchée de 3 mètres de haut; c'est là que les carottes de glace seront extraites, par le bas, du carottier remonté. Cette tranchée débouche dans le laboratoire froid où seront examinées et traitées les carottes. Pas de crainte que cette glace ne fonde : le laboratoire creusé dans le névé est à − 53° C, la température qu'il fait en moyenne au Dôme C. En surface, à côté de l'abri de forage, on installe un abri préfabriqué, espace froid où les échantillons sélectionnés seront étudiés *(figure 4.2)*. Plus loin, l'une des tentes du camp servira de laboratoire chaud, pour les mesures prévues sur la glace fondue. Tout au long de la campagne, nous disposerons du soutien aérien orchestré à Mac Murdo par Chris Shepard puis Ken Moulton, les représentants de la NSF, et par le capitaine Claude Nordhill qui commande l'escadron de l'US Navy.

Le forage débute le 4 décembre. Il doit tourner 24 heures sur 24, jour et nuit (si l'on ose dire, puisque cette dernière n'existe pas pendant l'été antarctique). Deux équipes sont constituées autour des foreurs, Daniel Donnou, Claude Rado

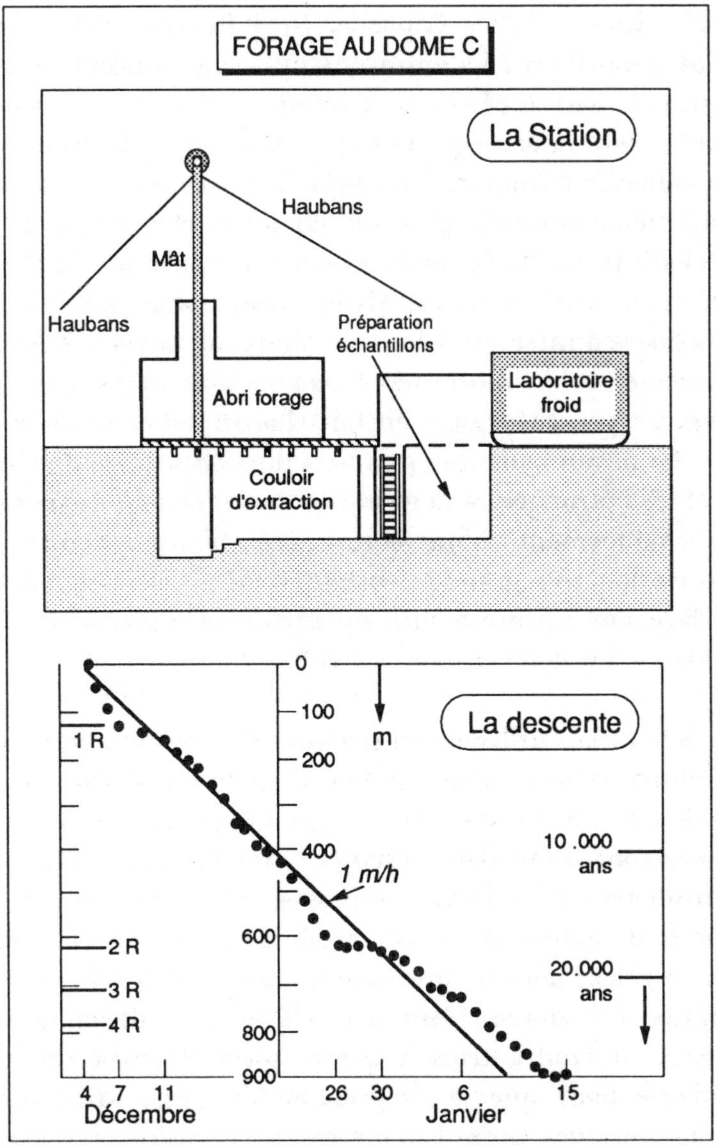

Figure 4.2. Forage au Dôme C

La station de forage est installée en surface; dessous, des alvéoles creusés dans la neige permettent de récupérer la carotte, de l'examiner et de préparer les échantillons. Certains sont étudiés sur place dans une caravane aménagée en laboratoire. La conservation de la glace ne pose aucun problème car la température du névé est de − 50° C. La vitesse moyenne du forage de 900 mètres réalisé en quarante-deux jours pendant l'été austral 1977-1978 est de 1 mètre par heure. Les chiffres 1 à 4 repèrent des profondeurs où des incidents ont retardé le forage et auraient pu compromettre son succès. La glace a 10 000 ans d'âge vers 400 mètres de profondeur et 20 000 à moins de 700 mètres.

et Guy Ricou. Thierry Cappelle, Noël Rousset, Jean-Francis Pinglot, Jean-Pierre Valentin et Guy Yvon assurent la maintenance du carottage, la production d'énergie et d'eau, les liaisons radio, le déneigement et l'entretien de la piste, d'une façon générale la marche du camp. Martine Briat, Paul Duval et moi-même sommes plus spécialement chargés de l'étude des échantillons. Enfin nous avons un médecin, Serge Thomère, et un vrai cuisinier, Michel Dumerchat. Le « toubib » n'aura guère à intervenir dans son domaine, mais le « cuistot » saura soutenir le « moral des troupes » jour après jour. Tout cela est un peu théorique, en fait chacun « met la main à la pâte ». Le noyau constitué par ceux du Laboratoire de Glaciologie et les « étrangers », dont plusieurs ont déjà une expérience polaire, ne forment qu'une équipe. L'ambiance est excellente, la motivation très grande : chacun voudrait voir remonter à la surface une carotte datant du dernier âge glaciaire, il y a 20 000 ans. Le défi sera-t-il relevé?

Au début nous utilisons un carottier électromécanique; pour un premier essai en Antarctique, il donne de bons résultats puisque nous atteignons 130 mètres en trois jours. Les carottes obtenues sont d'excellente qualité, elles ont un diamètre de 10 centimètres et, suivant les passes, mesurent entre 0,5 et 1,5 mètre de longueur. A cette profondeur le névé s'est transformé en glace; nous mettons maintenant en place le carottier thermique qui devrait être plus efficace. Le démarrage est laborieux; il faudra trois à quatre jours de mise au point minutieuse pour que la progression devienne satisfaisante. Nous ne sommes qu'à 140 mètres le 11 décembre, mais à 425 mètres le 21, soit une progression de près de 30 mètres par jour. Les moteurs tournent jour et nuit, le câble se déroule autour du treuil, le carottier touche le fond puis fore lentement, on réenroule le câble, on extrait la carotte, on vide le réservoir rempli d'eau... et le cycle recommence.

Dans le laboratoire creusé dans la neige on examine par transparence les carottes de glace, on les mesure, on découpe à la scie à ruban une mince couche verticale pour échantillonner chaque mètre de carotte, on en sélectionne des sections. Toutes les carottes, tous les échantillons sont placés sous gaines en polyéthylène soudées, étiquetées, répertoriées. On porte des gants en plastique propres pour ne pas contaminer la glace et dessous une paire de gants de soie, mais on a froid aux mains, aux pieds. Les échantillons choisis pour les différentes analyses plus sophistiquées prévues en France sont rangés dans des cantines isolées qui serviront, comme pour l'ensemble des carottes, au transport jusqu'en métropole.

Dans le laboratoire froid de surface on mesure la densité de la glace et l'on prépare au microtome, puis en polissant à la main, des lames minces de glace d'une épaisseur de l'ordre du millimètre. Éclairées en lumière polarisée, elles permettent de mesurer les dimensions des bulles d'air et de distinguer les différents cristaux dont les couleurs changent lorsque l'on fait tourner la lame mince, le noir indiquant leur orientation. Ces observations sont nécessaires pour établir les lois de déformation de la glace et donc le comportement dynamique de la calotte polaire. Sur place c'est la surface moyenne des cristaux de glace qui nous sera la plus utile. Pas besoin de haute technologie, on la détermine en comptant le nombre de cristaux qui existent dans une section de la carotte. Dans la glace que l'on trouve à 100 mètres, les cristaux sont très petits, à peine plus de 1 mm^2; leur taille augmente avec l'âge, et donc la profondeur, par suite d'un mécanisme de croissance dont le moteur est l'énergie de surface des grains. De façon simplifiée, cela conduit à la disparition des cristaux les plus petits au profit des gros. A 400 mètres de profondeur la taille moyenne atteint 5 mm^2, ce que prévoyait la théorie; la surprise viendra plus tard.

Dans le laboratoire chaud on fait fondre de petits cubes de glace pour recueillir et mesurer, dans des burettes étalonnées, la quantité de gaz qui est contenue dans les échantillons. Les nombreux prélèvements qui serviront à obtenir la composition isotopique de la glace sont fondus lentement et placés dans de petits flacons hermétiquement scellés. On filtre aussi l'eau remontée lors du forage dans le tube carottier pour récupérer les poussières contenues dans la glace.

Tout marche bien. Le foreur à son pupitre surveille les indicateurs : profondeur, pression exercée sur la tête de forage, contrôle du vide assurant la récupération de l'eau de fusion, température du réservoir à eau, vitesse de pénétration, énergie dissipée au niveau de la tête de forage. Le carottier se termine par une résistance à nu qui découpe par fusion un anneau de glace, tandis que la carotte est récupérée dans le tube carottier. Cette résistance est une partie fragile du système; elle éclatera plusieurs fois au fond. Nous avons les rechanges juste suffisants; les débris restés dans le trou et qui freinent la pénétration sont peu à peu récupérés. Les temps de descente et de remontée du treuil deviennent plus longs.

Le 25 décembre nous sommes à 600 mètres de profondeur; au lieu d'augmenter la taille des cristaux s'est mise à décroître et n'est plus là que de 2,5 mm^2! L'excitation nous gagne. D'après nos calculs, tout théoriques, d'avant la campagne, l'âge de la glace doit être d'environ 10 000 ans à 400 mètres de profondeur. Quittant la période interglaciaire actuelle, nous devons maintenant remonter vers celle de la dernière glaciation qui a culminé il y a 20 000 ans. A quelle profondeur se trouve-t-elle? Nous n'en savons rien car au-delà de 10 000 ans la chronologie préétablie devient tout à fait spéculative. Pour le savoir il nous faudrait attendre le résultat des analyses en laboratoire... après notre retour. Cette décroissance de la taille des cristaux en dessous de 400 mètres aiguise notre curiosité. Discussions, réflexion... Nous voilà conduits à penser que les températures du passé ont marqué les cristaux de glace; plus elles étaient basses, plus ils seraient petits. En dessous de 400 mètres, la diminution de taille liée au refroidissement l'emporterait sur la croissance liée à l'âge. Cette hypothèse sera confortée plus tard, après de savants calculs; mais nous avons découvert, sur le terrain, un indicateur des variations du climat. Toute carotte extraite est alors soigneusement examinée : la reprise de croissance des cristaux avec la profondeur devrait se produire lorsque la température se sera stabilisée dans la période glaciaire. L'observation de la glace vers 600 mètres semble l'indiquer – mais avec quelle incertitude.

C'est à cette profondeur que le forage piétine : 603 mètres le soir de Noël, 630 mètres pour le réveillon du jour de l'an; moins de 5 mètres par jour, des carottes en morceaux sur lesquelles l'observation est difficile. Peut-être trop de débris des têtes de forage accumulés au fond du trou et que nos foreurs, jour après jour, s'acharnent à remonter. Ils testent, ils retouchent toutes les parties du carottier. Fatigue, crainte d'un échec relatif, un peu de nervosité. La semaine sera longue. Le 1er janvier 1978, tout repart : au soir, 655 mètres. L'examen des cristaux confirme que nous sommes entrés dans le palier de la dernière glaciation. Encore quelques problèmes mais nous atteindrons 901 mètres de profondeur le 15 janvier. Depuis le début du forage la vitesse de progression aura été en moyenne de un mètre par heure. Les cristaux font maintenant plus de 8 mm^2; le pari semble gagné.

Entre temps plusieurs C130 se sont posés au Dôme C pour commencer le rapatriement des carottes de glace. L'un d'eux amenait Jean-Paul Bloch, directeur de la mission recherche aux Terres Australes et Antarctiques Françaises. Comme il pouvait rentrer rapidement sur Paris, nous lui avons confié une série de flacons contenant de l'eau provenant de différentes profondeurs. Les résultats de l'analyse isotopique immédiatement faite à Saclay par Liliane Merlivat et Jean Jouzel nous étaient communiqués par radio; ils confirmaient que nous avions bien échantillonné la glace du dernier âge glaciaire, l'âge possible vers 900 mètres de profondeur pouvant être de 30 000 ans. Nous avons réussi; c'est la joie au camp. Pour fêter notre réussite, nous organisons une partie de football mémorable, dont nous sortirons tous épuisés.

La date d'évacuation du camp prévue par les Américains est proche, mais nous continuons toujours à forer. Nous rencontrons maintenant d'autres problèmes: la glace étant un matériau plastique, elle se déforme de plus en plus, refermant le trou de forage. Réalésages, recarottages... Rien n'y fait. Nous arrêtons le forage le 20 janvier à 22 heures : le risque est trop grand de coincer le carottier et de le perdre. Pour aller plus profond, il faudra remplir le trou d'un fluide et développer un autre type de carottier. Encore quelques mesures; la température, qui est de − 53° C vers la surface, remonte à − 47° C à 900 mètres de profondeur, à cause du flux thermique provenant de la Terre.

L'évacuation du camp nécessitera plusieurs jours : outre les hommes, il faut rapatrier 7 tonnes d'échantillons de glace. Tout sera terminé le 31 janvier; au total 14 rotations d'avion représentant 72 heures de vol. Merci à nos amis américains. Il est temps de rentrer auprès des nôtres... et dans nos laboratoires.

Il y a 20 000 ans

Ages glaciaires

Avant même que soit entrepris le forage au Dôme C, les paléoclimatologues avaient découvert des traces de glaciations passées. L'idée d'une avancée importante des glaciers alpins à certaines époques, émise dès 1837 par le Suisse Louis Agassiz, a été acceptée après bien des discussions et les géologues ont retrouvé les traces des moraines et des blocs erratiques transportés par les glaciers en expansion, ainsi que des stries marquées sur les roches en place. Ils ont dénombré essentiellement quatre âges glaciaires durant le Quaternaire, sur la base d'une reconstitution dont le principe pose certains problèmes puisque l'avance d'un glacier peut recouvrir les témoignages plus anciens. L'attention s'est alors portée sur d'autres types de dépôts susceptibles d'avoir enregistré les glaciations passées et notamment sur les sédiments que l'on ramène du fond des océans, depuis que le Suédois Kullenberg a développé en 1947 un carottier permettant de prélever sur plusieurs mètres de profondeur. Ces sédiments s'accumulent très lentement et quelques mètres peuvent permettre de remonter sur des centaines de milliers d'années, voire au-delà. Le marqueur climatique est trouvé : l'Américain Emiliani publie en 1955 les premiers profils des rapports de concentration isotopique $^{18}O/^{16}O$ mesurés dans les coquilles calcaires de minuscules animaux, les foraminifères, vivant dans les eaux superficielles de l'océan. Ces concentrations indiquent l'existence d'une série de glaciations successives.

Mais il faudra attendre des années pour que l'on puisse arriver à une compréhension précise de la signification de ce signal. On sait en effet par des mesures en laboratoire que la teneur en oxygène 18 des carbonates qui constituent les coquilles calcaires augmente lorsque la température de l'eau de mer dans laquelle ils se forment s'abaisse; mais elle dépend aussi de la composition isotopique de l'eau océanique, et celle-ci croît en période glaciaire puisque les glaces en expansion ont stocké de l'eau appauvrie en isotopes lourds. Une augmentation du rapport $^{18}O/^{16}O$ des foraminifères traduit donc à la fois l'augmentation du volume des glaces et l'abaissement de la température. De la même façon, une période chaude, ou interglaciaire, se caractérise par de plus faibles concentrations en isotopes lourds, liées au réchauffement et à la fonte des glaces. Mais comment séparer les deux facteurs?

Le Français Jean-Claude Duplessy et l'Anglais Nicholas Shackleton vont résoudre l'énigme en faisant le même type de mesures sur des espèces qui ont vécu au fond des océans, où la température a peu varié, et en réestimant la composition isotopique des glaces continentales. L'essentiel du signal présent dans les courbes isotopiques marines reflète les variations du volume des glaces continentales qui contrôlent en même temps celles du niveau des mers. On dispose ainsi d'un véritable marqueur des périodes glaciaires, que l'on retrouve dans toutes les carottes marines.

Ces courbes isotopiques seront datées, à partir du carbone 14 mesuré dans les coquilles des mêmes animaux, pour la période la plus récente. On trouve ainsi que le maximum de la dernière glaciation date d'il y a environ 18 000 ans, tandis que le retrait des glaciers se termine il y a quelque 10 000 ans. On peut remonter plus loin dans le temps en utilisant d'autres radio-isotopes, ce qui permet d'attribuer un âge d'environ 120 000 ans aux coraux formés lors d'un épisode où le niveau des mers était peut-être de 6 mètres plus élevé que l'actuel, au cours du précédent interglaciaire. Enfin la chronologie peut être étendue bien au-delà; le dernier renversement du champ magnétique a été enregistré dans les roches volcaniques continentales et a pu être daté : 730 000 ans, avec une précision de 5 %. Cet événement a aussi été détecté à près de 12 mètres de profondeur par mesures magnétiques sur une carotte marine prélevée par le groupe américain du Lamont Geological Observatory. Le profil isotopique publié par Shackleton et Opdyke montre l'existence de sept stades glaciaires pendant cet intervalle de temps. Les nombreuses carottes marines confirment l'alternance de périodes chaudes et froides tout au long du Quaternaire, qui s'étend sur 1,8 million d'années. Nous sommes loin des quatre glaciations détectées par les géologues! Les stades chauds se retrouvent tous les 100 000 ans environ, une périodicité que l'on expliquera plus loin.

Mais revenons à la phase finale de la dernière glaciation, il y a 20 000 ans. En 1971 l'Américain John Imbrie propose une méthode très astucieuse : les espèces de plancton qui vivent actuellement dans l'océan varient avec la température; en déterminant les types de population que l'on observe dans les sédiments déposés durant l'âge glaciaire on peut donc exprimer les changements observés, jusqu'au niveau des saisons, en degrés Celsius. Les paléoclimatologues marins sont bientôt capables de publier des cartes donnant les variations de température à la surface des océans associées au dernier âge glaciaire.

Sur les continents les progrès sont plus lents. On observe bien que les types de végétation sont liés aux conditions climatiques mais la traduction en chiffres est plus difficile; l'une des raisons est que les précipitations sont à prendre en compte, en plus de la température. Les travaux des Américains Reid Bryson et Tom Webb sont encourageants, mais la situation en Europe est plus complexe car l'agriculture développée depuis des millénaires a déjà artificiellement modifié le couvert végétal. Les pollens retrouvés dans les sédiments lacustres et les tourbières donnent cependant une image qualitative de l'évolution des climats; c'est ce qu'illustrent les courbes provenant de la Grande Pile, une tourbière située dans le nord-est de la France, publiées par la Belge Geneviève Woillard. Il faudra un laborieux travail de botaniste pour que les chercheurs français puissent corréler espèces polliniques et paramètres climatiques; en 1990, André Pons, Joël Guiot et leurs collègues de l'Université de Marseille publient des reconstitutions quantitatives provenant du lac des Échets, dans la région de Lyon, et du réexamen des données de la Grande Pile.

D'autres données existent. Géologues et glaciologues ont retrouvé les traces de l'extension des glaces continentales et évaluent non seulement leur étendue mais aussi l'épaisseur des calottes de l'hémisphère Nord aujourd'hui disparues. Ils retracent tout au long des chaînes montagneuses l'altitude des neiges permanentes qui était en moyenne 1 000 mètres plus bas. La simulation du climat glaciaire (par les modèles de circulation générale de l'atmosphère dont nous avons parlé) utilise les cartes de température sur l'océan et la topographie des calottes pour compléter les données encore fragmentaires sur les continents.

On peut alors décrire la Terre et son climat à cette époque, en particulier pour le monde des glaces *(figure 4.3)*.

L'Antarctique a peu changé, car les glaces ne peuvent s'épaissir sur la mer au-delà des limites de l'inlandsis actuel.

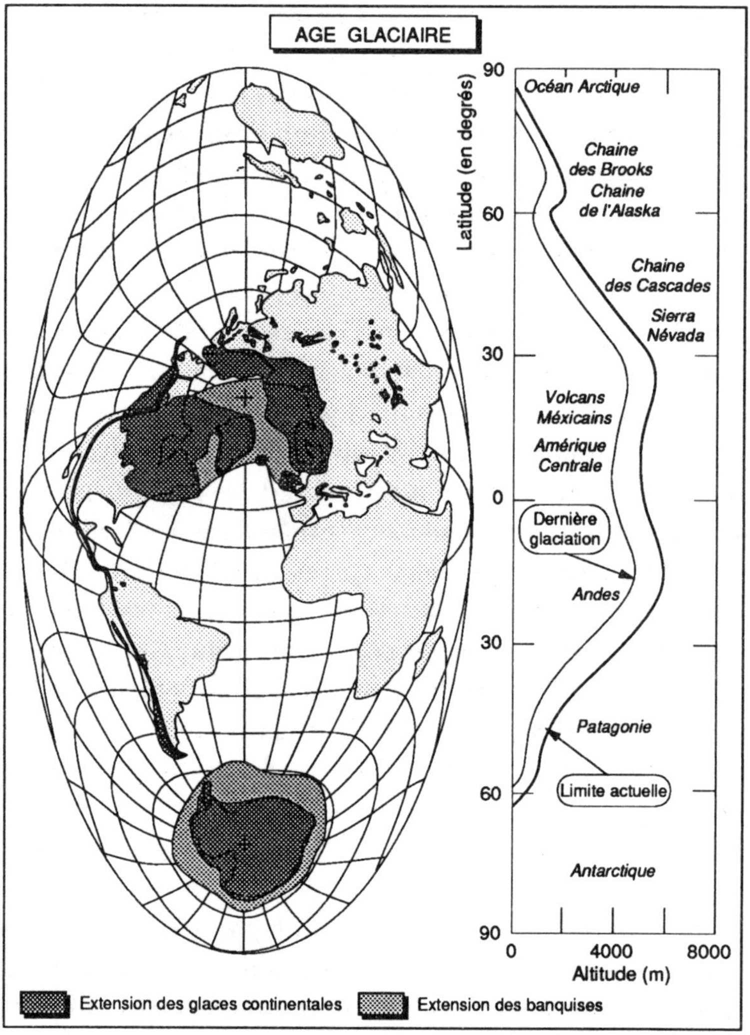

Figure 4.3. Age glaciaire : Calottes polaires et altitude des neiges éternelles

La carte de gauche indique l'extension des glaces continentales au cours du dernier maximum glaciaire, il y a environ 20 000 ans. L'Antarctique n'était guère différent mais une immense calotte, ayant jusqu'à 3 ou 4 kilomètres d'épaisseur, recouvrait alors le nord des États-Unis, le Canada et l'Alaska ; une autre s'étendait sur l'Europe du Nord et une partie de la Sibérie. Au total, un volume supplémentaire de glace de 50 millions de km^3 dont la fusion au cours de la déglaciation a entraîné une hausse du niveau des mers d'environ 120 mètres. Quoique plus difficiles à reconstituer, les étendues de glace de mer étaient aussi plus importantes. La température du globe était alors en moyenne de 4 à 5° C plus froide qu'actuellement, comme en témoigne la limite des neiges éternelles (figure de droite) qui était environ 1 000 mètres plus bas le long du tracé qui figure sur la carte (d'après W. Broecker et G. Denton, 1990).

La situation est toute différente dans l'hémisphère Nord. La calotte Laurentide, de 3 à 4 kilomètres d'épaisseur, recouvre le nord des États-Unis, le Canada et l'Alaska; une autre s'étend sur toute la Scandinavie, une partie de la Sibérie et l'Europe du Nord – sans parler des glaciers alpins qui envahissent les vallées. L'Islande est recouverte de glace; le Groenland s'est étendu et a rejoint les Laurentides. Au total un volume supplémentaire de 50 millions de km^3, près de deux fois supérieur à celui de l'Antarctique actuel. L'océan a fourni les précipitations qui constituent cette glace et le niveau des mers est bas : 120 mètres de moins qu'aujourd'hui. Dans les zones côtières, les plateaux continentaux émergent : l'on aurait pu aller à pied sec en Angleterre.

La température moyenne du globe est de 4 à 5° C inférieure à celle que nous connaissons actuellement, les écarts étant plus importants sur les continents que sur les océans et, de façon générale, plus marqués dans les hautes latitudes que vers l'Équateur; la glace de mer en profite pour s'étaler plus encore sur les océans.

Mais voyons de plus près ce que nous disent les carottes de glace.

Archives du Groenland

Les premiers résultats du forage de Camp Century au Groenland sont publiés en 1972; ils seront complétés au fil des années et, dix ans plus tard, par ceux de Dye 3 *(figure 4.4)*. L'accumulation est de l'ordre de 35 centimètres de glace par an. C'est très agréable car Willi Dansgaard et son équipe de Copenhague peuvent par stratigraphie compter les années jusqu'à de grandes profondeurs et obtenir un enregistrement isotopique très détaillé et bien daté; mais c'est un peu décevant car à 1 200 mètres de profondeur, la glace n'a guère plus de 10 000 ans. De la même façon, à Dye 3 où l'accumulation est presque le double il faut arriver à plus de 1 700 mètres pour

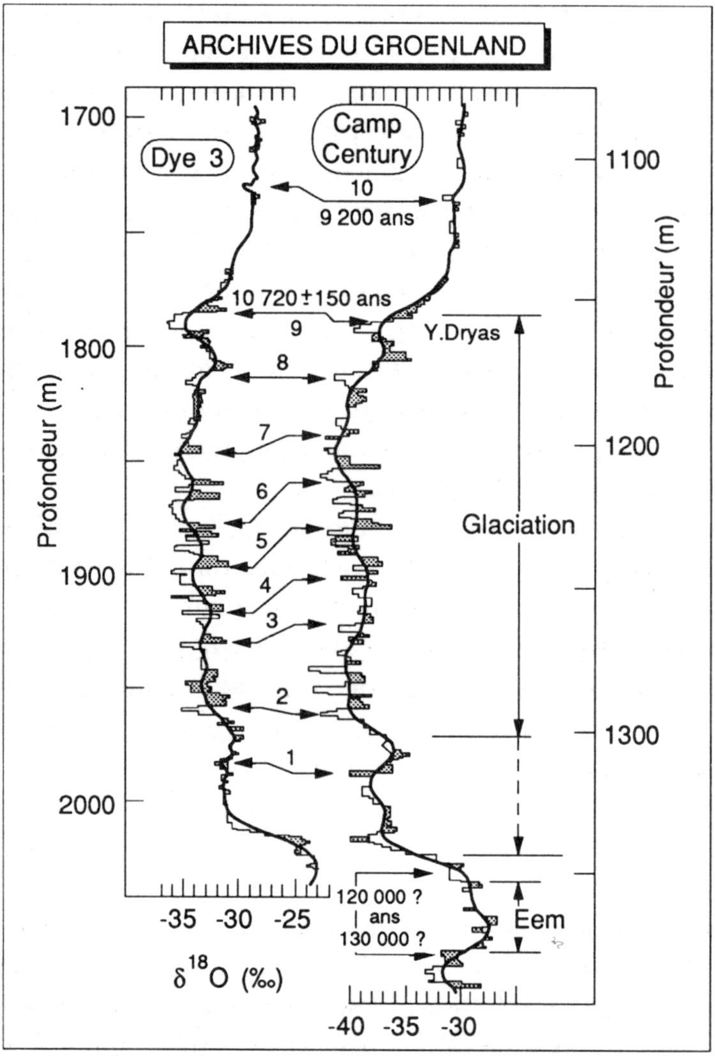

Figure 4.4. Archives du Groenland

Deux carottages profonds ont été réalisés au Groenland. La composition isotopique ($\delta^{18}O$ ‰) de la glace est relativement constante jusqu'à plus de 1 100 mètres de profondeur (Camp Century) ou 1 700 mètres (Dye 3) traduisant le climat relativement chaud (interglaciaire) que la Terre connaît depuis 10 000 ans. En dessous, les valeurs décroissantes reflètent la transition vers un climat plus froid, caractérisant le dernier âge glaciaire. Celui-ci est enregistré sur une profondeur d'environ 200 mètres, dans l'un et l'autre site. Vers le bas, les teneurs isotopiques croissent à nouveau, reflet d'un interglaciaire qui a pris place il y a quelque 120 000 ans. Les repères numérotés indiquent la correspondance d'événements climatiques observés dans les deux forages. Des variations rapides du climat, relativement bien datées, sont identifiables vers la fin de la dernière glaciation, aux environs de − 11 000 ans (d'après W. Dansgaard et al., 1982).

atteindre cet âge. Mais plus bas l'enregistrement devient passionnant; en une centaine de mètres, les rapports isotopiques diminuent rapidement, et la décroissance respective observée dans les deux forages correspond à des refroidissements de 15 et 10° C : considérable, et la très forte valeur observée à Camp Century est un peu surprenante. L'équipe grenobloise mesure la teneur de la glace en gaz; les résultats suggèrent que la calotte était alors plus épaisse vers Camp Century, c'est-à-dire à l'endroit où le Groenland rejoignait les glaces du Laurentide. Cet effet local, qui s'ajoute à la variation générale du climat, pourrait expliquer l'anomalie de Camp Century. Plus bas encore, après bien des fluctuations dans la période glaciaire, les concentrations en isotopes lourds remontent à des teneurs proches de celles observées en surface; on se trouve alors dans l'interglaciaire précédent. Mais l'estimation des âges est difficile; toute l'histoire climatique, au-delà du dernier maximum glaciaire et jusqu'à 100 000 ans, est concentrée dans les deux ou trois cents derniers mètres, où la déformation de la glace est la plus forte et son écoulement perturbé par la proximité du socle rocheux.

Le profil climatique obtenu par les Danois restera longtemps une référence, d'autant qu'il présente certaines caractéristiques qui sont de véritables énigmes, par exemple pour la période couvrant la dernière déglaciation. Commencé quelques millénaires auparavant, le réchauffement est très marqué il y a environ 13 000 ans; mais il est interrompu par un épisode particulièrement froid (le Younger Dryas) qui va durer environ 1 000 ans avant de se terminer de façon brutale. Vers – 10 000 ans, en moins d'un siècle, la transition vers le climat de l'interglaciaire actuel se termine. Les variations de température sont énormes, atteignant dans certains cas plus de 5° C en un demi-siècle *(figure 4.5)*; surprenant, d'autant plus que Jean-Claude Duplessy et une équipe de l'Université de Bordeaux observent vers la même période, dans les sédiments au large du Portugal, des variations de température supérieures à plusieurs degrés par siècle, et que l'Américain Rick

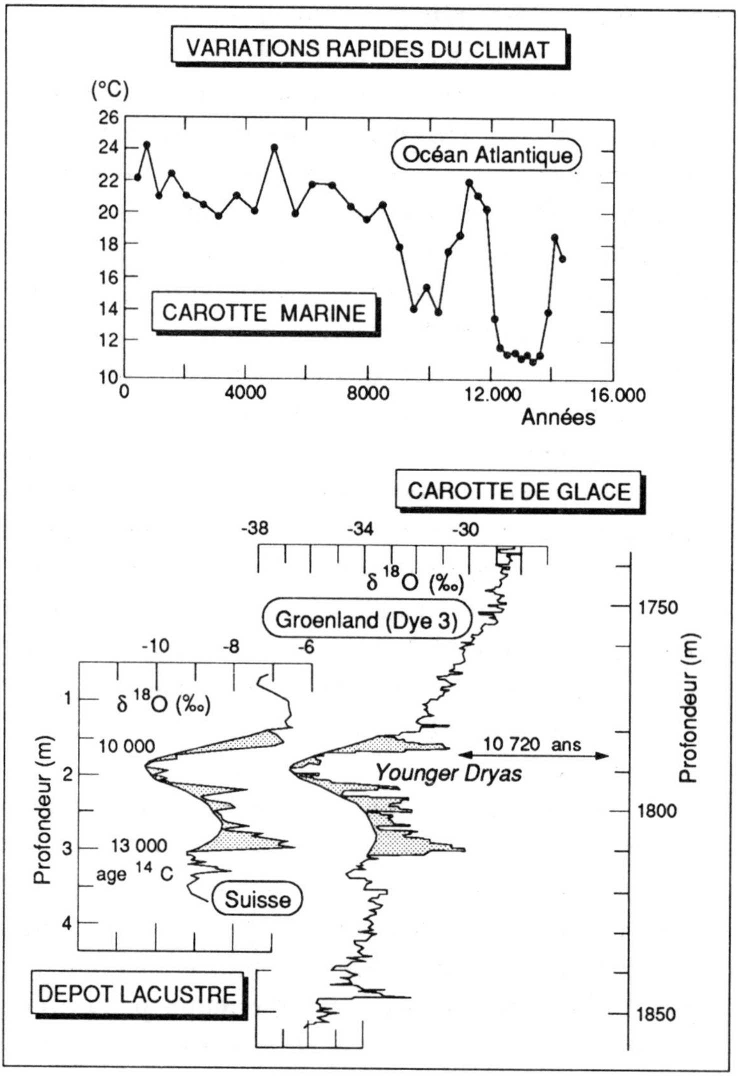

Figure 4.5. Variations rapides du climat

Différents types d'archives ont enregistré l'existence de variations rapides du climat dans l'hémisphère Nord.

– Sédiments marins : variations de la température moyenne d'été des eaux de surface de l'océan Atlantique (au large du Portugal) au cours des derniers 15 000 ans, déduite de l'étude des microfaunes.

– Sédiments lacustres : composition isotopique des dépôts dans le lac Gerzensee (Suisse).

– Sédiments glaciaires : composition isotopique de la glace du Groenland (Dye 3).

Certains événements peuvent atteindre jusqu'à 5° C par demi-siècle. Ces épisodes qui marquent la fin de la dernière déglaciation sont vraisemblablement simultanés, ce que ne permet pas d'affirmer l'imprécision des datations (d'après W. Dansgaard et H. Oeschger, 1989, et E. Bard et al., 1987).

Fairbanks qui suit les variations du niveau des mers en étudiant les coraux met en évidence deux phases où ce niveau monte de plus de 3 mètres par siècle. L'explication de cette suite d'événements climatiques brusques et de l'épisode froid connu au nord sous le nom de Younger Dryas n'est pas encore tout à fait claire. Très rapides, ces variations ne peuvent s'expliquer par la théorie astronomique des paléoclimats (qui sera décrite plus loin). Peut-être est-elle due à la débâcle catastrophique des glaces couvrant le continent américain, causant un *surge* observé dans certains glaciers lorsque la glace se met à glisser soudainement sur son lit sans cause climatique évidente? Peut-être existe-t-il différents états de stabilité du climat, gouvernés par des changements de la circulation océanique à grande échelle, comme le suggèrent l'Américain Walli Broecker et Hans Oeschger? Hypothèses à considérer d'autant plus sérieusement que les glaces du Groenland indiquent l'existence d'autres événements brusques, d'une amplitude de plusieurs degrés, en plein cœur de la dernière glaciation.

Antarctique : climat et inlandsis

L'accumulation de la neige est dix fois plus faible au Dôme C qu'au Groenland, à Camp Century. Au cours des derniers siècles, il se forme chaque année moins de 4 centimètres de glace par an. D'après le profil isotopique nous quittons le climat chaud de l'Holocène dès 400 mètres de profondeur. L'entrée dans l'âge glaciaire qui précède s'étend sur un peu plus d'une centaine de mètres, une épaisseur comparable à celle observée dans les forages du Groenland, ce qui montre que dans ces carottages arctiques les couches de glace ont déjà été fortement déformées. A 500 mètres la teneur en deutérium a chuté nettement, indiquant un refroidissement de presque 10° C au sol; il ne devait pas faire chaud au Dôme C à ce moment-là : autour de − 63° C en moyenne, pour − 53° C aujourd'hui.

Mais peut-on se fier à cette valeur, déduite du seul profil isotopique avec un facteur de conversion établi pour les neiges actuelles sur une base géographique et conforté par les modèles? Notons tout d'abord que 10° C au sol signifient entre 6 et 7° C dans l'atmosphère libre, au-dessus de la couche d'inversion de température, qui, comme on l'a vu, caractérise la seule basse atmosphère antarctique. Valeur tout à fait compatible avec la reconstruction du monde glaciaire faite par les paléoclimatologues. Par rapport aux 4 à 5° C de baisse moyenne de la température pour la Terre du dernier maximum glaciaire, on observe seulement l'amplification logiquement attendue aux hautes latitudes. Les glaciologues disposent d'autres moyens pour évaluer le refroidissement caractérisant l'âge glaciaire et nous avons déjà parlé des variations de la taille des cristaux de glace observées sur le terrain lors du forage au Dôme C. Le changement de température en surface observé entre âges glaciaire et interglaciaire se transmet peu à peu dans la glace et les mesures de température faites dans les trous de forage ont permis de le retrouver, amorti bien sûr, en profondeur. Connaissant la conductivité de la glace et utilisant les modèles de déformation de la calotte, on peut ainsi vérifier que la variation de température en surface, déduite des teneurs isotopiques, correspond bien au profil de température que l'on mesure *in situ*.

Le paléothermomètre isotopique est donc un outil précieux pour la reconstruction de la température sur les régions polaires. Un correctif s'impose cependant. Nous avons vu que l'océan glaciaire était plus riche en isotopes lourds que l'océan moderne, puisqu'il avait servi à alimenter en précipitations isotopiquement plus légères les calottes polaires de l'hémisphère Nord maintenant disparues. Cet effet « à la source » est bien connu et se retrouve intégralement enregistré dans les neiges polaires. Bien que relativement faible par rapport à la variation isotopique observée dans la neige entre climat glaciaire et actuel, il est facile d'en tenir compte. L'enregistrement obtenu au Dôme C reflète alors fidèlement la variation de la température locale. En plus de l'effet climatique, cette température peut aussi traduire une variation d'altitude de la surface; nous verrons plus loin qu'il n'en est rien, tout au moins dans les régions centrales où la calotte est restée remarquablement stable.

Nous pouvons maintenant remonter dans le temps *(Figure 4.6)*. Pendant la période chaude actuelle (l'Holocène, qui dure depuis environ 10 000 ans), la température demeure relativement stable même si elle est un peu plus basse vers − 7 000 ans et un peu plus élevée vers − 10 000 ans. Le refroidissement dure environ 6 000 ans, avec un épisode bien marqué qui pourrait correspondre à celui du Younger Dryas détecté dans les neiges du Groenland. Bien apparent dans le profil détaillé, il a une amplitude moindre que celle observée aux hautes latitudes nord. Logique : si ce signal a pris naissance à l'autre bout du monde, il parviendra amorti dans les neiges du Sud, après transport par les circulations atmosphérique et océanique.

D'autres événements apparaissent dans la glace du Dôme C; c'est ainsi que l'on trouve un pic de béryllium 10 (^{10}Be) vers 800 mètres de profondeur. Ce radio-isotope est formé par réaction nucléaire entre le rayonnement cosmique et les constituants principaux de notre atmosphère, azote et oxygène. Il se dépose, avec d'autres aérosols, dans les neiges polaires. Sa période est très longue (T = 1,5 million d'années) et l'on pourra donc le mesurer dans les carottes de glace. Pas facilement, car les concentrations sont très faibles : moins de 100 000 atomes dans un gramme de neige actuelle! Il faudra tout le talent de Grant Raisbeck et Françoise Yiou, chercheurs CNRS du Laboratoire d'Orsay, pour mesurer avec des techniques sophistiquées ce radio-élément dans les glaces antarctiques, exercice que les chercheurs suisses entreprendront sur les glaces groenlandaises. L'interprétation est complexe car les concentrations en ^{10}Be dépendent de nombreux paramètres : intensités du rayonnement cosmique primaire, du champ magnétique terrestre et de l'activité solaire. Les données obtenues plus tard sur la carotte de Vostok montrent cependant que la teneur de la glace en ^{10}Be dépend essentiellement du taux d'accumulation de la neige. Tout se passe, au moins pour les 150 000 dernières années, comme si la production de ce radioisotope et les quantités qui retombent au sol chaque année étaient constantes. Elles vont cependant se trouver plus ou moins diluées suivant le taux d'accumulation de la neige. Nous verrons que l'accumulation était deux fois plus faible pendant l'âge glaciaire; il est donc logique que l'on trouve alors au Dôme C des concentrations en ^{10}Be deux fois plus fortes que dans la neige actuelle.

Les mesures sont longues et difficiles et l'on ne peut dans ce cas analyser la glace de façon continue; c'est presque par chance que Grant Raisbeck et Françoise Yiou découvrent un pic dans le profil des teneurs en ^{10}Be. En plein âge glaciaire la teneur augmente brusquement, et pour une courte période, à nouveau d'un facteur 2. L'origine de ce pic n'est pas clairement établie mais il constitue un horizon repère inespéré car il existe également dans les carottes de Vostok, mais cette fois à une profondeur d'environ 600 mètres. La datation des carottes profondes, basée sur le taux d'accumulation de la glace, est relativement imprécise; le pic en ^{10}Be est un événement qui permet de caler parfaitement les paléotempératures enregistrées dans ces deux sites. Quelques événements climatiques observés dans l'un et l'autre forage apparaissent alors parfaitement corrélés. Cela permet de réexaminer le profil isotopique de la carotte de Byrd publié il y a quelques années par les chercheurs américains. Là encore, tout comme au Groenland, une grande partie de l'échelle de temps se trouve concentrée dans les couches profondes et proches du socle rocheux; l'écoulement de la glace est aussi plus important, comme en témoigne la dérive du profil isotopique observée durant l'Holocène, où le climat a peu varié. Mais l'épisode froid qui interrompt la déglaciation et d'autres observés à Dôme C comme à Vostok, durant le dernier âge glaciaire, sont aussi présents, ce qui permet de caler l'échelle de temps du forage de Byrd. Les enregistrements climatiques obtenus en des sites distants de plus de 2 000 kilomètres sont remarquablement similaires. Cela permet de penser que le profil de Vostok que nous obtiendrons plus tard, et qui couvre une période beaucoup plus longue, est caractéristique, pour le moins, de l'évolution du climat antarctique. Mais revenons à l'inlandsis.

On lit encore souvent que la calotte antarctique devait être beaucoup plus importante au cours du dernier maximum glaciaire. Probablement à tort. Bien sûr la baisse du niveau des mers a permis à la glace de s'étaler sur le plateau continental, comme en témoignent les profondes vallées glaciaires maintenant submergées et d'où la glace a disparu. Les caractéristiques mécaniques de la glace sont telles que le profil de la surface de la calotte de l'Est est très proche d'une ellipse très aplatie : 3 à 4 kilomètres au centre pour un rayon de peut-être 1 000 kilomètres. L'état d'équilibre voudrait donc, comme elle est plus étendue, que la calotte soit un peu plus épaisse, de quelques centaines de mètres au maximum, dans les régions centrales. Mais les précipitations sont moins importantes en période glaciaire : deux fois moindres il y a 20 000 ans. Ceci a probablement largement compensé cela, si l'on en croit les mesures de la quantité de gaz contenue dans la glace, qui reflètent l'altitude du site de formation et donc l'épaisseur de la glace. L'image qui se dégage est une calotte un peu plus étendue pendant l'âge glaciaire mais moins épaisse dans les régions côtières où la glace s'est étirée, et pratiquement sans changement dans les régions centrales. Au total, sans doute guère plus de glace que maintenant dans l'inlandsis antarctique.

Atmosphère

La carotte du Dôme C révèle d'autres surprises. La filtration, après fusion, de la glace datant du dernier âge glaciaire, montre qu'elle contient trente fois plus de poussières que celle des couches récentes *(figure 4.6)*. Une accumulation de neige, même deux fois plus faible, ne peut expliquer cela. Les analyses menées par Jean-Robert Petit et Martine de Angelis confirment cette observation : les teneurs en aluminium qui caractérisent l'origine continentale des poussières sont alors trente fois plus élevées. Il en est de même pour celles en sels marins, quoique dans une moindre mesure : chlore et sodium sont cinq fois plus abondants. L'explication viendra plus tard. Les paléoclimatologues qui travaillent en milieu continental montrent que l'aridité durant le dernier âge glaciaire est beaucoup plus

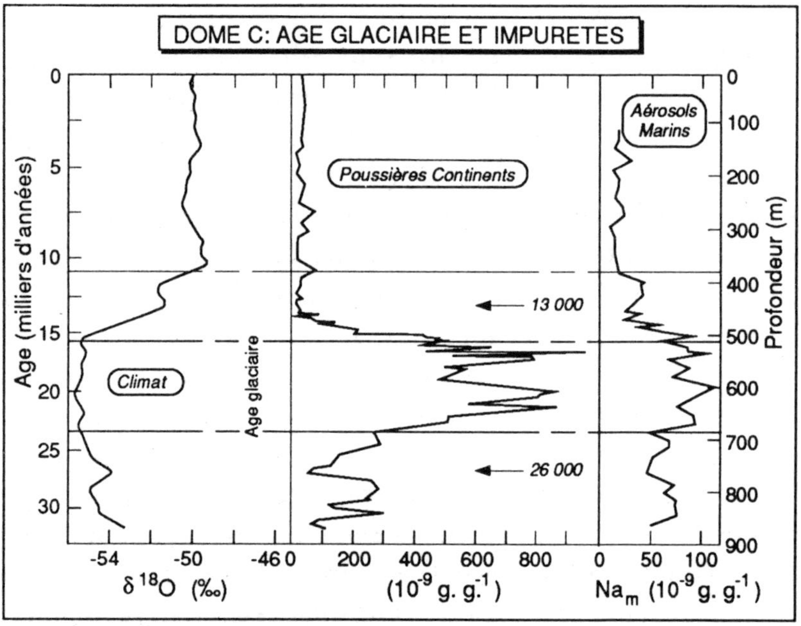

Figure 4.6. Dôme C : Age glaciaire et impuretés

La composition isotopique de la glace mesurée sur les 900 mètres de la carotte du Dôme C (courbe de gauche) reflète les variations du climat au cours des 30 000 dernières années. On distingue successivement l'interglaciaire actuel, jusqu'à environ 400 mètres de profondeur et 10 000 ans d'âge, puis la transition vers un climat glaciaire qui culmine aux alentours de 600 mètres et − 20 000 ans. Pour cette phase la plus froide, les concentrations en poussières d'origine continentale (courbe du milieu) sont 30 fois plus élevées que celles mesurées au cours des derniers 10 000 ans; de la même façon, la teneur en sels marins (courbe de droite) est multipliée par 5. L'atmosphère du dernier maximum glaciaire était aussi beaucoup plus riche en aérosols (d'après C. Lorius et al., 1979, et de Angelis et al., 1984).

grande qu'actuellement. Les déserts sont alors beaucoup plus étendus; la mer est aussi beaucoup plus basse, de 120 mètres environ, ce qui expose au vent les sédiments fins et peu consolidés déposés sur les marges des plateaux continentaux. Enfin le vent est plus fort. Comme le refroidissement a été plus important dans les régions polaires que vers les tropiques et l'équateur, le gradient de température en fonction de la latitude est plus élevé; logiquement la circulation méridienne de l'atmosphère est plus intense, ce qui favorise le transport et l'arrivée des aérosols jusque dans l'Antarctique. L'Américain Chet Langway et le Danois Klaus Hammer observent le même effet dans les glaces du Groenland : l'atmosphère était alors beaucoup plus chargée en poussières et en embruns marins. Ce phénomène a un caractère global mais seules les calottes polaires ont su l'enregistrer. Ces fortes teneurs en aérosols ont-elles participé, en modifiant le bilan radiatif de la Terre, au climat froid du dernier âge glaciaire? Nous y reviendrons; mais constatons dès à présent que l'atmosphère d'alors ne contient pas davantage d'aérosols volcaniques que maintenant.

Les chercheurs de Grenoble conduits par Robert Delmas et Dominique Raynaud, puis ceux de l'équipe suisse de Hans Oeschger et Bernhard Stauffer, publient au début des années 1980 des résultats encore plus surprenants. Les glaces polaires montrent que les teneurs de l'atmosphère en gaz carbonique étaient beaucoup plus faibles au cours du dernier âge glaciaire que pendant l'interglaciaire actuel. Pour les derniers millénaires, et avant l'influence de l'homme, sensible depuis environ deux siècles, les bulles d'air emprisonnées dans la glace contiennent 280 ppmv (parties par million exprimées en volume par rapport à l'air) de CO_2; il y en avait environ 200, soit 30 % de moins, dans la glace formée il y a 20 000 ans. D'autres mesures viendront de Berne et Grenoble, où Dominique Raynaud, Jean-Marc Barnola et Jérôme Chappellaz extraient les bulles d'air des carottes antarctiques. L'atmosphère glaciaire est non seulement moins riche en gaz carbonique mais elle contient deux fois moins de méthane! Il est également remarquable que ces modifications de la composition de l'air soient étroitement associées à celles du climat, comme en témoigne l'augmentation progressive des teneurs au cours de la déglaciation.

Une énigme demeure : les chercheurs suisses ont observé dans les carottes du Groenland des fluctuations du CO_2 associées à des événements climatiques brusques au cours du dernier âge glaciaire, mais ils ne les retrouvent pas dans les glaces de Byrd, en Antarctique. Surprenant, car la composition de l'atmosphère est homogène. S'agit-il d'un artefact lié aux températures plus élevées du Groenland? Une autre possibilité est à considérer. On a vu que l'air contenu dans le névé ne s'isolait que lentement de l'atmosphère; le piégeage des bulles se produit essentiellement lorsque la densité des couches passe de 0,8 à 0,83. Une transition qui peut prendre beaucoup de temps à Byrd où l'accumulation est trois fois plus faible qu'à Dye 3, estompant de possibles variations temporelles rapides. Il faudra probablement attendre la réalisation d'un forage sur l'inlandsis antarctique, dans une zone où l'accumulation est beaucoup plus forte, pour avoir une confirmation de ces variations brusques des teneurs en gaz carbonique de l'atmosphère. Il restera alors à en trouver la cause.

Mais qu'importe : l'existence d'une atmosphère glaciaire très riche en aérosols et surtout très appauvrie en gaz carbonique et méthane stimule d'ores et déjà bon nombre de recherches en climatologie. Il s'agit d'expliquer, mais aussi d'explorer une idée nouvelle : gaz carbonique, méthane et aérosols ont-ils contribué à l'amplitude des variations de température lors de la dernière transition climatique glaciaire-interglaciaire? Et qu'en était-il auparavant?

Après avoir décrit l'âge glaciaire, il nous faut maintenant remonter plus avant dans le temps pour retrouver ce cycle climatique de 100 000 ans que nous ont révélé les paléoclimatologues marins et que suggèrent les glaces du Groenland.

CHAPITRE V

Un carottage de 2 200 mètres : 150 000 ans d'archives

Comme bien des polaires, j'ai longtemps rêvé d'aller à la station Vostok, base symbolique maintenue par les Soviétiques au cœur de l'inlandsis. Ce que je n'avais osé espérer, la recherche m'a permis de le réaliser : les liens d'amitié établis entre chercheurs m'ont donné l'opportunité d'aller étudier avec les Soviétiques la carotte glaciaire la plus profonde jamais obtenue. L'accès à la station est long et difficile à travers la logistique russe; il sera facilité par le support que nous donnent les Américains. L'expérience humaine et les résultats scientifiques seront à la hauteur de l'espérance : 150 000 ans d'archives, qui permettent de décrire pour la première fois l'évolution du climat et de notre atmosphère au cours du dernier cycle climatique. La relation qui existe tout au long de cette période entre température et teneurs en gaz carbonique et méthane ouvre une nouvelle approche. Apportant un complément déterminant à la théorie astronomique des paléoclimats, elle suggère l'existence d'un effet de serre dans le passé, image possible de celui dont l'homme pourrait être responsable au cours du siècle à venir.

Campagne à la station Vostok, 1984-1985

Pôle Sud

24 décembre 1984 – Je n'ai pas été très brillant dans la course autour du monde, devancé nettement par quelques femmes qui font partie de l'équipe américaine. Pourtant ce tour du monde était très court : une piste de 1 à 2 kilomètres de long, entourant le repère qui symbolise le pôle Sud géographique. Base confortable, où viennent d'hiverner dix-sept Américains, mais bien plus fréquentée en été grâce aux vols de C130 qui la soutiennent depuis Mac Murdo. Quelques programmes de recherche originaux : un observatoire de surveillance de l'environnement échantillonne en permanence l'atmosphère et ses composants chimiques. C'est l'une des raisons qui expliquent la présence de notre petite équipe : la réalisation d'un carottage de 130 mètres de profondeur permettra de comparer les impuretés mesurées dans l'atmosphère depuis une vingtaine d'années à celles que les couches de neige stockent en archives, et de l'étendre bien au-delà – étape nécessaire pour étalonner les analyses faites sur les carottes et remonter dans le temps. Mais il est une autre raison. Michel Creseveur, Jean-Robert Petit et moi-même sommes aussi là pour nous acclimater aux conditions climatiques qui nous attendent à Vostok. L'accord a été conclu lors d'une réunion du Comité Scientifique des Recherches Antarctiques (SCAR) : un C130 américain déposera les trois chercheurs français à la station Vostok, d'où ils seront rapatriés par les Soviétiques vers la base côtière de Mirny. Objectif : l'étude d'une carotte de glace de 2 083 mètres de long obtenue, après des années d'efforts, par les Expéditions Antarctiques Soviétiques. Bel exemple de l'esprit de collaboration qui prévaut en Antarc-

tique... A la fin de l'été notre équipe devrait être recueillie par le navire des Expéditions Polaires Françaises, après la relève de la base Dumont d'Urville.

Nous participons au joyeux réveillon de Noël organisé au pôle Sud. Nous cherchons aussi à entrer en contact radio avec Vostok; il importe de savoir si les Soviétiques ont pu préparer la piste sur laquelle le C130 doit se poser. La liaison est difficile. Finalement, ce sont les Australiens qui, depuis leur base de Casey et via la station française de Dumont d'Urville, relaient le message transmis par Vostok : tout est prêt. Encore un peu de « suspense » : un accident survenu à un avion américain dans un autre secteur de l'Antarctique perturbe les opérations. Simple décalage : un C130 décolle du pôle à midi le 31 décembre. Les places sont très convoitées et il reste peu de possibilités une fois notre matériel chargé. Curiosité légitime car les Américains ne se sont pas rendus dans cette base depuis plusieurs années. Le capitaine Shoemaker qui dirige les opérations de l'US Navy a tenu à piloter l'avion et a choisi une ravissante copilote aux cheveux blonds. Peter Wilckniss, qui vient de prendre ses fonctions comme directeur des Programmes Polaires à la NSF, ne veut pas manquer l'occasion et autorise la présence d'une petite équipe de télévision. Un peu plus de trois heures après le décollage, nous découvrirons la station Vostok, perdue dans l'immensité du désert blanc. Passages à basse altitude pour reconnaître l'état de la piste. Vent faible, ciel dégagé, l'avion se pose. Côté soviétique, c'est plus que de la curiosité : toute l'expédition est là, agitant les chapkas en signe de bienvenue.

Le C130 restera au sol trois heures, moteurs tournant au ralenti pour éviter tout problème de redémarrage, même s'il ne fait que − 30° C. Parmi la vingtaine d'hommes qui viennent d'hiverner, nombreux sont ceux qui n'ont jamais rencontré d'étrangers et, malgré les problèmes de langue, les contacts et toasts à la russe sont plus que chaleureux. L'avion reparti, il ne reste que les trois Français avec l'équipe soviétique, pour un réveillon du jour de l'an qui augure bien de la suite.

Vostok

Les hivernants attendent l'équipe de relève. Au bout de dix mois les vivres frais sont épuisés; peu de boissons aussi mais nous avons prévu ce qu'il fallait : notre cargaison ne contenait pas seulement du matériel à usage scientifique. Cette base constituée au fil des années est maintenue à grand-peine par convois de tracteurs depuis la station de Mirny, située sur la côte et distante de 1 500 kilomètres. A 3 500 mètres d'altitude, et avec une température moyenne de − 55,5° C, elle se trouve dans la zone la plus inaccessible de l'Antarctique.

Notre guide attitré est Volodya Lipenkov; glaciologue, parlant anglais, il deviendra vite notre ami. Il nous fait découvrir les abris de bois, parfois plus que rustiques, et les bâtiments préfabriqués, plus modernes, aux couleurs voyantes. L'espace est rare et les trois Français partagent pour dormir la même petite pièce. Pas d'eau courante et des toilettes rustiques... Mais la chaleur de l'accueil nous fait très vite oublier ce manque de confort.

Carottes soviétiques

Les tours de forage qui dominent le paysage marquent une série de réussites, mais aussi des échecs qui ont obligé à déplacer les installations de quelques dizaines de mètres. Les équipes de l'Institut des Mines de Leningrad réalisent les carottages, tout comme elles forent pour le pétrole en d'autres points du globe. Les équipements utilisés se sont succédé de façon discontinue au fil des expéditions. Carottage de 950 mètres terminé en 1972 ; 1 400 mètres atteints en 1980 et enfin 2 083 mètres en 1982; ultérieurement les Soviétiques foreront jusqu'à 2 200 mètres (en 1985), puis 2 500 mètres (fin 1989). Curieusement, le véritable trésor constitué par ces carottes a été jusqu'ici très peu exploité. De nombreuses raisons sans doute : l'Institut des Mines est principalement intéressé par le développement des techniques de forage; les chercheurs se sont concentrés sur les mesures *in situ* (température, déformation du trou et écoulement de la glace) et sur l'étude de la structure du matériau glace. Très avancés dans d'autres domaines de la géochimie, les glaciologues ne disposaient pas des techniques spécifiques des mesures dans la glace développées surtout en Europe, puis aux États-Unis. A quoi s'ajoutent le manque de communication et plus encore les difficultés d'accès à la station. En fait, c'est grâce à des contacts personnels, nés de l'amitié entre polaires, hommes de terrain et scientifiques, que nous sommes à Vostok. Volodya Kotlyakov, aujourd'hui académicien et patron de l'Institut de Géographie à Moscou, Eugène Korotkevich, l'un des directeurs de l'Institut Arctique et Antarctique de Leningrad, Narcisse Barkov, qui se trouvait avec nous lors de la reconnaissance faite au Dôme C, tous ont contribué à la mise en place de cette coopération, à laquelle se joindront plus tard des chercheurs américains.

Les journées sont bien remplies : il faut trier, examiner, échantillonner, emballer, étiqueter... Comme lors du forage au Dôme C. Mais ici nous n'avons pas à attendre la remontée toujours incertaine du carottier; plus de 2 kilomètres de carottes sont disponibles, rangées dans les rayons d'un abri à la température extérieure. Dans les bons jours, nous « traitons » 30 à 40 mètres. Travail qui peut sembler fastidieux : dans le froid à longueur de journée, il faut beaucoup d'imagination pour penser que jour après jour nous remontons dans le temps, que la glace qui défile entre nos mains sur le banc de découpe permettra de retracer l'histoire du climat et celle de la composition de l'atmosphère. Jusqu'où? Nous saurons plus tard que chaque mètre représente 80 ans, la durée d'une vie humaine. Nous ferons peu de mesures sur le terrain car nous ne disposons pas de laboratoire, même sommaire. Après découpe d'une tranche continue nous aurons préparé et mis en flacons plus de 2 000 échantillons, qui seront autant de points nous permettant de décrire l'évolution des températures. On examine les carottes par transparence; on choisit les parties non fracturées lors du forage car elles serviront à extraire les bulles qui ont conservé intacte la composition de l'atmosphère. L'une des choses qui nous frappe est la disparition progressive de ces bulles d'air : leur nombre commence à diminuer à partir de 700 mètres; à 1 300 mètres, la glace a la pureté du cristal, elle est parfaitement transparente. Cela s'explique par le fait que la structure hexagonale des cristaux s'empile en cages; l'air sous pression pénètre dans ces cages et forme avec la glace des clathrates solides, invisibles à l'œil car ils font moins d'un dixième de millimètre. Avec le temps, la glace à l'air libre se décompresse et les bulles réapparaissent car les clathrates se décomposent.

Ces carottes serviront aussi à mesurer la concentration des impuretés contenues dans la glace. Pour atteindre de telles profondeurs les Soviétiques ont utilisé un fluide de remplissage du trou; les hydrocarbures qui ont pu contaminer la couche extérieure (car rien ne pénètre à l'intérieur de la glace, parfaitement étanche lorsqu'elle n'est pas fissurée) sont éliminés par découpe et fusion superficielle. Le tri est sévère; on ne peut songer à évacuer les 2 kilomètres de glace car ils représentent près de 20 tonnes. Les échantillons choisis sont mis en cantines isolées. Elles traverseront l'Antarctique et seront embarquées dans les cales frigorifiques du navire de relève des Expéditions Antarctiques Soviétiques. Quelques mois après, elles seront déposées dans un port français, escale appréciée par l'équipage qui se rend à Leningrad, au terme d'une très longue navigation.

Nous souhaitons aussi étudier la neige déposée récemment et échantillonnons centimètre par centimètre un puits de 10 mètres aux parois verticales, que Volodya et ses camarades ont creusé durant l'hivernage. Il tombe peu de neige à la station Vostok et il est très difficile de discerner l'alternance stratigraphique des dépôts d'hiver et d'été; plus tard, en laboratoire, la mesure de la radioactivité des couches nous permettra de retrouver les années 1955 et 1965, marquées par les retombées dues aux explosions nucléaires les plus puissantes. Nous inaugurons une méthode de mesure avec un appareillage simple, utilisable sur le terrain, et mis au point par le Danois Klaus Hammer au Groenland. La conductivité des couches de neige augmente fortement avec leur teneur en impuretés solubles; l'intensité du courant qui passe entre deux électrodes signale ainsi les couches dans lesquelles se sont déposés les acides et sulfates projetés dans l'atmosphère lors des très grandes éruptions volcaniques. Les retombées de l'explosion du mont Agung (Indonésie) qui s'est produite en 1963 se trouvent vers 1,50 mètre de profondeur à la station Vostok; celles du Tambora (1815) ont été repérées vers 10 mètres. Cette profondeur correspond à une accumulation, ramenée en glace, de 2,5 centimètres par an au cours des 170 dernières années. Une simple division suggère que les 2 kilomètres de carottes stockées à la station pourraient représenter près de 80 000 ans d'archives. Nous découvrirons que nous sommes en dessous de la réalité, car l'accumulation de la neige a varié au cours du temps.

Au jour le jour

Nous nous levons tôt le matin. Parfois je me rase, même s'il n'y a pas d'eau chaude; Michel n'a pas ce souci, lui dont la barbe s'épanouit de jour en jour. Thé, quelques tartines, des céréales épaisses. On retarde un peu le moment de retrouver nos carottes, par − 40 ou − 45° C : pas très confortable, surtout lorsque le vent (bien que jamais violent) monte à 30 ou 40 km/heure. Quelques heures de manipulations et l'on retrouve Volodya. Il revient de son laboratoire – un alvéole creusé à quelques mètres de profondeur, où il fait − 50° C. Le poêle ronronne et la neige fondue commence à siffler dans la bouilloire. Conversation très professionnelle où l'on passe en revue l'avance du travail, les problèmes à résoudre... Nous remettons au propre des notes gribouillées au froid que l'on ne pourrait relire dans quelques mois. Retour dans le laboratoire frigidaire jusqu'à l'heure du déjeuner où l'on se retrouve au mess : boulettes de viande, pâtes ou riz, eau où macèrent des fruits secs, que l'on prend à la louche dans une grande bassine, thé. Cet après-midi un peu de marche. Quatre à cinq kilomètres en tirant un petit traîneau : nous allons relever les hauteurs d'enneigement du champ de balises installées par Volodya et creuser un petit puits loin des fumées de la base. Trois mètres de profondeur; nous échantillonnons la neige déposée au cours des dernières dizaines d'années. Nous rentrerons assez tard, fatigués mais contents de notre moisson. Le repas du soir est semblable à celui de midi, mais pris en musique. Détente lorsque l'on n'est pas de vaisselle : billard et jeu de dominos sont les passe-temps favoris de nos amis soviétiques. Aux dominos ils sont d'une rapidité diabolique; jamais nous n'arriverons à gagner une seule partie. Et puis souvent un film, que les hivernants ont bien sûr déjà vu; patriotiques et dans la ligne ou bien poétiques et nostalgiques comme les beaux vieux films russes, ils soulèvent toujours des commentaires bruyants, hélas incompréhensibles pour nous. Au lit, quelques pages d'un roman avant de sombrer dans le sommeil. Il fait bon au chaud.

Nous ne prenons pas de douche, mais nous avons droit au sauna tous les dix jours. Il faut alors commencer par la corvée d'eau. Toute l'expédition s'active au son d'une musique martiale : découpe des blocs de neige à la scie, chaîne pour les entasser sur un traîneau, les décharger dans des bacs où la chaleur récupérée des groupes électrogènes les fond et chauffe l'eau. On en profite pour laver son linge. C'est bon de se rajeunir le corps. Transpiration, massages, flagellations, douche, sortie tout nu dans le froid. L'altitude nous fait cependant ménager notre cœur. Ce n'est qu'à la fin du séjour, bien adaptés, que nous pourrons recommencer le cycle, après avoir bu une ou deux bières soigneusement mises de côté pour l'occasion... Ce soir, comme beaucoup d'autres, nous serons invités dans l'un des abris qu'ont su aménager les hivernants. Conversations lentes, dans lesquelles Volodya nous sert d'interprète car, malgré nos efforts, nos progrès dans la langue russe sont tout à fait décourageants. Nous racontons notre vie, ils racontent la leur – sans la peindre en rose, ce qui ne gêne pas le moins du monde le « commissaire politique », qui se sent beaucoup plus polaire que membre du parti. Il reste un peu de vodka... Sacha sort une guitare et nous fredonnons des refrains russes ou de vieilles chansons françaises. Cela change du « rock » qui est à la mode à la base.

Histoires de forages

L'après-midi nous rejoignons parfois Victor Bachtukov dans l'abri de forage pour prendre avec lui un café, denrée rare à la fin de l'hivernage. Il lui faut près de trois quarts d'heure pour remonter le câble d'une profondeur de 2 kilomètres, fatigué par tant d'allées et venues, et l'enrouler spire après spire sur le treuil. Le tube carottier de 6 mètres de long vient enfin en surface et monte le long du mât, dans la tour qui prolonge l'abri. Il importe alors de soigneusement refermer l'entrée du trou : faire tomber le moindre objet à l'intérieur serait catastrophique. A hauteur d'homme le carottier dégouline du fuel lourd qui remplit le trou. Si tout va bien, vers le bas du tube apparaît une carotte de glace qui peut faire 2 mètres de long sur 10 centimètres de diamètre. Soigneusement récupérée, parfois par petits morceaux, elle est transportée sur le banc d'observation en prenant garde bien sûr de ne pas intervertir le haut et le bas. Ensuite il faut vidanger l'eau mélangée de fuel qui provient de l'anneau de glace fondu pour permettre la pénétration et contrôler le carottier avant de redescendre au fond des glaces. Lorsque le tube atteint le bas du trou on envoie une énergie de 6 kilowatts sur la tête de forage et le carottier pénètre lentement : une heure parfois pour obtenir 2 mètres de carottes; c'est pour le foreur le moment délicat, quand il doit réguler l'avance en fonction de ses indicateurs. A la moindre alerte, il remonte un peu le carottier, le déplace, redescend à nouveau. Il ne se détendra qu'après avoir arraché la carotte du fond et entrepris la lente remontée du câble...

Jour après jour, Victor et ses camarades forent. La progression est très lente : 2 000 mètres le 5 janvier, 2 017 le 10... et toujours 2 017 mètres le 16 janvier. Le lecteur attentif l'aura peut-être constaté, c'est nettement en deçà du seuil atteint précédemment par les Soviétiques. Un soir, Victor nous donnera l'explication.

Le 11 avril 1982 le forage mené par la 27e Expédition Soviétique en Antarctique tournait à plein; profondeur atteinte : 2 083 mètres. Le 12, à 4 heures du matin, la base est réveillée par l'hivernant de quart : la centrale électrique est en feu. Les flammes gagnent l'abri adjacent, où sont stockés les générateurs de réserve; dehors, il fait − 70° C et les extincteurs fonctionnent mal. En un quart d'heure le désastre est consommé. La station sera coupée des autres bases pendant de longs mois, dans la nuit et dans le froid puisque le thermomètre descendra jusqu'à − 85° C au mois d'août. Sans la chaleur fournie par l'électricité, la température baisse vite dans les différents bâtiments, où seuls quelques refuges avec lampes à pétrole et poêles à mazout offrent de petits espaces de survie. Pratiquement plus d'eau non plus, car comment faire fondre la neige? Le seul groupe électrogène qui fonctionne est celui utilisé pour le forage... que l'on arrête en catastrophe. Source d'énergie bien insuffisante pour l'ensemble de la base, mais qui permettra de rétablir la liaison radio avec Mirny et assurera la survie de l'expédition. Ce n'est que le 23 novembre qu'un raid parti de la côte atteindra Vostok; dans les traîneaux, de nouveaux générateurs qui ramènent la vie.

Il est alors très difficile de reprendre le forage stoppé pendant trop longtemps; le trou s'est refermé malgré la présence de fluide et des débris divers se sont accumulés au fond. L'équipe de relève commencera un nouveau carottage, un peu plus loin, à partir de la surface. Deux ans après, Victor tentera de reprendre le trou abandonné. Comme les foreurs soviétiques l'ont fait plusieurs fois dans le passé, il s'efforcera de dévier le tube carottier à 1 950 mètres de profondeur pour s'échapper de l'ancien trou. Mais il sera contraint d'arrêter définitivement le 20 janvier 1985, à une profondeur de 2 017 mètres.

La relève

Il aura essayé jusqu'à la fin de l'hivernage : le lendemain un petit avion bimoteur, un Ilyouchine 14 de l'Aeroflot, vient rompre notre isolement. Cinq heures de vol depuis Mirny, en suivant près du sol la trace faite année après année par les convois. L'avion amène une partie de la relève, 10 hommes dont certains ont embarqué au mois d'octobre dernier, à Vladivostok. Des vivres frais aussi et surtout du courrier... Pendant quelques heures la base sera très calme, chacun s'isolant pour mieux retrouver, au-delà des mots, ceux qu'il a laissés très loin, depuis près d'un an. Deux ou trois autres vols suivront.

Parti de Mirny, un raid de tracteurs lourds, énormes véhicules chenillés qui font chacun plus de 500 chevaux, apporte vivres, équipements et carburants nécessaires à la vie de la base pendant un an. 400 tonnes de fuel au départ, dont la moitié sera consommée lors du trajet aller et retour. Roulant jour et nuit, sur une piste bien balisée et où les sastruggis sont écrasés par le poids des tracteurs, le convoi arrivera à Vostok le 10 février, ayant parcouru 1 500 kilomètres en 20 jours. Encore l'occasion d'une fête, une vraie! Par − 40° C, sur un tracteur découvert, toute l'expédition se rend au-devant des arrivants avec orchestre et banderole pour leur offrir le pain et le sel, respectant une vieille tradition russe de bienvenue.

Mais il nous reste du travail à faire et la saison avance. Deux fois par semaine, nous entrons en contact avec la base Dumont d'Urville : nouvelles de nos stations, télégrammes officiels et personnels. Nous sommes bien sûr très intéressés par les mouvements du « Polar Bjorn » : c'est lui qui doit venir nous récupérer à Mirny, après la fin de la campagne d'été en Terre Adélie. Jean-Robert Petit part le premier, avec le convoi de tracteurs qui redescend vers la côte. Il se charge des échantillons que nous ramenons de Vostok, utilisant les haltes pour faire relevés et prélèvements; les quinze mécaniciens qui constituent l'équipe du raid sont des polaires de longue date, hommes rudes avec lesquels il vit une expérience très enrichissante. Pour Michel et moi l'heure du départ approche aussi. Le soleil disparaît peu à peu sous l'horizon, la température descend à − 50° C. Le moment est venu de faire nos adieux à Vladislav Pigusov, le chef du nouvel hivernage, un « Polarnik » comme il s'appelle lui-même : quand il rentrera il ne passera que quelques mois chez lui avant de repartir, dans une autre base de l'Antarctique... ou de l'Arctique. Nous rejoignons Mirny le 16 février en Ilyouchine 14, survolant le convoi où se trouve Jean-Robert. Le plateau Antarctique défile sous nos yeux. Le voyage se déroule sans histoire; dans la cabine nous gardons cependant un œil inquiet sur le réchaud à gaz où bout l'eau du thé, pas très loin d'un réservoir de carburant.

L'attente sera longue à Mirny. Tous les jours nous entrons en contact avec Dumont d'Urville. Inquiétude : la glace de mer s'étend encore sur quelques kilomètres devant la base. La situation n'est guère meilleure au large, d'après les données satellites et les reconnaissances faites par l'avion soviétique. Le « Polar Bjorn » ne dispose pas de cartes de cette région de l'Antarctique : nous devons le guider par radio à travers les îles du large, à partir des documents soviétiques. Chaque jour nous scrutons les signes d'une débâcle de la glace de mer qui l'empêche d'approcher. Le temps se bouche, il neige et la température monte à − 3° C; le vent souffle à plus de 130 kilomètres à l'heure et, avec le mauvais temps, le contact radio avec le navire est perdu. S'il ne peut accoster il nous reste tout de même une solution de rechange : le « Somov » est attendu un peu plus tard pour assurer la relève de la base

Mirny. Mais enfin, à la faveur d'une accalmie, le « Polar Bjorn » nous apparaît resplendissant au soleil, le 12 mars au matin, tout près de la banquette de glace d'où nous embarquerons. Quelle joie de le voir, coquille de noix sur une mer enfin assagie, au milieu des icebergs qui dérivent. Le 26 mars nous serons au Cap. Dans les cales frigorifiques, nous transportons 3 tonnes de carottes...

Plus tard nous connaîtrons les aventures du « Mikhail Somov », le navire sur lequel nous avons failli embarquer. Au terme de son périple antarctique, il fut bloqué dans les glaces vers la mi-mars. Il dériva pendant des centaines de kilomètres, prisonnier du pack... Il lui fallut attendre 133 jours l'arrivée du brise-glace nucléaire « Vladivostok », envoyé en secours depuis la mer du Japon, pour être délivré. Opération difficile et périlleuse, qui se termina bien. Comme j'en connais la fin, je me dis parfois que j'aurais aimé vivre cette aventure...

Vostok : le dernier cycle climatique

Température, accumulation et âge

De retour au Laboratoire la moisson sera riche. A Saclay les spectromètres de Jean Jouzel, approvisionnés automatiquement, tournent jour et nuit : 2 000 échantillons dont il faut déterminer la composition isotopique. A 250 mètres de profondeur nous quittons la chaleur de l'Holocène, et vers 500 mètres nous sommes en plein dans l'âge glaciaire. Chaque jour nous suivons les indications de notre paléothermomètre. D'autres coups de froid à 1 000 mètres puis 1 500 mètres, entrecoupés par des remontées partielles de la température. Puis la température augmente et à 1 850 mètres elle est un peu supérieure à celle que nous connaissons aujourd'hui; nous sommes dans l'interglaciaire précédent. Plus bas les teneurs en deutérium diminuent à nouveau; à 2 000 mètres, elles sont les mêmes que celles mesurées vers 500 mètres. Nous avons atteint l'âge glaciaire précédent et nous disposons enfin d'une courbe décrivant les températures sur l'ensemble du dernier cycle climatique.

Comment établir l'échelle de temps? On sait qu'une couche d'épaisseur donnée en surface va s'amincir en profondeur par suite de l'écoulement de la glace. Dans cette région centrale où la vitesse horizontale est très faible, au plus de quelques mètres par an, et où le socle rocheux se trouve à plus de 1 600 mètres en dessous du bas de la carotte, ce calcul ne pose pas de problème et le modèle développé par Catherine Ritz nous dit que cette épaisseur sera réduite de façon proportionnelle à la profondeur, pour ne représenter, à 2 kilomètres, que la moitié de ce qu'elle était en surface. Il suffit donc de connaître l'épaisseur de la glace qui s'accumule chaque année pour estimer l'âge en profondeur. Facile en principe, mais comment déterminer la variation de l'accumulation dans le temps?

Pour cela nous reprenons d'abord l'idée de Gordon Robin qui a observé que dans les conditions actuelles les précipitations sont directement liées à la température. Comme la teneur isotopique nous donne la variation de la température au cours du temps passé, on peut de cette façon estimer l'épaisseur de la couche déposée chaque année en surface. Actuellement elle équivaut à 2,5 centimètres de glace et l'on retrouvera la même valeur à l'interglaciaire précédent; durant l'âge glaciaire, elle n'était plus que la moitié. Tout au long du profil elle oscille entre ces deux valeurs, image fidèle de la courbe de température.

La confirmation est venue des mesures de béryllium 10 faites par Grant Raisbeck et Françoise Yiou. Comme on l'a expliqué à propos de la carotte du Dôme C, les concentrations mesurées permettent d'évaluer l'accumulation passée. Ces deux approches donnent des résultats tout à fait comparables qui confortent notre estimation des précipitations mais qui confirment aussi, s'il en était besoin, que la mesure des teneurs isotopiques de la glace est un bon indicateur de la température.

Connaissant l'épaisseur des couches de glace accumulées en surface dans le passé et l'amincissement de ces couches en fonction de la profondeur il nous est facile d'établir une échelle de temps pour la carotte de Vostok *(figure 5.1)*. A 2 kilomètres de profondeur la glace a 150 000 ans d'âge. Les différences de température au sol entre âge glaciaire et interglaciaire atteignent jusqu'à 10° C, soit 6 à 7° C dans l'atmosphère, au-dessus de la couche d'inversion. L'interglaciaire précédent, autour de − 130 000 ans, est un peu plus chaud que l'actuel, peut-être de 2° C, ce qu'indiquent aussi les données paléoclimatiques de sites non polaires. A partir du dernier maximum glaciaire, qui date de 20 000 ans, on observe des épisodes froids tous les 40 000 ans et l'examen de la courbe montre aussi un signal apparaissant tous les 20 000 ans, ce que confirmera l'analyse mathématique. D'où viennent ces périodes inscrites dans la courbe du climat? Nous y reviendrons à la fin de ce chapitre.

Poussières et impuretés

Jean-Robert Petit, Martine de Angelis et Michel Legrand ont entrepris de rechercher si les fortes teneurs en impuretés de la glace observées lors du dernier âge glaciaire au Dôme C se retrouvaient à des époques plus reculées. La réponse est positive. Les concentrations en sel marin sont l'image fidèle de la variation de température, image inversée, car les teneurs sont élevées lorsque les températures sont basses. Teneurs en poussières et en aluminium sont aussi marquées par des pics caractérisant les épisodes froids, sauf celui situé à − 110 000 ans (il semble moins marqué dans les autres régions du globe et l'on sait que le niveau des mers n'était alors pas très bas; ce qui expliquerait la faible quantité d'impuretés). L'interprétation est la même que celle donnée à propos du Dôme C : aridité marquée, bas

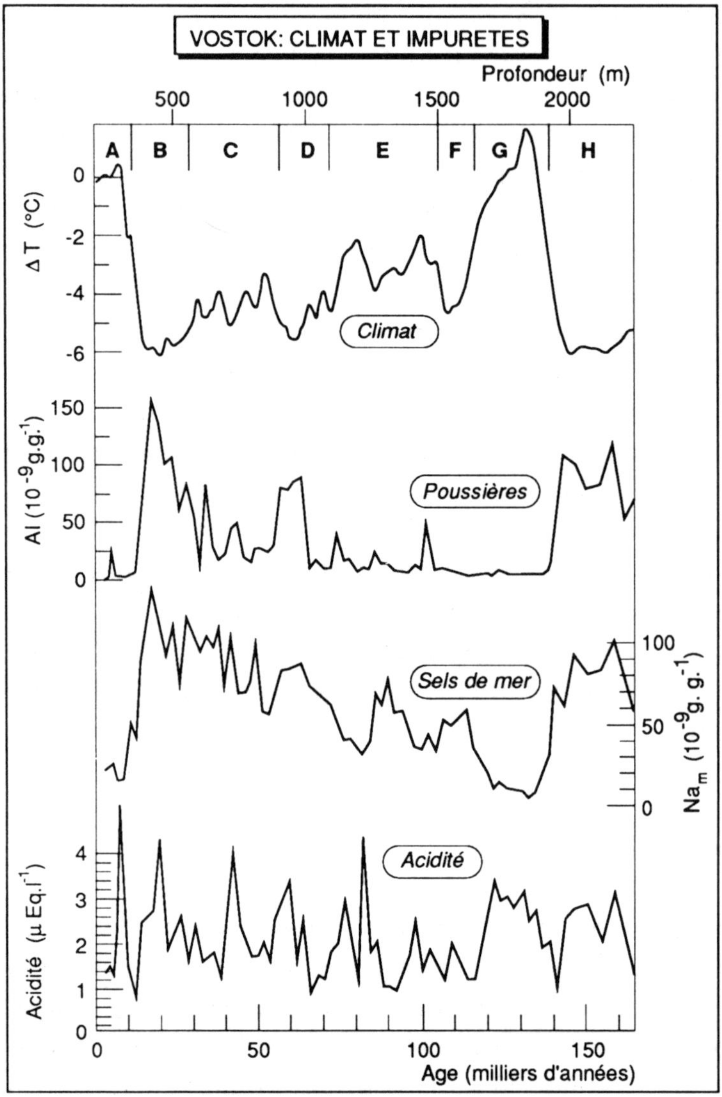

Figure 5.1. Vostok : climat et aérosols

L'étude de la carotte de Vostok, longue de plus de 2 kilomètres, permet de mettre en évidence au cours des 150 000 dernières années les variations de différents paramètres *(de haut en bas)* :

– la température de l'atmosphère. On reconnaît deux stades interglaciaires (A et G) séparés par un très long glaciaire s'étendant de – 110 000 à – 20 000 ans et caractérisé par des minima (B, D, F) et des phases moins froides (C et E). Le bas de la carotte (H) contient le dernier épisode de l'âge glaciaire précédent. La température au-dessus de la couche d'inversion a varié d'environ 6 à 7° C entre glaciaire et interglaciaire,

– les concentrations en aluminium, élément caractérisant les poussières d'origine continentale,

– les teneurs en sodium, provenant des embruns marins,

– l'acidité, indicatrice des retombées volcaniques.

Tout au long des derniers 150 000 ans, les phases froides du climat sont caractérisées par des teneurs élevées en poussières et en embruns marins. Le profil de l'acidité montre par contre qu'il n'existe aucune corrélation entre activité volcanique et variations climatiques à long terme (d'après J. Jouzel et al., 1987, et M. Legrand et al., 1988).

niveau des mers et vents plus violents expliquent les fortes concentrations en aérosols observées en période glaciaire.

Michel Legrand mesure aussi l'acidité de la glace, indicateur, comme on l'a vu, des retombées volcaniques. Tout au long du profil les pics ne sont pas rares, mais ni plus nombreux, ni plus marqués en période glaciaire. En fait il n'existe aucune corrélation entre variations climatiques à long terme et activité volcanique. Si les éruptions importantes, historiquement connues et repérées dans les neiges antarctiques (mont Agung, 1963; Krakatoa, 1883; Tambora, 1815) ont pu conduire à des refroidissements modérés, de courte durée (un ou deux ans) et de caractère plutôt local, les données de Vostok montrent que l'activité volcanique ne peut avoir contribué aux grandes variations de températures observées lors du dernier cycle climatique.

Michel Legrand a aussi mesuré tous les principaux ions dans la glace fondue. Cela permet, en comparant les rapports de concentration trouvés avec ceux existant dans les sources naturelles, de déterminer l'origine des aérosols transportés jusqu'en Antarctique. Il apparaît ainsi que la chimie des précipitations change avec le temps, et plus exactement avec les variations du climat. Durant les interglaciaires, les impuretés acides dominent, principalement HNO_3 et H_2SO_4, qui représentent à eux seuls toujours plus de la moitié de la masse totale des aérosols. Tout change en période glaciaire, où la contribution des sels et poussières devient prépondérante, jusqu'à représenter les trois quarts des impuretés alors beaucoup plus abondantes. Ces sels proviennent des océans mais c'est surtout la poussière arrachée aux continents qui augmente considérablement la quantité d'aérosols; la proportion des impuretés insolubles qui est de 15 % durant les interglaciaires, passe à plus de 60 %. Cette chimie qui change est un indicateur de l'impact des variations climatiques sur la surface de notre Terre et sur la circulation atmosphérique. S'il y a beaucoup plus de poussières dans l'air antarctique de l'époque glaciaire, cela signifie évidemment que ce phénomène affecte l'ensemble de l'atmosphère terrestre, comme le confirment les modèles de circulation générale dans lesquels on a introduit les sources d'aérosols. Ces poussières ont-elles contribué au refroidissement de l'âge glaciaire? La question peut se poser d'autant plus que l'origine des sulfates contenus dans la glace a pu être déterminée. Une partie provient directement des embruns marins; l'autre est un produit de l'oxydation du sulfure de diméthyle, gaz émis par les algues et le phytoplancton dont la productivité varie aussi avec le climat. Certains pensent, notamment l'Américain Bob Charlson, que ces particules servent de noyaux de condensation aux gouttelettes d'eau qui constituent les nuages; si tel est le cas, comme elles sont plus nombreuses durant les périodes froides, elles ont peut-être modifié les propriétés radiatives des nuages et contribué, elles aussi, aux basses températures des stades climatiques froids.

Gaz carbonique et méthane

Nous attendons plus impatiemment encore le résultat des analyses menées par Dominique Raynaud, Jean-Marc Barnola et Jérôme Chappellaz. Les données sur le gaz carbonique *(figure 5.2)* viennent d'abord. Tout au long des derniers 150 000 ans et comme on l'avait déjà observé sur la période couvrant le dernier âge glaciaire, la déglaciation et l'Holocène, température et teneurs de l'atmosphère en CO_2 vont de pair. Pendant les minima glaciaires les plus marqués les concentrations en CO_2 sont voisines de 200 parties par million en volume, alors qu'elles atteignent 280 ppmv pour l'interglaciaire actuel et un peu plus pour l'interglaciaire précédent que l'on sait un peu plus chaud. Entre ces deux niveaux, des valeurs qui reflètent celles de la température jusque dans le détail. Ces résultats suscitent bien sûr l'intérêt des paléoclimatologues et d'une façon plus générale des géochimistes. Comment peut-on expliquer ces énormes fluctuations naturelles de la concentration du CO_2 dans l'atmosphère? La réponse n'a pas encore

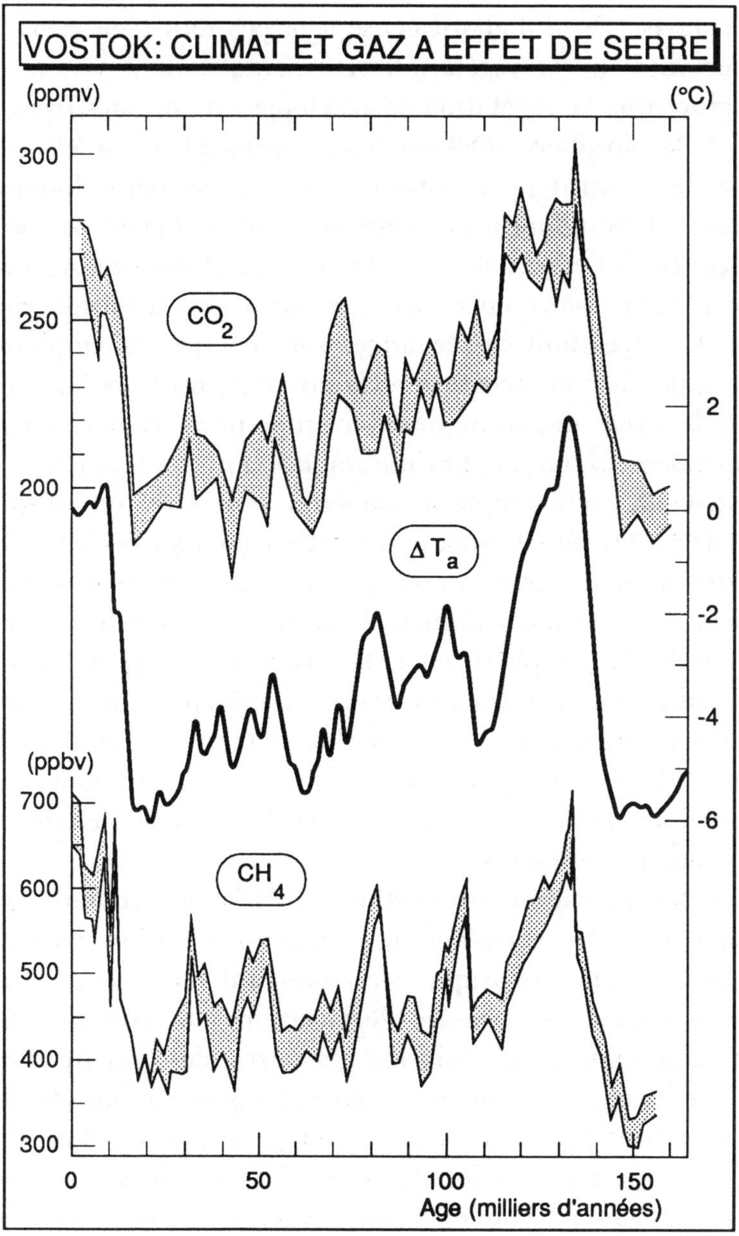

Figure 5.2. Vostok : Climat et gaz à effet de serre

Au cours des derniers 150 000 ans, les variations de la température (courbe du milieu) sont bien corrélées avec les teneurs en gaz carbonique (courbe du haut) et en méthane (courbe du bas) mesurées dans les bulles d'air. Pendant les interglaciaires chauds, les teneurs sont plus élevées en CO_2 (+ 40 %) et en CH_4 (×2) (d'après J. Jouzel et al., 1987; J.M. Barnola et al., 1987 et J. Chappellaz et al, 1990).

été trouvée. On a d'abord pensé à la possibilité de variations importantes de la végétation continentale, mais on ne peut imaginer que la végétation se développe en périodes froides et arides, la biosphère stockant le CO_2 atmosphérique et, à l'inverse, le libérant en régressant lors des périodes chaudes et humides. Il faut donc probablement chercher du côté de l'océan, qui contient l'essentiel du carbone et dont les échanges avec l'air régulent sans doute les concentrations atmosphériques du CO_2. Cependant ces échanges sont complexes, impliquant non seulement la structure et la circulation des océans, mais aussi le cycle de la matière vivante qu'ils renferment. Le développement ou la diminution des micro-organismes qui constituent par exemple le plancton peut être une véritable pompe à CO_2, fonctionnant dans l'un ou l'autre sens. Deux chiffres situent l'importance possible de cette pompe biologique : sans vie dans l'océan de surface, on a calculé que la teneur de l'atmosphère en CO_2 serait de 450 ppmv; elle ne serait plus que de 150 ppmv avec le développement maximum des micro-organismes à partir des éléments nutritifs disponibles. Pour aller plus avant il faudrait commencer par comprendre le cycle actuel du gaz carbonique; les chercheurs n'en sont pas encore là.

Les concentrations en méthane (CH_4) suivent plus fidèlement encore les variations de température. Elles marquent même l'épisode climatique correspondant au Younger Dryas observé durant la dernière déglaciation. Les concentrations sont faibles durant les minima glaciaires, descendant jusqu'à 350 parties par milliard en volume par rapport à l'air (symbole que l'on écrit ppb en utilisant le terme ancien « billion » inspiré de l'américain); elles atteignent 700 ppb durant les interglaciaires, soit le double. L'explication pourrait ici être plus simple. Les sources naturelles du méthane sont diverses : il peut être produit par les animaux, dont les termites, et surtout par fermentation dans les sols inondés, les tourbières. Il pleuvait moins, en Asie par exemple, durant l'âge glaciaire et les températures plus basses étaient moins favorables au dégazage.

Les sols gelés de l'Arctique contiennent aussi du méthane, sous forme d'hydrates, qui peut être libéré lors du dégel. Il semble donc que les variations de la concentration de l'atmosphère en CH_4 soient la conséquence directe des variations climatiques.

Teneurs en gaz carbonique et en méthane sont largement contrôlées par des micro-organismes vivant dans les couches superficielles de l'océan et en milieu continental; la végétation intervient aussi dans le cycle du gaz carbonique. Ces résultats de la carotte de Vostok auront un large écho : pour la première fois, on observe un lien étroit entre les variations du climat et celles du monde vivant. Reste à expliquer ces lents caprices du climat.

Paléoclimats : astronomie et gaz à effet de serre

Des données

L'imagination n'a pas manqué aux paléoclimatologues et l'on dispose maintenant de différentes reconstitutions du climat au cours des derniers 150 000 ans, jusqu'au-delà de l'interglaciaire précédent *(figure 5.3)*.

Les données les plus nombreuses viennent du monde marin. La reconstruction du volume des glaces continentales est faite à partir de la composition isotopique des carbonates des coquilles constituées par les micro-organismes qui se sont successivement déposés au fond des océans. Tous les sondages obtenus présentent les mêmes caractéristiques et les particularités locales ont été éliminées. L'échelle de temps est aussi uniforme; elle est obtenue par corrélation avec certaines carottes datées en utilisant différents radio-isotopes. Elle sert de base à d'autres séries, souvent moins bien datées, déduites

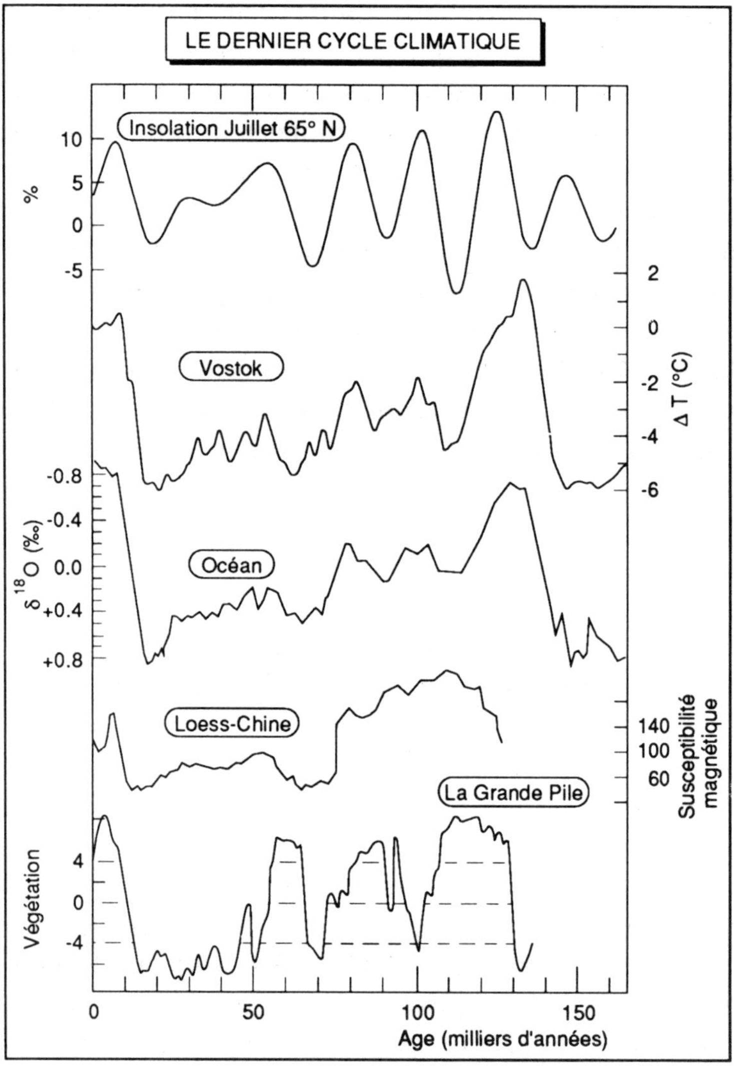

Figure 5.3. Le dernier cycle climatique

Les 150 000 dernières années sont caractérisées par un cycle glaciaire-interglaciaire qui a affecté l'ensemble de la Terre. De haut en bas sont représentés les variations d'insolation en juillet à 65° nord et différents indicateurs paléoclimatiques :

– variation de la température à Vostok,

– composition isotopique des foraminifères des sédiments marins, normalisée pour l'ensemble des océans,

– susceptibilité magnétique (loess du plateau central en Chine),

– indice de végétation (tourbière de la Grande Pile, nord-est de la France).

La similarité des grands événements climatiques apparaît malgré les incertitudes liées, dans chaque cas, à la détermination des âges (d'après *Past Global Changes*, 1990).

de divers indicateurs climatiques en quelques sites continentaux. Le lœss déposé sur le plateau chinois a une épaisseur d'environ 200 mètres; il est constitué par une alternance de couches de sable transporté par le vent depuis les déserts de Gobi et de la Chine centrale et de sols formés dans un climat relativement chaud et humide. Les couches de lœss sont caractéristiques de conditions arides, ventées et froides. Sols et lœss ont des propriétés magnétiques différentes; c'est ce paramètre qui est utilisé pour déceler les stades climatiques successifs bien qu'il ne puisse être traduit de façon précise par exemple en température. Comme l'a montré Georges Kukla, les 200 mètres de dépôt représentent 2,5 millions d'années; on y a notamment discerné le renversement du champ magnétique qui s'est produit il y a 730 000 ans. Les pollens sédimentés dans les tourbes continentales sont aussi un moyen de reconstituer les climats, et l'équipe de Joël Guiot a pu exprimer les variations passées en termes de température, précipitations et indices de végétation.

Toutes ces données et celles obtenues dans les glaces de Vostok ont de nombreuses analogies; elles illustrent le caractère global de l'histoire du climat au cours des derniers 150 000 ans.

La chronologie établie à Vostok est cohérente avec celle obtenue à partir des dépôts marins, bien que certaines différences apparaissent pour les sédiments constituant les couches les plus profondes, qui viennent sans doute des imprécisions de méthodes de datation indépendantes : modèles d'écoulement pour la glace, radio-isotopes pour les dépôts marins. Des couches de poussières atmosphériques caractérisant le même événement ont été retrouvées dans les deux enregistrements; elles indiquent que les principaux changements climatiques se sont produits de façon simultanée, à quelques millénaires près, ce qui permet de recaler les deux chronologies.

La Terre autour du Soleil

Qui n'a été fasciné par le lent mouvement des astres dans notre ciel, régi par les lois qui semblent éternelles de la mécanique céleste? C'est le Soleil qui réchauffe la planète Terre, y permettant la vie. Jour et nuit, été et hiver : le cycle des jours et des saisons nous est bien connu. On sait, depuis Galilée, que la Terre décrit une ellipse autour du Soleil, placé à l'un des foyers. D'autres planètes, et notre satellite la Lune, font que ce mouvement n'est pas tout à fait régulier. Pratiquement circulaire cette ellipse est cependant plus ou moins aplatie, aplatissement décrit par un paramètre appelé excentricité qui traduit la différence entre les longueurs du grand axe et du petit axe. La variation de l'excentricité reste toujours modeste, la Terre retrouvant tous les 100 000 ans environ la même trajectoire. Les astronomes ont calculé qu'elle n'a pas dépassé 6 % durant les derniers millions d'années, avec une variation très faible (de l'ordre de 0,2 %) de l'énergie que la Terre reçoit du Soleil. Cela ne devrait pas entraîner un changement de la température moyenne du globe de plus de quelques dixièmes de degré, à condition que l'émissivité du Soleil, qui est la quantité d'énergie qu'il émet par unité de surface, demeure constante. Les astrophysiciens savent qu'elle a varié, à l'échelle du milliard d'années, mais pensent qu'elle est restée stable durant les dernières centaines de milliers d'années qui nous intéressent ici.

La Terre tourne autour de son axe, mais cet axe n'est pas perpendiculaire à l'écliptique, plan qui contient l'ellipse décrite autour du Soleil. Par rapport à ce plan l'inclinaison de la Terre est actuellement de 23° 27′. Cet angle gouverne la marche des saisons car l'hémisphère pointé vers le Soleil reçoit plus d'énergie. Pendant l'été boréal le pôle Nord est éclairé en permanence et le pôle Sud plongé dans la nuit de l'hiver; six mois après ce sera l'inverse, de façon pas exactement symétrique, car la Terre est plus proche du Soleil pendant l'été austral et plus éloignée pendant l'été boréal. Cette inclinaison varie dans le temps entre 21,5 et 24,5°, retrouvant la même valeur tous les 41 000 ans. Ce sont les hautes latitudes qui sont les plus sensibles à ces variations de l'inclinaison puisque le flux d'énergie arrivant sur le sol dépend de l'angle d'incidence des rayons du Soleil. Près des pôles on peut facilement calculer que l'énergie reçue par la Terre au solstice d'été a pu varier de plus de 15 %, ce qui est loin d'être négligeable.

La rotation de la Terre autour de son axe a entraîné, par force centrifuge, un léger bourrelet dans les régions équatoriales, où le diamètre est de 12 750 kilomètres, alors que la distance entre les pôles est plus faible de 40 kilomètres. La mécanique céleste fait que l'axe de rotation de la Terre ne conserve pas une orientation fixe dans l'espace; notre planète oscille à la manière d'une toupie. Ce mouvement appelé précession axiale a une période évaluée dans les premiers calculs à 26 000 ans; il modifie le cycle annuel de la distance Soleil-Terre et le calendrier des saisons. La situation est en fait plus compliquée (car l'écliptique n'est pas un plan immuable) et l'on calculera plus tard que cette précession a des caractéristiques un peu différentes. La Terre est actuellement le plus proche du Soleil le 21 décembre et le plus éloigné le 21 juin. La situation était exactement inverse il y a 11 000 ans. Le contraste saisonnier dans les régions polaires Nord dû à l'inclinaison est ainsi moins marqué actuellement en été, où la Terre est la plus éloignée du Soleil, qu'il ne l'était il y a 11 000 ans, où elle était la plus proche.

La trajectoire de la Terre dans l'espace est bien sûr très complexe et réglée aussi par d'autres périodes. Cependant, si l'on s'en tient aux dernières centaines de milliers d'années, on peut considérer que l'énergie reçue du Soleil par la Terre a peu varié : moins de 0,7 watt par mètre carré. En moyenne car, comme on l'a vu, la répartition géographique de l'énergie reçue en fonction des saisons a beaucoup changé.

La théorie astronomique des paléoclimats

L'idée que la position de la Terre par rapport au Soleil puisse expliquer l'existence des glaciations est apparue très tôt, quelques années seulement après leur découverte en 1837 par Louis Agassiz. Joseph Adhemar, mathématicien français, suggère alors que les climats glaciaires pourraient apparaître tous les 22 000 ans en réponse au cycle de précession que d'Alembert avait recalculé. L'Anglais James Croll est le premier à faire intervenir l'excentricité. Mais le véritable auteur de la théorie astronomique des paléoclimats est Milutin Milankovitch. Prenant en compte excentricité, inclinaison et précession, il calcule l'énergie que la Terre a dû recevoir dans le passé, pour chaque bande de latitude. Il publie en 1924 les premières courbes d'insolation, en particulier pour les hautes latitudes de l'hémisphère Nord; travail qu'il affinera pendant plus de trente ans, développant l'idée que cette zone joue un rôle clé dans l'histoire des climats.

Bien que les géologues aient reconnu l'existence des glaciations ils n'en connaissaient ni le nombre ni la chronologie; faute de pouvoir être vérifiée la théorie de Milankovitch tomba dans l'oubli, d'autant plus que le scepticisme était grand : comment de faibles variations de l'insolation pourraient-elles bouleverser les climats de la Terre?

Ce sont les données des carottes marines qui ont relancé cette théorie : datées de façon de plus en plus précise, elles montrent l'existence de variations cycliques du climat *(figure 5.4)*. André Berger, astronome et mathématicien belge, a entrepris de minutieux calculs pour préciser les caractéristiques de l'orbite de la Terre et la distribution géographique de l'insolation mois par mois. Ces calculs mettent en évidence de nombreuses périodes : 19 000 et 22 000 ans pour caractériser la précession, 41 000 et 100 000 pour l'inclinaison et l'excentricité. André Berger confirme aussi que l'insolation

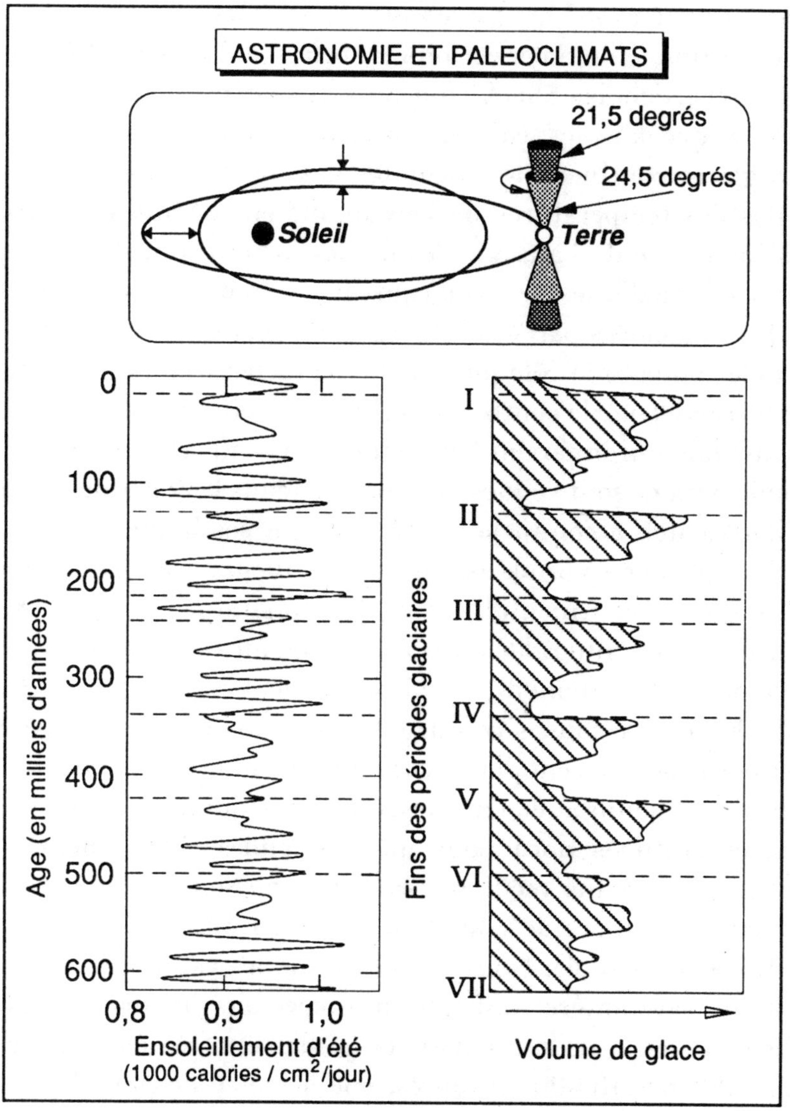

Figure 5.4. Astronomie et paléoclimats

Le déplacement de la Terre autour du Soleil est caractérisé par l'existence de périodes qui affectent sa trajectoire (excentricité de l'ellipse), l'inclinaison de son axe de rotation par rapport au plan de cette ellipse (inclinaison) et son orientation dans l'espace (précession). Ces périodes calculées sont respectivement de 100 000, 40 000 et 20 000 ans. La courbe de gauche représente l'effet de ces variations sur l'ensoleillement d'été aux hautes latitudes de l'hémisphère Nord. La courbe de droite illustre les variations du volume de glace des calottes (échelle arbitraire déduite de l'étude des sédiments marins). La fin des périodes glaciaires qui se produit approximativement tous les 100 000 ans apparaît gouvernée par les variations de l'insolation. (D'après W. Broecker et G. Denton, 1990.)

reçue en été à 65° nord présente de grandes variations. Deux Américains, Jim Hays et John Imbrie, publient en 1976 avec l'Anglais Nicholas Shackleton un article demeuré célèbre, qui montre que dans les sédiments marins les variations du volume des glaces continentales (déduites des teneurs isotopiques) et celles des températures de l'océan Indien (déduites de façon indépendante de l'analyse des faunes fossiles) ont des composantes périodiques très marquées; ce sont très exactement celles recalculées par André Berger. De manière éloquente, cet article compare le rôle joué par les caractéristiques de l'orbite de la Terre pour le contrôle des climats à celui des stimulateurs cardiaques qui imposent leur rythme au cœur. Depuis, d'autres confirmations sont venues, nombreuses dans le domaine marin. Milankovitch a connu la gloire... à titre posthume.

La carotte de Vostok est l'un des meilleurs exemples venant du domaine continental. Le signal climatique montre l'existence de deux interglaciaires à 100 000 ans d'intervalle environ et, très nettement, la présence de cycles de 40 000 et 20 000 ans; de plus – ce qui est une nouveauté – les mêmes périodes apparaissent dans l'enregistrement des concentrations en gaz carbonique et en méthane. Mais quel rôle jouent les hautes latitudes nord pour que de faibles changements de l'énergie moyenne reçue par la Terre puissent entraîner l'alternance régulière de climats chauds et froids?

L'idée est simple. Nous avons vu que les variations de l'insolation saisonnière sont très marquées aux hautes latitudes. Vers 65° nord, celle du mois de juillet est très élevée il y a 125 000 ans; 10 000 ans après, elle a baissé de plus de 15 % et ne suffit sans doute plus pour fondre les neiges accumulées en hiver sur les continents. La glace s'épaissit et s'étend, puisqu'en moins de 5 000 ans le niveau des mers baisse d'une soixantaine de mètres. Elle réfléchit la plus grande part du rayonnement solaire, rendant ainsi le climat encore plus froid et favorisant l'établissement des calottes glaciaires dont on a retrouvé l'empreinte sur les continents. Les maxima d'insolation observés ensuite ne suffiront pas à les faire disparaître :

il faudra attendre celui qui, il y a quelque 20 000 ans, marque la fin du dernier âge glaciaire, avec une hausse du niveau des mers de près de 120 mètres. L'autre hémisphère joue un rôle plus passif; l'inlandsis Antarctique est confiné dans les limites du continent et trop froid pour que les variations de température puissent y entraîner une fusion notable.

Ce scénario a le mérite d'être simple mais laisse bien des zones d'ombre. Comment expliquer par exemple la croissance rapide du volume de glace à la fin du précédent interglaciaire? Le contraste entre un continent qui se refroidit et l'Atlantique Nord resté encore chaud favorise sans doute dépressions et chutes de neige, mais celles-ci auraient dû être dix fois plus abondantes qu'aujourd'hui, ce qui est difficile à concevoir. Comment sommes-nous sortis du dernier âge glaciaire? La seule insolation ne suffit pas et on a vu qu'il fallait faire appel à une débâcle catastrophique des glaciers, accélérant ainsi leur fusion. Comment se fait-il que le signal climatique le plus marqué ait une période de 100 000 ans, qui n'apparaît guère dans les courbes d'insolation? Le Canadien Dick Peltier et John Imbrie proposent un mécanisme inspiré du relèvement de la Scandinavie, libérée du poids des glaces, que l'on observe encore aujourd'hui. La masse énorme des calottes qui recouvrent les continents fait qu'ils s'enfoncent progressivement dans le magma sur lequel ils flottent, jusqu'au fluage qui entraîne une descente brutale, avec fusion rapide des glaces dont l'altitude descend brusquement. Ce mécanisme pourrait rendre compte de la période de 100 000 ans et de ses caractéristiques telles qu'elles sont reflétées dans l'histoire du volume des glaces : accroissement lent et diminution brutale.

Mais il reste que les variations du climat semblent avoir la même amplitude dans les deux hémisphères et se sont produites de façon simultanée, pour autant qu'on puisse en juger. Les transports thermiques par l'atmosphère et l'océan semblent trop faibles pour l'expliquer. Il est vrai que la circulation des océans n'était pas la même durant la dernière glaciation, comme l'ont montré Jean-Claude Duplessy, Nicholas Shackleton et les Américains William Ruddiman et Edward Boyle en utilisant différents indicateurs géochimiques dont on a retrouvé les traces dans les sédiments marins. Walli Broecker et George Denton imaginent une modification drastique de la circulation des océans suivant les stades climatiques. Actuellement l'évaporation est forte dans l'Atlantique Nord, conduisant à la formation d'une eau superficielle riche en sels et donc dense, qui donne naissance en s'enfonçant à un grand courant d'eau de fond. Le débit et la quantité de chaleur (30 % de l'énergie solaire reçue dans l'Atlantique Nord) transportée jusque dans l'hémisphère Sud seraient considérables; mais ce courant n'existerait pas en période glaciaire, où les basses températures réduisent l'évaporation. C'est ainsi que pourrait apparaître sur l'ensemble du globe la succession des périodes glaciaires et interglaciaires, à partir de l'hémisphère Nord, où les variations d'insolation sont amplifiées par celles des glaces continentales. Hypothèses bien sûr... Elles ont du moins l'intérêt de proposer une cause aux variations de la teneur en gaz carbonique de l'atmosphère qui serait liées au fonctionnement des océans.

Un effet de serre dans le passé? La théorie des âges glaciaires revue

Si les périodes observées dans les enregistrements du passé sont la preuve de la validité de la théorie astronomique des paléoclimats, bien des mystères demeurent quant aux mécanismes qui amplifient les modifications de l'insolation et conduisent à la distribution et à l'amplitude des variations de température observées. Là encore, les données de Vostok ouvrent une nouvelle piste, en établissant l'étroite association qui existe entre climat et composition de notre atmosphère – un aspect ignoré dans la théorie de Milankovitch.

La Terre reçoit de l'énergie (environ 340 watts par mètre carré) du Soleil sous forme d'un rayonnement visible, émis dans les courtes longueurs d'onde. La moitié de ce rayonnement est réfléchie vers l'espace ou arrêtée par les nuages; le reste est absorbé par les océans, les continents, la végétation et même, mais peu, par la glace. L'équilibre radiatif et donc climatique de la Terre est assuré par le rayonnement qu'elle émet à son tour dans un domaine non visible, l'infra-rouge, et qui dépend de sa température. Cet équilibre entre énergies émise et reçue peut être perturbé par un certain nombre de facteurs, dont l'un des plus importants est la concentration de certains constituants de l'air. Si l'atmosphère laisse passer le rayonnement visible, la vapeur d'eau d'abord mais aussi le gaz carbonique, le méthane et d'autres gaz absorbent une partie du rayonnement infra-rouge. Au lieu de repartir vers l'espace, celui émis par la Terre est ainsi partiellement absorbé et renvoyé vers la surface *(figure 5.5)*. Cet effet dit de serre (car les jardiniers l'utilisent pour faire pousser fleurs et légumes en remplaçant l'air par du verre ou du plastique) a pour résultat de réchauffer l'ensemble du système Terre-atmosphère. On calcule ainsi que sans son enveloppe gazeuse la température moyenne du globe serait de − 18° C, alors que nous bénéficions d'un confortable + 15° C; les gaz à effet de serre rendent notre Terre vivable et les mesures faites en altitude par satellite confirment la réalité de l'absorption du rayonnement infra-rouge par ces gaz.

Dès 1890 le Suédois Swante Arrhenius, sur la base de mesures d'absorption dans l'atmosphère, avait émis l'idée que la température de la Terre pouvait varier de façon sensible en fonction de sa teneur en gaz carbonique. On sait maintenant calculer, en termes d'énergie, les modifications du bilan radiatif liées aux gaz à effet de serre. L'augmentation des teneurs en CO_2 et en CH_4 qui signalent dans les bulles d'air de la glace le passage du dernier maximum glaciaire à l'interglaciaire correspond à un gain d'énergie d'environ 2 watts par mètre carré de surface de la Terre, une bonne part étant due au CO_2. C'est peu si on les compare aux quelque 170 reçus du Soleil mais c'est suffisant pour entraîner un changement

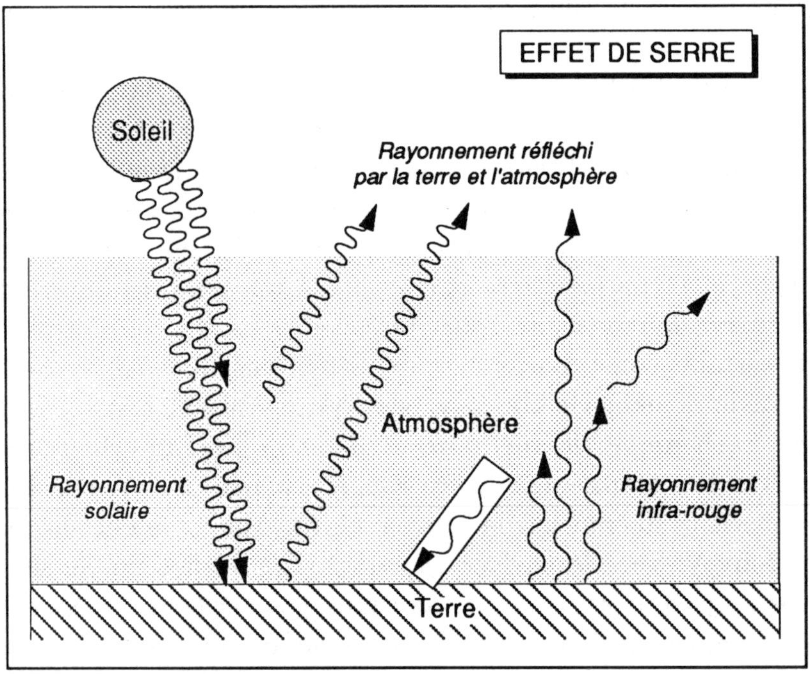

Figure 5.5. Effet de serre

Le rayonnement solaire émis par le Soleil dans le visible est partiellement réfléchi par la Terre et les nuages de l'atmosphère mais traverse sans modification une atmosphère claire. Cela n'est pas le cas du rayonnement infra-rouge émis par la surface de la Terre qui est absorbé en partie non seulement par les nuages mais par certains gaz de l'atmosphère (vapeur d'eau, gaz carbonique, méthane...) et réémis vers le sol, ce qui a pour effet de réchauffer la Terre.

de 6 à 7 dixièmes de degré dans la température d'équilibre radiatif de la Terre.

Comme toujours, la réalité est plus compliquée, car il existe de nombreuses rétroactions (ou *feed-back*) dans le système climatique. La glace de mer en est un exemple simple. Elle réfléchit 80 % du rayonnement qu'elle reçoit mais elle est peu épaisse et une augmentation de la température la fait fondre facilement; l'océan qui la remplace absorbe une grande part d'énergie, entraînant un réchauffement supplémentaire. Un autre exemple est fourni par la vapeur d'eau. Lorsqu'il fait chaud, l'évaporation des océans est plus importante et l'atmosphère contient plus de vapeur d'eau, d'où un effet de serre accru, amplifiant la variation initiale de la température. Outre la vapeur d'eau, les poussières dans l'atmosphère et la présence de nuages peuvent aussi modifier le bilan radiatif : l'un et l'autre vont absorber le rayonnement solaire; et l'un comme l'autre vont absorber le rayonnement émis par la Terre... Ce que chacun sait bien par expérience : il fait plus chaud un jour d'été ensoleillé que par un temps couvert, et un ciel nuageux évite les gelées nocturnes dévastatrices que l'on connaît en hiver par temps clair. Si l'on prend en compte ces différents *feed-back*, la variation de température sera différente de celle déduite du seul effet radiatif des teneurs en CO_2 et CH_4. Précisément, la sensibilité du climat à l'effet de serre fait qu'elle sera plus importante.

Ce sont les variations du bilan radiatif ou forçages qui gouvernent les changements de température dans le passé. Ces variations peuvent avoir elles-mêmes différentes causes que nous avons évoquées : insolation à 65° nord amplifiée par l'extension ou la disparition des calottes glaciaires et que traduit le volume des glaces enregistré dans les sédiments marins, teneur de l'atmosphère en CO_2 et CH_4 que l'on peut exprimer en termes de température correspondant à l'effet de serre radiatif. Volume des glaces et effet de serre radiatif sont très bien corrélés à la courbe de température obtenue à Vostok *(figure 5.6)*. Pour être complet, d'autres facteurs de forçage doivent cependant être considérés, comme les teneurs en sulfate qui peuvent avoir joué un rôle dans l'évolution des nuages et la concentration en poussières; les courbes présentent bien quelques pics au moment des phases les plus froides, mais sur l'ensemble elles suivent peu fidèlement celle de la température. On introduit aussi la variation d'insolation d'origine orbitale calculée pour la station Vostok : celle-ci indique bien (mais c'est le seul facteur de convergence) la période de 40 000 ans détectée dans la courbe de températures.

L'analyse statistique confirme l'examen visuel : les variations de température observées à Vostok s'expliquent essentiellement, et dans des proportions voisines de 50 %, par celles

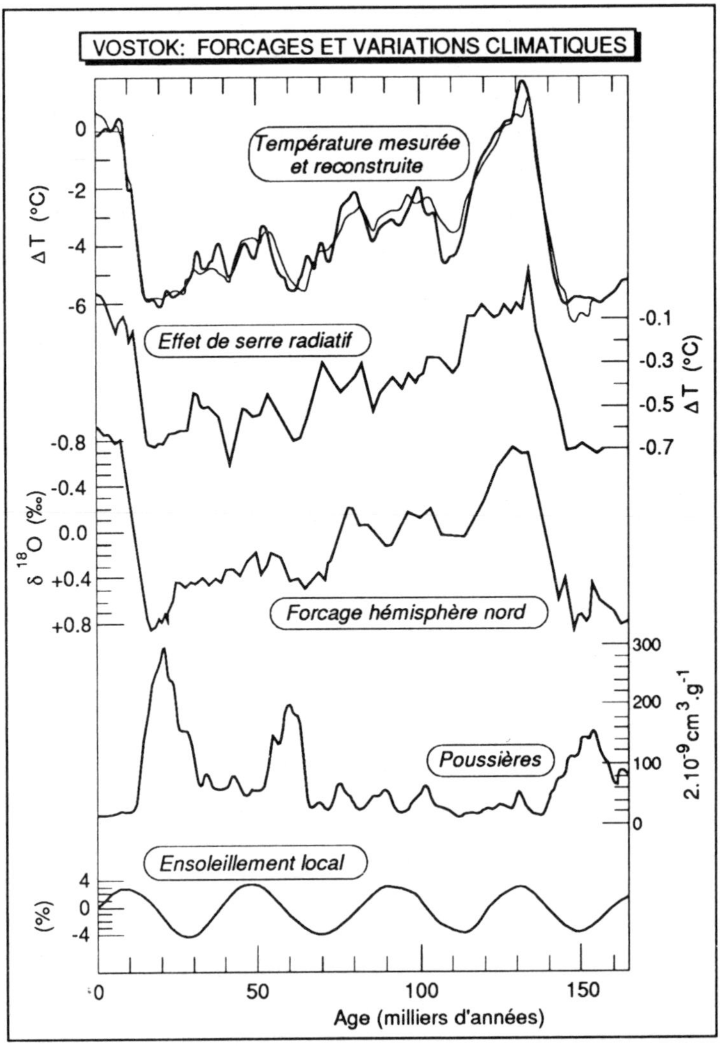

Figure 5.6. Vostok : forçages et variations climatiques

De haut en bas sont représentées, en fonction du temps, les variations :

– de la température obtenue à partir des teneurs isotopiques et reconstruite à partir de différents forçages (en trait fin),

– de l'effet radiatif (exprimé en termes de température) associé aux variations de teneur en gaz carbonique et en méthane,

– de la composition isotopique des foraminifères marins représentant les variations du volume des glaces et donc du forçage d'origine astronomique de l'hémisphère Nord,

– des teneurs en poussières mesurées dans la glace,

– de l'ensoleillement à la station Vostok.

La courbe de température obtenue à la station Vostok s'explique essentiellement par le forçage astronomique amplifié par les calottes de l'hémisphère Nord et par l'effet de serre, lié aux variations de CO_2 et CH_4 (d'après C. Lorius et al., 1990).

du volume des glaces et des teneurs de l'atmosphère en gaz à effet de serre. Il existe bien sûr une imprécision dans cette approche statistique, de l'ordre de 10 % peut-être pour chacun des deux facteurs. Il n'empêche que les autres causes avancées ne jouent apparemment aucun rôle significatif. Mais cette explication des données antarctiques peut-elle être généralisée ?

De fait, l'évolution climatique observée sur l'inlandsis donne un image fidèle de celle du globe et les 6° C qui caractérisent la variation entre le dernier âge glaciaire et notre interglaciaire correspondent bien aux 4 à 5 estimés en moyenne pour la Terre par les paléoclimatologues. A Vostok, gaz carbonique et méthane expliquent la moitié (soit 3° C) de cette transition; cette proportion a valeur plus globale et la variation de concentration des gaz à effet de serre, quelle qu'en soit la cause, pourrait avoir contribué pour plus de 2° C à la déglaciation.

Une confirmation de ces conclusions est venue des modèles de circulation générale. Comme on l'a vu, on dispose de suffisamment de données pour simuler le climat du dernier âge glaciaire et caractériser, par exemple, les proportions de la variation de température dues au forçage orbital et aux gaz à effet de serre. C'est Syukuro Manabe, Japonais travaillant à l'Université de Princeton, qui introduisit le premier les changements de la composition de l'atmosphère détectés dans les bulles d'air des glaces. Les résultats *(figure 5.7)* indiquent que les gaz à effet de serre ont induit une variation de 3° C sur l'Antarctique; à l'échelle du globe leur contribution est de 40 %, le reste étant essentiellement dû au forçage orbital. Le groupe de Jim Hansen, à New York, utilisant le modèle de la NASA, estime à 2,5° C en moyenne leur impact.

L'interprétation des données de la carotte de Vostok concorde donc avec les résultats des modèles : l'effet de serre a joué un rôle majeur dans l'amplitude des variations de température glaciaire-interglaciaire du passé. Ce qui permet de mieux comprendre l'importance du signal 100 000 ans dans les séries paléoclimatiques, l'apparent synchronisme des événements

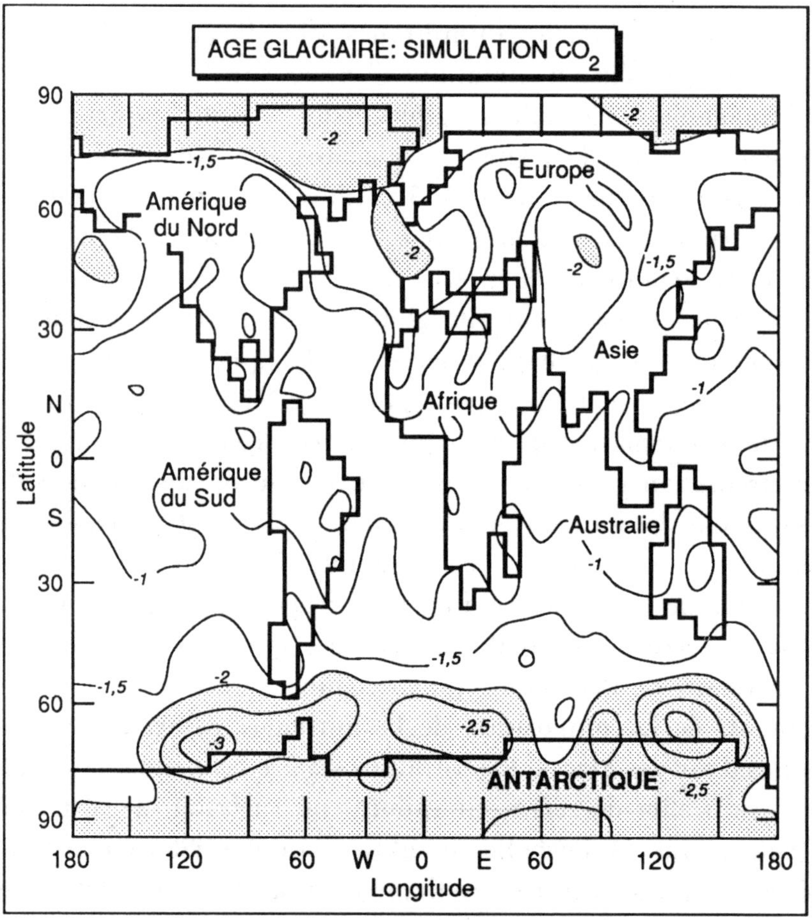

Figure 5.7. Simulation du climat glaciaire

Les modèles de circulation générale de l'atmosphère peuvent être utilisés pour simuler le climat glaciaire à l'échelle du globe. Cette carte représente les variations de température (exprimées en ° C) par rapport au climat moderne, dues à la seule diminution des teneurs en gaz à effet de serre lors du dernier maximum glaciaire. Les écarts supérieurs à 2° C sont en gris sur la carte. Cette reconstitution est en accord avec les observations faites sur la carotte de Vostok. Ces modèles suggèrent eux aussi que la variation de climat entre âge glaciaire et interglaciaire est essentiellement due, et dans des proportions semblables, au forçage astronomique et aux variations des teneurs de l'atmosphère en gaz à effet de serre (d'après A.J. Broccoli et S. Manabe, 1987).

majeurs, et la similitude des changements observés dans les deux hémisphères.

La théorie des âges glaciaires de Milankovitch ainsi revue conserve tout son charme... Pourquoi ne pas s'enhardir à quitter la rigueur des faits connus? On peut imaginer par exemple qu'un changement climatique initié par le forçage orbital aurait modifié la circulation et l'activité biologique de l'océan, entraînant une variation des teneurs de l'atmosphère en gaz carbonique, et l'amplification du signal climatique. Le changement de température peut expliquer à son tour celui des teneurs en méthane; une fois dans l'atmosphère, ce dernier participe à l'évolution climatique. Mais le système ne doit pas s'emballer et il faut un régulateur. Le plus simple est de concevoir que ce « pacemaker » est à nouveau le forçage orbital qui permet de fermer la boucle du cycle. Pour vérifier ce mécanisme, ou d'autres, il faudra de nouvelles données, et évaluer notamment le décalage dans le temps des différents facteurs. Ces données devront être datées avec précision et réparties en un grand nombre de points du globe. Tout un programme!

Retenons pour l'instant que deux approches indépendantes, l'une basée sur les données paléoclimatiques extraites de la glace, l'autre sur la simulation du climat glaciaire passé, fournissent une estimation cohérente de l'impact climatique lié aux variations des teneurs de l'atmosphère en gaz à effet de serre. Un effet qui semble donc bien réel, même si, en science comme en politique, consensus ne veut pas dire preuve ou vérité. Plus précisément, ces changements correspondent à une modification du bilan radiatif de la Terre de 2 watts/m^2 et à un effet direct sur la température de 0,6 à 0,7° C. Les données du passé indiquent un effet réel supérieur à 2° C à cause des *feed-back*, c'est-à-dire trois fois plus important, chiffre qui caractérise la sensibilité du climat à l'effet de serre. Un problème qui concerne le présent... et le futur.

ATTENTION
TROU
D'OZONE

CHAPITRE VI

L'homme et l'atmosphère L'impact sur le climat

Les activités de notre société, qu'elles soient domestiques, agricoles ou industrielles, ont-elles changé la composition de l'atmosphère, résultat du lent équilibre de cycles naturels? La réponse est oui; et personne ne l'ignore. Mais sait-on depuis quand et de combien?

Il a fallu la ténacité de quelques chercheurs, au début peu soutenus, pour que l'on entreprenne de mesurer de façon continue les constituants gazeux et les aérosols de l'air. En 1957, l'Américain John Keeling installe l'observatoire de Mauna Loa, à Hawaï, en plein cœur du Pacifique; au bout de quelques années, l'évidence est là : la concentration du gaz carbonique dans l'atmosphère augmente, et de plus en plus vite. Aujourd'hui, ce gaz et d'autres comme les chlorofluorocarbones (CFC) font les titres des médias : ils sont responsables de l'effet de serre. Les pluies acides sont rendues coupables du dépérissement de nos forêts et pourraient affecter la santé de l'homme; dans certaines grandes métropoles, il faut contrôler la circulation automobile et le débit des cheminées d'usines, le taux des impuretés dans l'atmosphère devenant trop élevé. Que s'est-il passé depuis le début de l'ère industrielle, c'est-à-dire depuis deux siècles? Quel peut être l'impact sur le climat de demain?

Les données de la glace : l'empreinte de l'homme

Poussières et radioactivité

L'acidité des précipitations polaires provient essentiellement des acides sulfurique (H_2SO_4) et nitrique (HNO_3) que l'on peut caractériser par la mesure des ions sulfate (SO_4) et nitrate (NO_3) dans la neige fondue. Sulfates et nitrates, nous l'avons vu, peuvent avoir plusieurs origines : SO_4 peut provenir des océans et d'autres sources naturelles, notamment des éruptions volcaniques; NO_3 a des antécédents plus complexes, dans la stratosphère ou la troposphère. Tous deux ont également pour origine des activités humaines polluantes. Les concentrations mesurées dans l'atmosphère et les précipitations dépendent aussi de la circulation de l'air, qui est responsable de leur transport parfois jusqu'aux calottes polaires.

On peut déterminer la part des sulfates marins par la mesure d'autres sels. Les teneurs résiduelles, qui ne sont pas d'origine marine, observées dans les couches de neige du Groenland demeurent relativement constantes entre le milieu du XVIIIe siècle et le début du XXe, à l'exception de pics souvent dus aux explosions volcaniques. Tout change vers les années 1900, les concentrations augmentent et l'on mesure maintenant deux fois plus de SO_4 que dans les neiges du début du siècle *(figure 6.1)*. L'explication est simple. Les masses d'air arrivant au sud du Groenland, où les prélèvements ont été réalisés, viennent d'Eurasie mais aussi de l'Amérique du Nord; elles transportent les sulfates qui sont notamment produits par la combustion des carburants, que ce soit dans les chaudières des maisons ou dans celles des usines. Quant aux teneurs en nitrates, elles ont plus que doublé; combustion des carburants et destruction des forêts par le feu en sont respon-

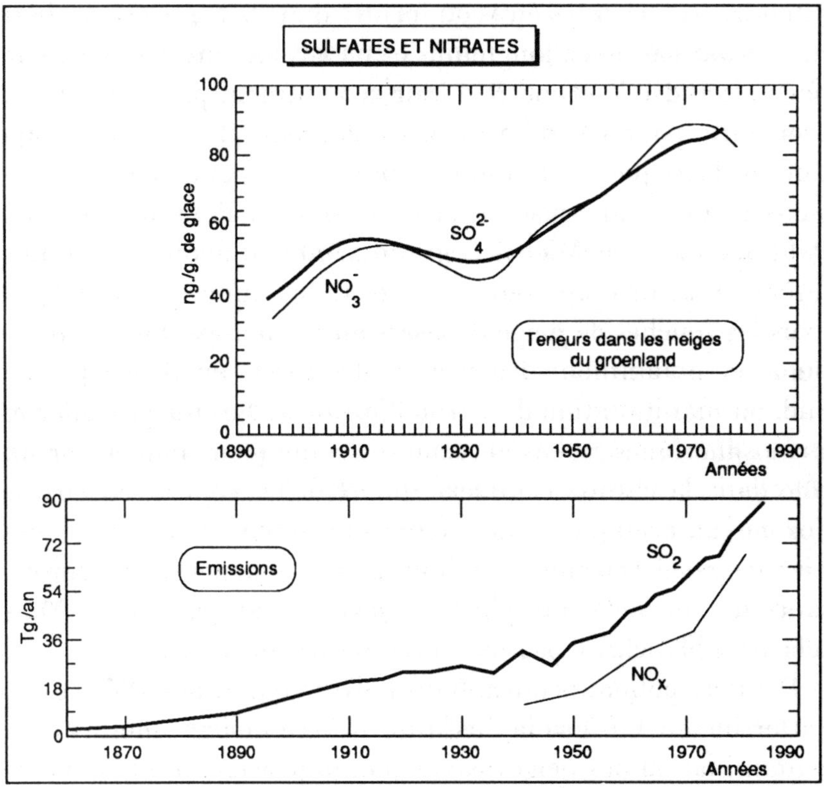

Figure 6.1. Sulfates et nitrates

Les teneurs en nitrates et sulfates (d'origine non marine) mesurées dans les neiges du Groenland ont augmenté de plus d'un facteur 2 depuis la fin du siècle dernier (courbes du haut). Cette augmentation traduit l'impact de l'homme sur la composition de l'atmosphère, comme l'illustre la figure du bas qui représente les émissions industrielles de composés gazeux soufrés et nitrés (d'après A. Neftel et al., 1985, et P.A. Mayewski et al., 1990).

sables. La comparaison des teneurs en sulfates mesurées dans les neiges du Groenland avec les émissions de SO_2 (gaz dont l'oxydation dans l'atmosphère donnera l'acide sulfurique) à l'échelle du monde est convaincante. Ces émissions qui atteignent maintenant près de cent millions de tonnes par an ont largement pollué l'atmosphère terrestre.

Tout au moins celle de l'hémisphère Nord où prennent place 90 % des activités industrielles. Les neiges du continent austral n'ont pas enregistré cette pollution; comme on pouvait s'y attendre, ces aérosols émis ou formés dans la basse atmosphère ne vivront pas assez longtemps et ne voyageront pas assez loin pour atteindre le grand Sud. Sur ce continent pas de tendance croissante pour les sulfates, mais des pics provenant d'éruptions volcaniques suffisamment puissantes pour que les émissions aient atteint jusqu'à la stratosphère. Pour les nitrates, Paul Mayewski et Michel Legrand semblent avoir détecté une légère croissance au cours des dernières années, notamment dans les couches de neige déposées au printemps. Effet anthropique et notamment destruction des forêts en Amérique du Sud, ou manifestation du « trou d'ozone »? Les nuages polaires stratosphériques riches en acide nitrique pourraient jouer un rôle dans la chimie complexe qui régit les concentrations de l'ozone antarctique. L'augmentation, semble-t-il réelle, des nitrates révélerait une contribution de ces nuages à la décroissance de l'ozone stratosphérique observée au printemps. Mais cela ne « blanchit » pas les CFC, comme on l'a vu.

D'autres polluants ont atteint le Groenland; dès 1969, Clair Patterson du California Institute of Technology montrait la contamination des neiges par le plomb provenant des activités industrielles et des carburants de nos automobiles. Il y en a peu bien sûr, mais environ deux cents fois plus dans les dépôts récents que dans ceux datant de l'époque préindustrielle... Le niveau atteint se stabiliserait; les mesures prises pour limiter la pollution auraient-elles déjà des effets visibles? L'Antarctique de son côté est peu contaminé : il a fallu à Claude Boutron beaucoup d'ingéniosité technique pour estimer que la quantité de plomb a doublé depuis le début du siècle, puisqu'il s'agissait de mesurer un millionième de gramme de plomb dans une tonne de neige! On y a aussi détecté la présence de DDT, une pure création de l'homme.

Enfin un exemple frappant est celui des poussières radioactives. Dans les deux calottes polaires la radioactivité des couches de neige a fidèlement enregistré le calendrier et la puissance des explosions nucléaires dans l'atmosphère. Tout comme dans le cas des éruptions volcaniques, l'énergie libérée lors de ces tests est suffisante pour que les radio-éléments produits atteignent la stratosphère et, de là, retombent sur l'ensemble du globe. Le profil obtenu au pôle Sud est typique des variations observées à l'échelle du continent *(figure 6.2)*. L'activité bêta naturelle des couches de neige est d'environ 70 désintégrations par heure et par kilogramme de neige (dhp/kg); elle provient principalement du plomb 210 et de ses descendants. Par rapport à ce bruit de fond naturel, les valeurs sont souvent beaucoup plus importantes. On observe au printemps 1955 un pic qui traduit les arrivées des premiers tests thermonucléaires de mars 1954 (Castle : hémisphère Sud); la radioactivité croît d'un facteur 20 et reste importante jusque vers l'année 1965 où se déposent les retombées de la série d'explosions importantes réalisées dans l'hémisphère Nord entre septembre 1961 et décembre 1962, soit près de trois ans auparavant.

On atteint alors dans certaines couches jusqu'à quarante fois le bruit de fond naturel. La suspension des tests atmosphériques, de 1963 à 1966, se traduit par une décroissance de la radioactivité liée à l'appauvrissement du réservoir stratosphérique. Les mesures faites dans la neige permettent d'estimer à un an et demi le temps de résidence du strontium 90 (^{90}Sr) et du césium 137 (^{137}Cs) dans la stratosphère; ce sont ces éléments, dont la période est de l'ordre de la vingtaine d'années, qui sont principalement cause de la radioactivité bêta. Une série de pics secondaires est observée dans la neige déposée entre 1968 et 1975; ils correspondent à une reprise très partielle des explosions dans l'air, alors que la radioactivité revient vers des valeurs proches du niveau naturel. Les niveaux 1955 et 1965 particulièrement élevés permettent de caractériser, sur l'ensemble de l'Antarctique, les couches déposées ces années-là et servent de repères pour mesurer l'accumulation de la neige. De la même façon, le tritium, qui est un radioélément produit naturellement par l'action du rayonnement cosmique sur les gaz de l'atmosphère mais aussi lors des explo-

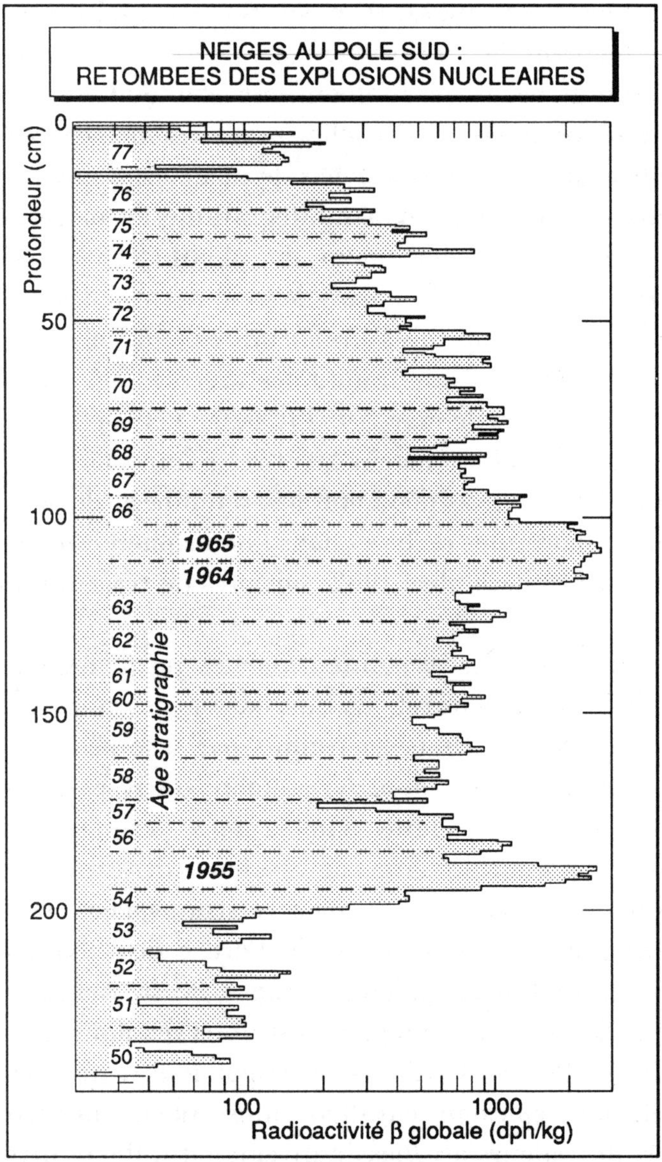

Figure 6.2. Neiges au pôle Sud : retombées des explosions nucléaires

Radioactivité bêta (exprimée en désintégrations par heure et par kilogramme de neige dans une échelle logarithmique) en fonction de la profondeur et de l'âge des couches. On observe notamment des pics importants en 1955 et 1964-1965; ils proviennent de tests thermonucléaires dans l'atmosphère, en 1954 dans l'hémisphère Sud pour le premier et en 1962 dans l'hémisphère Nord pour le second, témoignant ainsi d'une contamination globale de l'atmosphère (d'après M. Pourchet et al., 1983).

sions thermonucléaires, est cent fois plus concentré dans la neige déposée vers la fin de l'année 1965.

Une analyse plus fine de la radioactivité conduit à des résultats surprenants, qui caractérisent bien la sensibilité des archives glaciaires. Il a été ainsi possible de détecter un pic de plutonium 238 dans les neiges polaires : ce plutonium provenait de l'explosion d'un kilogramme de carburant nucléaire utilisé par un satellite de navigation qui s'était écrasé vers l'océan Indien. Tout récemment, l'équipe américaine de Paul Mayewski a détecté un niveau de forte radioactivité dans la neige déposée au pôle Sud en 1987; ces chercheurs suggèrent que les particules radioactives pourraient provenir de l'explosion du réacteur soviétique de Tchernobyl. Si cela est vrai, quel chemin ont-elles suivi?

Les archives glaciaires permettent donc de mesurer le degré de pollution de notre atmosphère, loin des sources humaines d'émission. Elles constituent une référence caractérisant le « bruit de fond » naturel, à partir duquel on peut évaluer l'impact de l'homme. Pour ce qui est des aérosols, la réponse est claire : l'homme a marqué l'atmosphère, et principalement celle de l'hémisphère Nord. Qu'en est-il des gaz?

Gaz carbonique

Les gaz se mélangent rapidement dans l'atmosphère et l'air des bulles de la glace antarctique est pratiquement le même que celui que les Européens ou les Russes ou les Chinois respirent, dès qu'ils sont à la campagne. Hans Oeschger et son équipe, à Berne, ont prélevé il y a quelques années une carotte à la station de Sipple, dans l'Antarctique de l'Ouest. Le site est très favorable : la température est suffisamment basse pour que la fusion ne modifie pas les concentrations atmosphériques et l'accumulation est assez élevée pour que les bulles soient rapidement piégées dans la glace, c'est-à-dire en une dizaine d'années. La carotte est bien datée et l'on dispose de techniques permettant de mesurer de façon précise un certain nombre de gaz sur les petites quantités d'air extraites de la glace; il devient possible d'étudier l'évolution de l'atmosphère depuis le début de l'ère industrielle.

Les résultats publiés en 1985 font quelque bruit : les teneurs de l'atmosphère en CO_2 augmentent, et de plus en plus rapidement, depuis deux siècles *(figure 6.3)*. Les valeurs s'ajustent parfaitement avec les mesures de Keeling faites directement

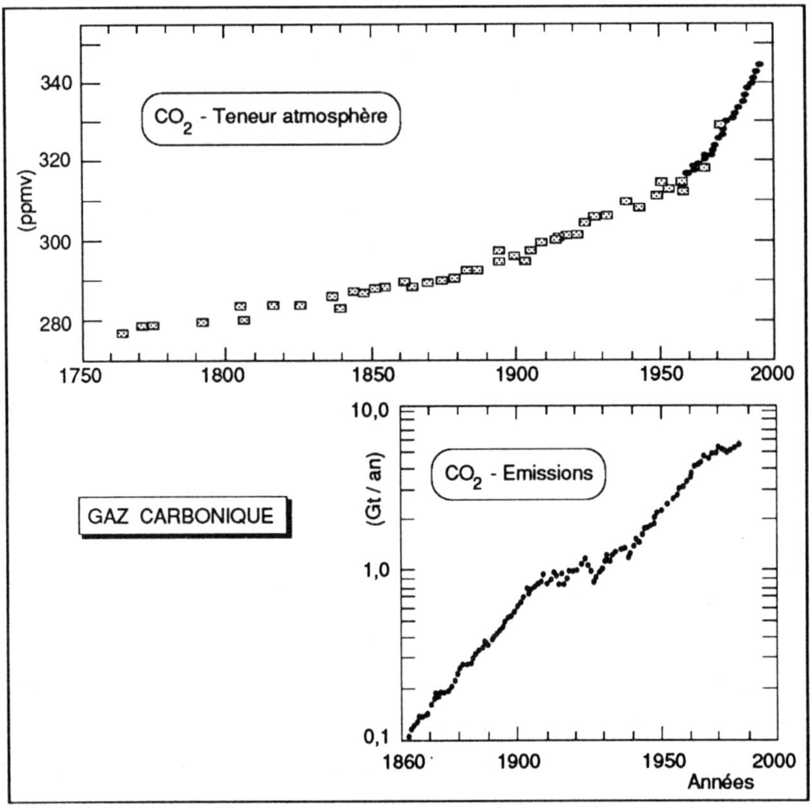

Figure 6.3. Gaz carbonique

La courbe du haut illustre l'augmentation de la concentration du gaz carbonique dans l'atmosphère depuis deux siècles. Les données proviennent de l'analyse des bulles d'air contenues dans la glace (symboles carrés) et, pour la partie récente, de mesures faites directement dans l'atmosphère depuis 1958 (taches noires). Cette augmentation est due principalement au CO_2 dégagé lors de la combustion des carburants, comme l'illustre la courbe du bas qui représente les émissions estimées en gigatonnes de carbone par an dans une échelle logarithmique (d'après A. Neftel et al., 1985, et R.T. Watson et al., 1990).

dans l'atmosphère, mais seulement depuis une trentaine d'années. Par rapport à l'air, la concentration est, en 1800, de 280 ppmv (partie par million en volume). Elle n'augmente que de 15 ppmv en un siècle; mais l'on mesure 315 en 1958 (au moment où Keeling commence ses mesures) et 355 aujourd'hui. La croissance s'accélère : de 0,15 ppmv par an, elle est passée à 0,6 pour atteindre maintenant 1,8. Au total, l'augmentation, par rapport à la période préindustrielle, est de 25 %. Où s'arrêtera-t-elle, alors que la concentration actuelle est bien supérieure à celles mesurées par l'équipe de Grenoble au cours des derniers 150 000 ans?

On sait que la teneur naturelle de l'atmosphère en CO_2 résulte d'échanges complexes entre différents réservoirs qui contiennent du carbone et jouent le rôle de sources, lorsque le carbone est émis, ou de puits, lorsqu'il disparaît. A l'exception des sédiments et des roches qui n'interviennent qu'aux échelles de temps géologiques, le réservoir océanique est de loin le plus important, représentant plus de 50 fois celui de l'atmosphère. Les échanges océan-atmosphère et végétation-atmosphère sont les plus intenses, de l'ordre de 100 milliards de tonnes (ou gigatonnes, Gt) de carbone par an. L'homme injecte chaque année 20 milliards de tonnes de CO_2 (équivalant à 5,5 Gt de carbone) dans l'air, qui proviennent de la combustion des carburants fossiles – pétrole, gaz et charbon – utilisés essentiellement pour produire de l'énergie. Le carbone des carburants fossiles est très ancien et ne contient plus d'isotope de masse 14 qui est radioactif; mais il renferme une proportion d'isotope de masse 13, par rapport à celui de masse 12 plus abondant, qui est différente de celle existant dans le carbone des autres réservoirs naturels. On dispose ainsi de traceurs dont la mesure dans l'atmosphère a permis de confirmer la réalité d'une source anthropique. 5,5 Gt de carbone provenant de l'utilisation des carburants fossiles, c'est beaucoup : 4 tonnes en moyenne de CO_2 pour chacun des cinq milliards d'habitants de la Planète; mais c'est peu, comparé aux flux de carbone entre les différents réservoirs naturels. Il faut ajouter environ 2 Gt provenant de la déforestation; le total ne représente qu'un faible pourcentage des échanges naturels mais suffit pour modifier la teneur de l'atmosphère en CO_2. L'augmentation actuellement observée implique que près de la moitié du CO_2 anthropique demeure dans l'atmosphère; le reste, environ 4 Gt de carbone par an, disparaît. Où? Très approximativement, car les évaluations sont imprécises, il est pour moitié dissous dans l'océan, et pour moitié absorbé par la végétation continentale. Même si le cycle du carbone est encore très mal connu, il l'est suffisamment cependant pour que l'on ait pu identifier le principal responsable de l'augmentation du CO_2 dans l'atmosphère depuis deux siècles : la combustion des carburants fossiles, à quoi il faut ajouter la déforestation qui va en s'accélérant *(figure 6.4)*.

On connaît relativement bien les quantités de combustibles utilisées et donc celles de CO_2 émises dans l'air : elles croissent de façon exponentielle, augmentant de 4 % par an, depuis environ 1860. Les seuls stades de ralentissement se sont produits durant les périodes que l'on peut qualifier de catastrophiques : guerres mondiales des années 1915 et 1940, crash de 1930 et crise pétrolière de 1973. Au total 200 milliards de tonnes de CO_2 ont été injectées dans l'atmosphère en un peu plus d'un siècle. 95 % des émissions proviennent des pays industrialisés de l'hémisphère Nord, où l'on consomme 5 tonnes de carbone par an et par habitant, soit entre 10 et 25 fois plus, suivant les cas, que dans les pays en voie de développement. Mais le taux de croissance des émissions dans ces pays est aujourd'hui de 6 %. S'il faut stabiliser la concentration de CO_2 dans l'atmosphère, ce ne sera pas simple. De plus ce gaz a une durée de vie d'au moins cent ans : même si toutes les émissions étaient stoppées aujourd'hui, ce qui paraît tout à fait inconcevable, il faudrait plusieurs siècles à l'atmosphère pour qu'elle retrouve son niveau naturel.

Les forêts couvrent 2,6 milliards d'hectares, dont 1,1 sous les tropiques de l'Amérique latine. L'Europe n'est certes plus cette immense forêt qu'elle était il y a deux ou trois mille

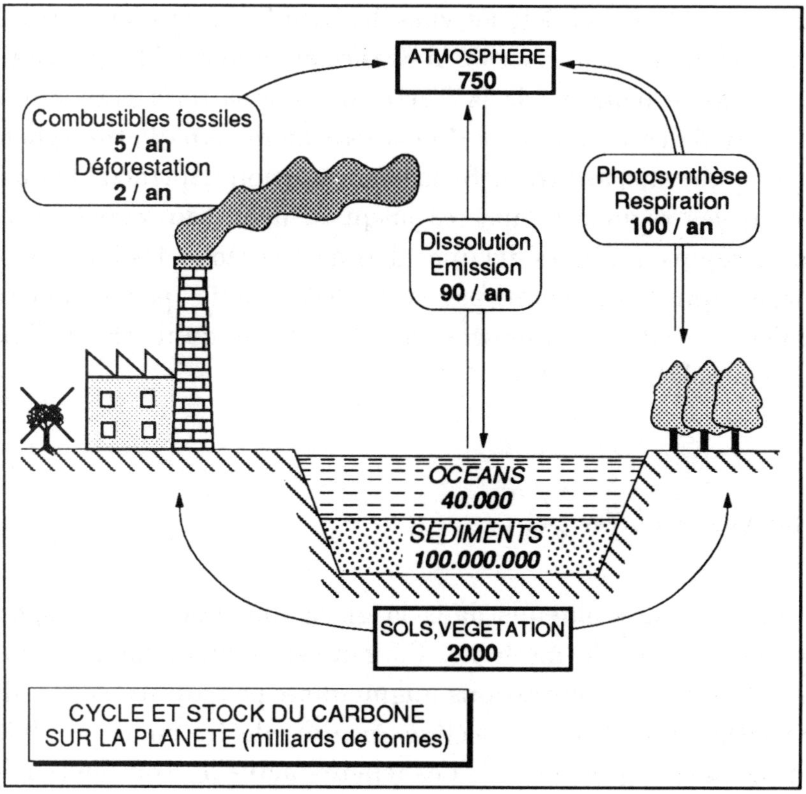

Figure 6.4. Cycle du carbone

La quantité de carbone contenue dans différents réservoirs (atmosphère, océans et sédiments marins, sols et biosphère) est exprimée en milliards de tonnes. Les échanges entre les différents réservoirs sont symbolisés par des flèches et exprimés en milliards de tonnes par an. Ces échanges contrôlent la concentration en CO_2 dans l'atmosphère. Bien que relativement faibles par rapport aux flux naturels, les émissions en CO_2 dues aux activités humaines suffisent à perturber l'équilibre naturel.

ans, mais la surface boisée reste relativement vaste et productive. Malheureusement, sur d'autres continents, déboisement signifie aussi désertification. Agriculture, industrie du bois et production d'énergie (le bois représente 90 % des sources d'énergie dans certains pays) expliquent la destruction des forêts, sans parler de la pratique qui consiste à brûler la végétation pour obtenir de façon rapide une terre que l'on s'engage à cultiver. Il ne resterait plus maintenant que 700 millions d'hectares de forêts tropicales; 11 millions d'hectares, et cela se voit sur les vues des satellites, seraient détruits chaque année, la surface de la France en cinq ans! L'Amazonie n'est pas le poumon de la Terre, mais si sa forêt était entièrement détruite, 11 Gt de CO_2 passeraient dans l'atmosphère et ce puits disparaîtrait. Si la déforestation a principalement affecté les régions tempérées jusqu'au début du XXe siècle, ce sont, depuis quelques dizaines d'années surtout, les forêts tropicales qui la subissent, par suite de pratiques parfois ancestrales et vitales ou imposées par l'économie, qu'il sera difficile de contrôler.

Méthane et autres gaz

Les résultats obtenus dans la glace sont encore plus spectaculaires pour le méthane. Ce gaz est moins abondant que le CO_2 et les concentrations augmentent peu au XIXe siècle, de 0,8 à 0,9 ppmv. Tout s'accélère ensuite : de 1,1 ppmv en 1950 on est passé à plus de 1,7. Les teneurs actuelles sont deux fois plus élevées qu'il y a deux siècles, niveau naturel le plus haut que l'on ait mesuré sur 150 000 ans. Comment s'explique cette croissance?

Le méthane est naturellement produit par décomposition de la matière organique, par suite notamment de l'activité microbienne en milieu anaérobique (c'est-à-dire sans oxygène). Il provient donc des sols recouverts d'eau, des marécages et surtout des intestins des animaux herbivores et des termites. En plus des rizières, d'autres sources sont typiquement liées à la présence de l'homme : exploitation du gaz naturel et du charbon, combustion de la biomasse et émissions par les décharges. Les océans, ainsi que la décomposition des composés hydratés (par exemple lors de la fusion des sols gelés) ont une faible contribution. Les émissions de méthane sont évaluées à 500 millions de tonnes par an, à 20 % près. Les sources industrielles représentent environ 30 % de ce total; rizières et bétail environ 40 %. On peut estimer que les sources anthropiques ont augmenté de 50 % depuis un demi-siècle.

Pour l'essentiel, le méthane ainsi formé disparaît par oxydation dans l'air, ce qui explique une durée de vie de l'ordre de 10 ans, plus courte que celle du gaz carbonique. Moins de 50 millions de tonnes demeurent dans l'atmosphère, entraînant une croissance voisine de 1 % par an.

Le protoxyde d'azote (N_2O) est également présent dans les bulles d'air emprisonnées dans la glace; il augmente lui aussi depuis deux siècles, comme l'ont montré les Américains Khalil et Rasmussen. Progressivement de 1750 à 1950, avec des concentrations passant de 0,285 à 0,295 ppmv, beaucoup plus rapidement ensuite puisque l'on mesure actuellement 0,310 ppmv. Au total, une augmentation de 8 %. Le N_2O est naturellement produit par l'action des micro-organismes dans les sols et l'eau. Le couvert des forêts et les océans sont la source des 4 à 10 millions de tonnes émises chaque année dans l'atmosphère. La contribution anthropique vient de la combustion des carburants, de la végétation et maintenant essentiellement peut-être des engrais. N_2O est en grande partie détruit par oxydation, mais dans la stratosphère, ce qui explique son temps de vie plus long, environ 150 ans.

Même si les mesures ne proviennent pas ici de la glace, il nous faut dire quelques mots des « fréons » ou « halons », pour utiliser les noms sous lesquels ils sont commercialisés. Ces chlorofluorocarbones sont des molécules synthétiques composées de chlore, de fluor ou de brome. Ils n'existaient pratiquement pas avant les années 1950 mais sont maintenant utilisés dans les bombes à aérosols, et la fabrication des mousses synthétiques isolantes (dans chaque cas, environ 30 % de la production), la réfrigération, la climatisation et comme solvants. Plus de 800 000 tonnes des CFC 11 et 12 qui contiennent du chlore sont produites chaque année, à 95 % dans l'hémisphère Nord, mais distribuées partout. Ces composés sont stables, avec une durée de vie allant jusqu'à 100 ans; ils pénètrent jusque dans la stratosphère et de là jusque vers les pôles. C'est dans les conditions particulières rencontrées au-dessus de l'Antarctique qu'ils vont s'attaquer à la couche d'ozone. Les concentrations sont pourtant faibles, un million de fois plus petites que celles du CO_2 pour les CFC 11 et 12, mais elles croissent de 4 % par an. Les mesures de contrôle pour les pays industrialisés qui ont signé le protocole de Montréal en 1987 visent à ramener en 1990 production et consommation au niveau de l'année 1986, des échéances plus restrictives encore étant fixées pour 1993 (80 %) et 1998 (50 %); les pays en voie de développement se voient reconnaître une certaine marge de croissance et un délai de dix ans pour l'application de cet accord – dont il reste à savoir s'il sera respecté.

Population

Alors que l'on n'a entrepris des mesures directes dans l'atmosphère que depuis quelques dizaines d'années, les données stockées dans les neiges et glaces des calottes polaires montrent que l'homme modifie de façon sensible, et toujours plus rapidement depuis plus de deux siècles, la composition de l'atmosphère. Production d'énergie, étendue des rizières... Cette pollution ne dépend pas seulement de notre appétit de consommation : elle est surtout liée *(figure 6.5)* à une démographie galopante – 1,2 milliard d'hommes et de femmes en 1850, 2,5 en 1950 et 5 en 1987. La population de la planète double en un temps de plus en plus court; elle augmente actuellement de 80 millions par an, pour 90 % dans les pays en voie de développement. La pollution est affaire de santé, surtout dans les zones urbaines surpeuplées, et chacun comprendra que l'on s'en soucie. Mais en quoi la variation de la composition de l'atmosphère, tout au plus de quelques dizaines de millioniêmes pour les gaz en traces dont nous avons parlé, peut-elle intéresser la population à l'échelle planétaire?

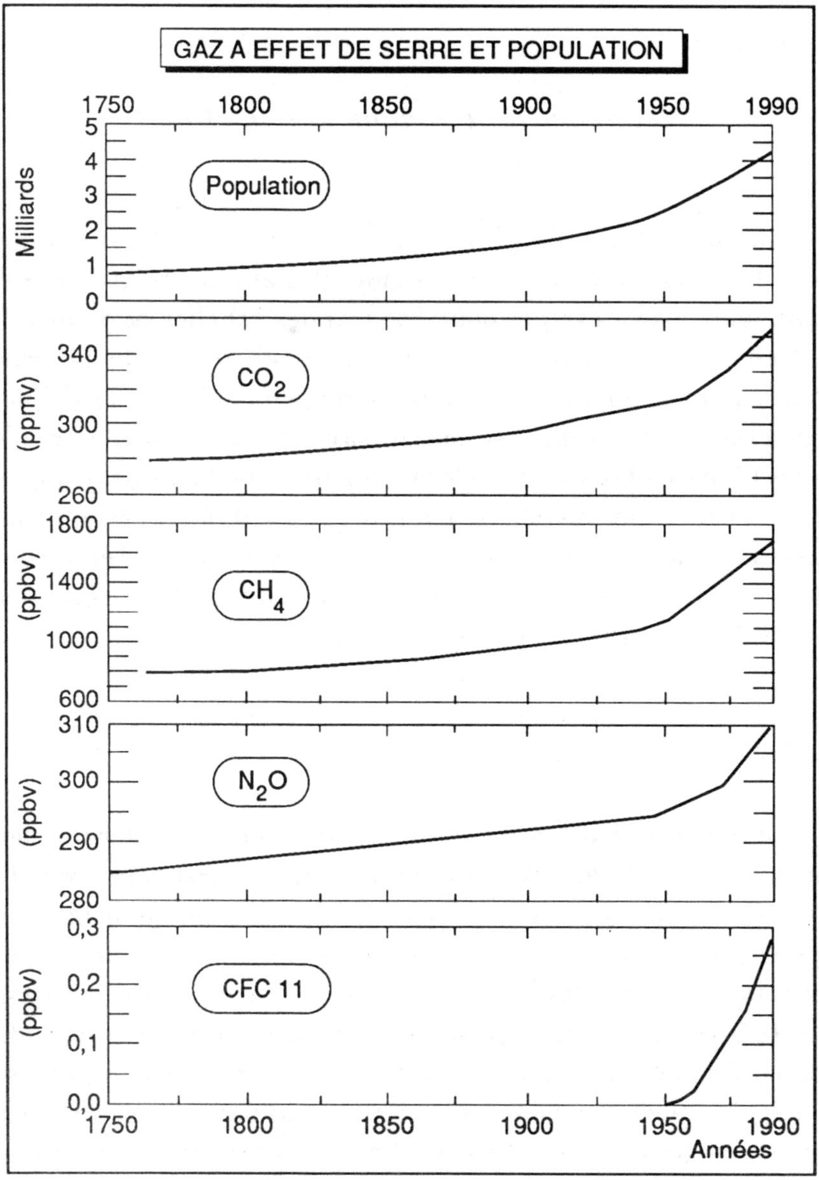

Figure 6.5. Gaz à effet de serre et population

L'analyse des bulles d'air contenues dans la glace de l'Antarctique a permis de montrer l'évolution des concentrations dans l'atmosphère du protoxyde d'azote, du méthane et du gaz carbonique au cours des deux derniers siècles. Pour la période la plus récente, elle est complétée par des mesures faites directement dans l'atmosphère. Ces données permettent d'illustrer le parallélisme qui existe entre l'augmentation des teneurs en gaz à effet de serre dans l'atmosphère et celle de la population mondiale.

L'impact de l'homme sur le climat

Afin de comprendre l'importance de ces gaz, il faut revenir sur le fonctionnement du système climatique de la Planète, que nous avons évoqué pour les grandes échelles de temps. Il est en équilibre lorsque le rayonnement solaire qu'elle absorbe (émis dans le domaine des courtes longueurs d'onde, le visible) est exactement compensé par le rayonnement qu'elle envoie vers l'espace (dans les grandes longueurs d'onde, l'infra-rouge). Tout facteur qui modifie cet équilibre radiatif (forçage) entraîne une modification du climat, la température de la Terre évoluant pour restaurer cet état d'équilibre. Il faut donc examiner les différents intervenants possibles.

Soleil

Le Soleil fournit en moyenne une énergie de 340 watts par mètre carré (W/m^2) au sommet de notre atmosphère. Mais la quantité émise n'est pas tout à fait constante, comme le montre l'activité de la couche externe du Soleil, qui se manifeste notamment par la présence de taches solaires suivant un cycle de 11 ans. Les données satellitaires indiquent que l'amplitude de ce forçage pourrait être de 0,2 W/m^2; mais son signe est variable et l'effet sur des échelles de temps plus grandes devrait être négligeable. On évoque parfois la possibilité de variations de plus longue période, de l'ordre du siècle, affectant l'amplitude du cycle de 11 ans ou le diamètre du Soleil. On parle aussi de minima de l'activité solaire, tel que celui de Maunder, rendu responsable par certains auteurs du Petit Age Glaciaire que la Terre a connu autour du XVIIe siècle. Cependant l'étude des variations du climat durant les derniers 10 000 ans n'indique aucune relation entre activité solaire et climat; même si le Petit Age Glaciaire était dû à la seule activité solaire, la valeur maximale du forçage serait de 1 W/m^2 et les glaciologues ont déjà montré que les teneurs en méthane étaient alors plus faibles et les poussières volcaniques plus nombreuses. Il n'existe donc aucun argument pour penser que l'énergie solaire reçue a changé de plus de quelques dixièmes de W/m^2... à l'échelle des siècles.

Poussières

Les aérosols agissent directement sur le bilan radiatif, par absorption et diffusion du rayonnement. Pour la stratosphère, la source principale provient des éruptions volcaniques, tandis que sources naturelles et polluants alimentent la troposphère. L'une des plus puissantes, l'éruption du Laki en Islande, a duré plus de huit mois en 1783 et l'hiver qui suivit fut plus froid que la moyenne de 4 à 5° C; il fallut plusieurs années pour revenir à une situation normale. Après avoir étudié les carottes de glace du Groenland, Klaus Hammer a suggéré que l'activité des volcans pourrait expliquer une partie de la variation du climat au cours du dernier millénaire... Une idée controversée, car il semble que les aérosols volcaniques ne peuvent modifier le bilan radiatif que de quelques dixièmes de W/m^2 à l'échelle de quelques années. Par ailleurs, il est clair que les atmosphères urbaines très polluées réduisent le rayonnement solaire qui arrive au sol – mais elles absorbent aussi le rayonnement infra-rouge émis par la Terre. De plus, l'augmentation des poussières et principalement des sulfates n'est pas homogène sur la Terre, et l'effet radiatif peut changer de sens avec la nature de la surface du sol : océan ou désert. Actuellement les chercheurs s'estiment incapables d'évaluer s'il sera au total positif ou négatif. Les aérosols peuvent agir également de façon indirecte, en modifiant les propriétés des nuages. La concentration des gouttelettes dépend des noyaux de condensation présents et augmente avec leur nombre. Si c'est là un fait bien établi, il est difficile en revanche de quantifier une augmentation possible de l'albédo et donc le refroidissement qu'elle entraînerait. Ce forçage pourrait cependant avoir été significatif, peut-être de quelques dixièmes de W/m^2 depuis le début du XXe siècle. Les émissions de composés soufrés sont particulièrement impliquées et de nombreux pays ont pris des mesures pour les réduire; le temps de vie de ces aérosols est court et ce forçage, s'il existe, devrait se stabiliser, voire décroître, dans le futur proche.

Surfaces

Neiges et glaces réfléchissent 85 % du rayonnement solaire, beaucoup plus que les surfaces océaniques et continentales (entre 5 et 40 % suivant le cas). Les effets de la désertification, de la déforestation et de l'urbanisation ont progressivement augmenté depuis quelque temps, mais les changements globalement induits paraissent faibles, de quelques centièmes de W/m^2 actuellement, même si les impacts locaux peuvent être notables. On a déjà souligné qu'un réchauffement ou un refroidissement du climat liés au bilan radiatif conduirait à une modification importante des surfaces couvertes par les neiges saisonnières et la glace, amplifiant le déséquilibre du bilan radiatif et le signal climatique.

Nuages

Ils jouent un rôle particulièrement complexe dans le fonctionnement du système climatique. Ils absorbent un peu moins de 15 % du rayonnement solaire, environ 44 W/m^2 et une partie du rayonnement infra-rouge émis par la Terre, 31 W/m^2. Ce rôle radiatif négatif contribue donc au refroidissement de la Terre. Mais ce bilan dépend de plusieurs paramètres : importance de la couverture nuageuse, altitude des nuages et teneur en gouttelettes dont nous avons parlé. Suivant les cas, absorption du rayonnement solaire ou absorption du rayonnement terrestre vont se trouver favorisées, augmentant ou diminuant le déficit radiatif. Le rôle des nuages qui pourrait être associé à un changement climatique est pour le moins incertain : vont-ils l'amplifier ou le diminuer?

Effet de serre

L'air est essentiellement un mélange d'azote (78 %), d'oxygène (21 %) et de quelques gaz dont le plus abondant est l'argon (presque 1 %). Mais il en contient d'autres, présents à l'état de traces. Tout d'abord la vapeur d'eau, dont l'humidité nous dit qu'elle varie en temps et en lieu, puis le gaz carbonique. On se perd rapidement parmi les zéros tant les concentrations sont faibles; il vaut mieux parler en parties par million en volume (CO_2 = 350), puis par billion (CH_4 = 1 700; N_2O = 310) et trillion (CFC 12 = 480 et CFC 11 = 280).

Le soleil a une température de surface d'environ 5 000° K et émet un rayonnement dont l'énergie se situe entre les longueurs d'onde 0,2 à 4 microns, autour d'un maximum de 0,6 correspondant à la couleur jaune. La température de la Terre est en moyenne de 15° C et le rayonnement émis est compris dans l'intervalle de 4 à 80 microns, le maximum étant à 12, dans l'infra-rouge. Si les gaz de l'atmosphère laissent passer l'essentiel (exception faite du peu qu'absorbe la vapeur d'eau) du rayonnement visible, certains interviennent dans le domaine de l'infra-rouge. Ce sont les gaz dits à effet de serre. Même présents à l'état de traces, ils sont d'une efficacité redoutable : la vapeur d'eau absorbe plus de 100 W/m^2 et le gaz carbonique 50 W/m^2. L'ampleur de l'effet de serre peut être illustrée par les observations des satellites : la température de rayonnement de l'atmosphère de la Planète mesurée de l'espace est de 30° C inférieure à celle de la surface de la Terre. Si la vapeur d'eau était seule présente, l'effet serait encore important, environ 20° C; avec le gaz carbonique seul, il serait de 7 à 8° C. Pour l'atmosphère des années 1980 à 1990, les contributions, en dehors de la vapeur d'eau, à l'absorption infra-rouge sont dans l'ordre : CO_2 (55 %), CH_4 (15 %) et N_2O (5 %) et pour l'ensemble des CFC près de 25 %. On constate que la part prise n'a pas grand-chose à voir avec les concentrations, car ces gaz ont des capacités d'absorption très différentes. Pour une masse donnée, le CH_4 est 58 fois plus absorbant que le CO_2, et les CFC 11 et 12 le sont respectivement de 4 000 et 5 750 fois.

L'homme a déjà modifié de façon substantielle la composition de l'atmosphère, et si l'on prend comme base celle des années 1750, elle absorbe aujourd'hui presque 2,5 W/m^2 de plus. Production d'énergie et des CFC, agriculture et déforestation en sont la cause; États-Unis, URSS et Europe contribuent actuellement pour moitié à l'effet de serre *(figure 6.6)*. Pas de quoi fouetter un chat? Mais qu'en sera-t-il dans le futur?

Le plus simple est de projeter les taux de croissance actuels des gaz à effet de serre, approche que les Anglo-Saxons résument d'une formule laconique : *Business as usual*. On calcule ainsi que la concentration de l'atmosphère en CO_2 à la fin du siècle prochain serait supérieure à 820 ppmv, près de trois fois ce qu'elle était en 1750; pour cela on suppose que la proportion du CO_2 émis restant dans l'atmosphère sera la même qu'actuellement. Il existe assez de ressources naturelles et de besoins en énergie pour que ce scénario apparaisse réaliste. A moins de considérer le cas où la société déciderait de contrôler la déforestation et les autres sources de CO_2, par exemple en réduisant le rythme de croissance ou en utilisant d'autres sources d'énergie que les carburants fossiles. Cela se traduit par d'autres scénarios explicités plus loin. Dans tous les cas, la concentration en CO_2 continuerait d'augmenter au cours des prochaines décennies; à l'horizon 2100 elle serait comprise entre 450 et 550 ppmv.

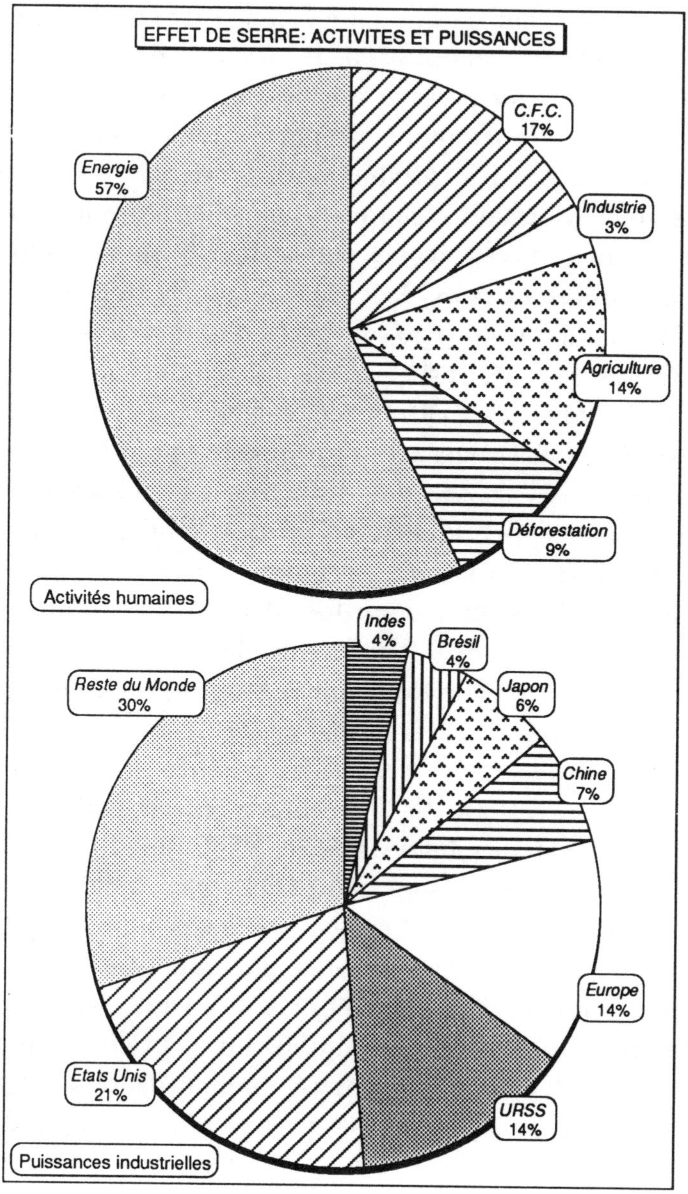

Figure 6.6. L'effet de serre

– *En haut :* Activités humaines et effet de serre. La contribution de différents secteurs d'activité au forçage radiatif des gaz à effet de serre est exprimée en %. La production d'énergie (près de 60 %) est le facteur le plus important ; viennent ensuite la production des CFC, puis l'agriculture et la déforestation.

– *En bas :* Puissances industrielles et effet de serre. Les États-Unis, l'Europe et l'URSS contribuent pour moitié à l'effet de serre lié aux activités humaines (d'après *Climate Change*, 1990).

On peut procéder de la même façon pour les autres gaz, en tenant compte de l'application des accords de Montréal pour les CFC. Notons au passage que les teneurs de l'atmosphère ne seront pas exactement proportionnelles aux émissions anthropiques. Ainsi la production du CH_4 par les rizières et les étendues couvertes d'eau est plus importante lorsqu'il fait chaud; toutes choses égales par ailleurs, un réchauffement servira d'amplificateur des émissions. De tels effets, qui concernent aussi le CO_2, ne sont pas suffisamment connus pour être évalués; leur réalité est cependant très fortement suggérée par les résultats de la carotte de Vostok.

L'évolution des concentrations futures prend bien sûr en compte la durée de vie des différents gaz et, pour estimer l'amplitude de l'effet de serre en termes d'énergie, il faut faire intervenir leur capacité d'absorption.

Sans contrôle des émissions, les calculs montrent qu'en 2030 – ce n'est pas si loin – l'ensemble des gaz à effet de serre aurait le même effet qu'un doublement de la concentration en CO_2, entraînant un forçage d'un peu plus de 4 W/m^2; en 2100 on atteindrait 10 W/m^2. Dans les deux cas, la contribution du CO_2 resterait la plus importante et comprise entre 60 et 65 %. Pour les autres scénarios (cf. *infra*, légende de la *figure 6.7*), les valeurs sont comprises entre 4 et 6,5 W/m^2 à la fin du siècle prochain. Certes il y a beaucoup d'incertitudes dans cette projection des teneurs de l'atmosphère en gaz à effet de serre mais le forçage équivalant à un doublement du CO_2 se produira de toute façon, dans une fourchette allant des années 2020 à 2050. Il sera à ce moment-là très largement supérieur aux causes évoquées précédemment : émission du Soleil et aérosols.

Mais quel impact climatique peut bien avoir le gain d'énergie lié aux activités humaines, de moins d'une dizaine de watts par mètre carré par rapport aux 340 qui arrivent du Soleil au sommet de notre atmosphère et aux 170 que la surface de la Terre absorbe?

Feed-back et modèles

Un calcul simple de température d'équilibre montre que le changement de bilan radiatif lié à un doublement du CO_2, soit un peu plus de 4 W/m^2, doit entraîner un réchauffement de 1,2° C, chiffre que l'on connaît donc avec précision. Est-ce tout? Non, car il faut prendre en compte les *feed-back* dont nous avons déjà parlé. Le plus simple à évaluer est celui de la vapeur d'eau. Une atmosphère plus chaude en contient plus, d'où une absorption plus grande du rayonnement terrestre et, dans une moindre mesure, du rayonnement solaire. Le réchauffement initial de 1,2° C devient 1,9° C; il a été amplifié de 60 %. D'autres rétroactions interviennent. Liée au réchauffement, la diminution des surfaces couvertes par les neiges et la glace de mer fait que la Terre absorbe une plus grande part du rayonnement solaire. Ce facteur d'amplification vient s'ajouter à celui de la vapeur d'eau mais il est déjà plus difficile à évaluer. La situation, nous l'avons vu, est encore plus compliquée dans le cas des nuages et tous ces *feed-back* réagissent les uns sur les autres. Face à cette complexité il est nécessaire de trouver une autre approche.

Les meilleurs outils disponibles pour évaluer le changement de température associé à un doublement de CO_2 sont les modèles de circulation générale de l'atmosphère. Ils intègrent sous forme mathématique ce que nous savons des processus physiques et dynamiques qui interviennent dans le système climatique; connaissance imparfaite, hélas. De plus il n'est pas possible de tenir compte de tous les paramètres et des échelles fines d'espace car cela exigerait une puissance de calcul colossale. Cependant ils simulent assez correctement les principales caractéristiques du climat actuel; en introduisant dans ces modèles un forçage radiatif de 4 W/m^2 correspondant à un doublement de la teneur en CO_2 on peut donc calculer les différents *feed-back* et la variation de température que caractériserait le nouvel état d'équilibre de la Planète Terre.

Climat du futur

A l'échelle du globe, les résultats indiquent un réchauffement important : 4° C, la plupart des valeurs étant comprises entre 3,5 et 4,5. Le principal problème, comme on s'y attendait, vient de l'incertitude du rôle des nuages. Si l'on suppose qu'il n'a pas changé, la gamme de valeurs est comprise entre 2 et 3° C; mais dans la plupart des modèles, le réchauffement est amplifié avec la prise en compte des nuages et l'on obtient 4 à 5° C. Quelques simulations suggèrent que les nuages pourraient jouer un rôle modérateur; c'est le cas d'une expérience récente qui suppose que leur albédo augmente avec le nombre de noyaux de condensation, donnant une augmentation de la température de 1,9° C. Par rapport au 1,2° C que donne le seul effet radiatif du doublement du CO_2, l'amplification due aux *feed-back* varie d'un facteur 1,6 à 4,3 – une large gamme qui illustre bien les incertitudes actuelles de la connaissance.

A ce stade il est utile de faire un retour en arrière. Les données de la carotte de Vostok nous ont permis d'évaluer que le facteur d'amplification de l'effet de serre au cours des variations glaciaire-interglaciaire était d'environ 3, une valeur confirmée par la simulation du climat passé. Même si l'approche paléoclimatique peut paraître trop simplifiée, elle suggère, en appliquant le facteur d'amplification de 3, que le réchauffement lié à un doublement de CO_2 pourrait être de 3,6° C; une valeur cohérente avec celle que donnent la plupart des simulations des modèles.

Mais il faut comprendre que la Terre ne peut répondre de façon instantanée à un changement du bilan radiatif. Son inertie est grande car la chaleur accumulée dans les couches superficielles de l'océan est constamment évacuée, par la circulation des eaux, vers les couches les plus profondes. Inertie que les baigneurs un peu frileux connaissent bien à l'échelle des saisons, en préférant se baigner au mois d'août plutôt qu'en juin où le soleil est cependant plus actif. Et il faudra attendre des dizaines d'années, peut-être jusqu'à un siècle, pour que l'ensemble des océans se réchauffe. C'est alors seulement que l'on atteindra la température d'équilibre correspondant par exemple aux évaluations faites pour un doublement de CO_2. Le problème est encore compliqué par le fait que la perturbation produite par l'homme n'est pas instantanée; les concentrations en gaz à effet de serre, et donc le forçage, augmentent progressivement avec le temps.

Pour évaluer cet effet d'inertie, il faut se tourner vers des modèles de la circulation des océans, ou plus exactement couplant dans le temps l'atmosphère et les océans. Malgré leurs imperfections on voit ainsi que l'élévation de température à laquelle on peut s'attendre depuis le début du siècle n'est qu'une fraction de celle qui résulterait de l'état d'équilibre et que cette fraction dépend du réchauffement finalement attendu; c'est logique : chacun comprend qu'il faut plus de temps pour réchauffer les océans de 4° C que de 2. Si l'on stabilisait l'effet de serre maintenant, c'est-à-dire la composition de l'atmosphère, la température continuerait à augmenter pendant des dizaines d'années; mais un jour ou l'autre l'équilibre serait atteint. La simulation de l'état transitoire est pleine d'incertitudes, ce qui rend difficile l'évaluation de l'évolution de la température attendue du forçage effet de serre depuis le début du siècle. Dans le cas du scénario sans contrôle d'émission, les calculs indiquent une augmentation de température d'environ 4° C à l'horizon 2100, dans une gamme d'incertitude comprise entre 3 et 6° C qui reflète celle des modèles *(figure 6.7)*. Selon les limitations envisagées, les différents scénarios donnent un réchauffement de 2 à 3° C.

L'accroissement des gaz à effet de serre depuis le début de l'ère pré-industrielle correspond à un forçage radiatif de 2,5 W/m^2. Les estimations des modèles suggèrent que le climat

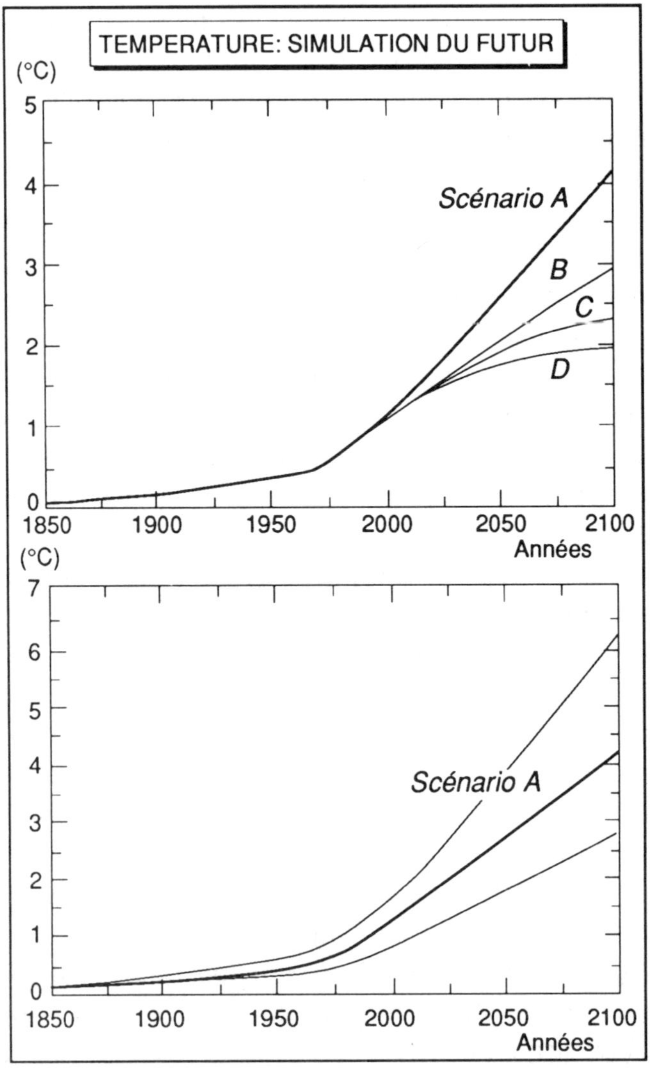

Figure 6.7. Simulation de l'évolution de la température liée à l'effet de serre

– L'accroissement de la température moyenne du globe est simulée à partir de l'augmentation des teneurs en gaz à effet de serre observée de 1850 à 1990. Au-delà, et jusqu'à 2 100 différents scénarios sont utilisés. Tous supposent le même taux de croissance de la population et de l'économie mais diffèrent pour les prévisions d'émission des gaz à effet de serre : A = poursuite des tendances actuelles avec utilisation importante du charbon et économies d'énergie modestes ; B = utilisation plus intense du gaz naturel, économies d'énergie importantes, arrêt de la déforestation et réduction importante des CFC ; C = énergies renouvelables et nucléaire après le milieu du prochain siècle, interdiction des CFC et limitation des émissions dues à l'agriculture ; D = énergies renouvelables et nucléaire dès le début du prochain siècle ; limitation des émissions dans les pays industrialisés. Vers 2050, celles de CO_2 sont réduites de moitié par rapport à leur niveau de 1985.

– L'incertitude des simulations de la température correspondant à un scénario donné pour les émissions de gaz à effet de serre est illustrée dans la figure du bas par trois courbes qui représentent les valeurs maximales et minimales, celle du milieu donnant l'estimation la meilleure qui puisse être faite dans l'état actuel des connaissances. Dans le cas du scénario A, qui correspond à l'équivalent du doublement des teneurs de l'atmosphère en CO_2 vers l'an 2050, la hausse moyenne de la température en 2100 serait de 4° C mais pourrait être comprise dans un intervalle allant de 3 à 6° C (d'après *Climate Change*, 1990).

devrait s'être réchauffé entre 0,6 et plus de 1° C depuis 1850. Que nous disent les relevés météorologiques?

Très fragmentaires avant 1850, ils s'améliorent ensuite progressivement; mais il faut un travail minutieux pour raccorder les mesures anciennes, faites dans des sites et avec des instruments différents de ceux d'aujourd'hui, avec les données modernes. Les observations sont surtout concentrées sur les continents de l'hémisphère Nord, les océans de l'hémisphère Sud ayant longtemps été pratiquement vierges. Malgré ces difficultés, il apparaît que la Terre s'est réchauffée depuis un siècle d'environ 0,5° C *(figure 6.8)*, en fait dans une fourchette comprise entre 0,3 et 0,6° C. Ce réchauffement présente les

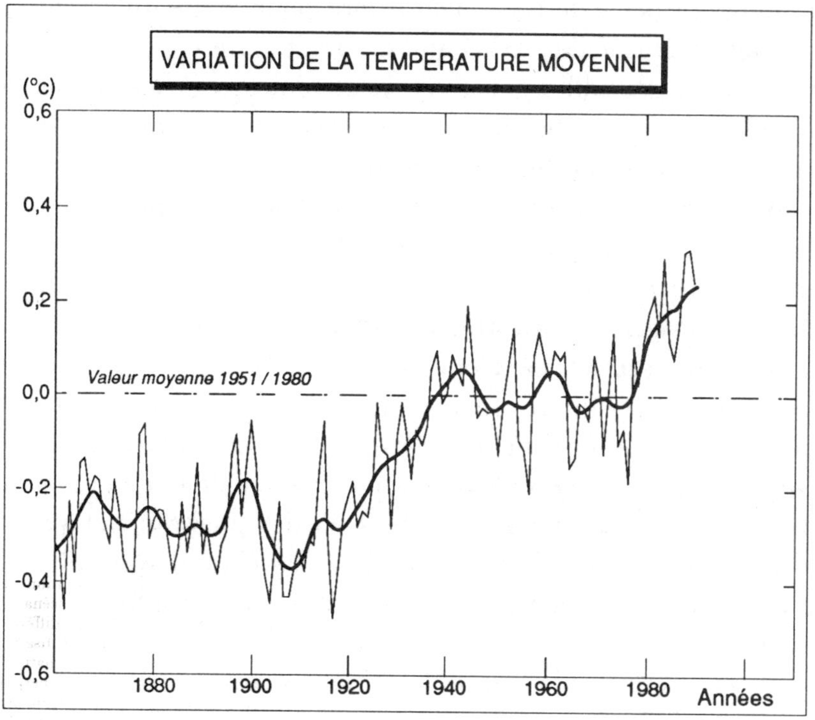

Figure 6.8. Variation de la température depuis 1860
Les écarts de la température annuelle du globe par rapport à la valeur moyenne caractérisant les années 1951 à 1980 combinent les observations faites à la fois sur les continents et les océans. La courbe indique un réchauffement moyen d'environ 0,5° C pour les cent trente dernières années et qui s'est produit essentiellement depuis le début du XXe siècle (d'après *Climate Change*, 1990).

mêmes traits dans les deux hémisphères : il a pris place principalement entre 1910 et 1940 puis à partir de 1975; de plus les cinq années les plus chaudes se situent dans la dernière décennie. Une observation simple confirme ces conclusions : dans le monde, la plupart des glaciers de montagne reculent depuis la fin du XIXe siècle.

Ce réchauffement va dans le sens attendu de l'effet de serre; mais il pourrait être dû tout aussi bien à la variabilité naturelle du climat dont on a maints exemples dans le passé. Les causes peuvent en être nombreuses, comme nous l'avons vu ci-dessus : émissivité du Soleil, aérosols d'origine volcanique ou anthropique. On peut seulement dire que si le réchauffement observé depuis un siècle résulte uniquement de l'effet de serre la hausse de température atteinte à l'équilibre pour un doublement de CO_2 serait plutôt de 2,5° C que de 4. Et cette conclusion elle-même est discutable, puisqu'on peut tout aussi bien admettre un effet de serre plus important, mais partiellement annulé par des facteurs de forçage naturels.

Même si les réseaux d'observations au sol et par satellites mettent la Terre sous haute surveillance, il ne faut pas s'attendre à ce que la température moyenne de la Terre puisse révéler un signal sans ambiguïté avant au moins une décennie. Il importe que se développent les recherches pour mieux comprendre le rôle des nuages, les échanges de chaleur entre l'atmosphère et l'océan, et le cycle des gaz à effet de serre; sans elles il est impossible d'améliorer les modèles de prévision et de suggérer des zones sensibles ou des phénomènes particuliers susceptibles d'être un meilleur révélateur que celui de la température moyenne. Cela ne signifie pas qu'il faille négliger d'autres pistes; en attendant les évidences météorologiques, la reconstruction et la compréhension des climats passés offrent des possibilités uniques et qu'il importe d'exploiter.

Pour en revenir au scénario *Business as usual*, les modèles nous disent donc, tout comme les données des carottes de glace, que la température moyenne du globe pourrait avoir augmenté de près de 4° C à la fin du siècle prochain. Malgré les incertitudes, avec un CO_2 en augmentation continue, les 4° C seront atteints, plus tôt ou plus tard selon la sensibilité du climat.

C'est considérable car une telle variation de température a la même amplitude que celle qui a caractérisé le passage d'un climat glaciaire au climat chaud que l'on connaît, entraînant les bouleversements que l'on a décrits. Or cette transition avait pris des millénaires; la prochaine serait cinquante à cent fois plus rapide et poserait des problèmes d'adaptation à l'ensemble du monde vivant. Les températures seraient alors les plus élevées que la Terre ait connues depuis 150 000 ans et probablement depuis plus longtemps. Il est donc un peu surréaliste de parler du retour des cycles glaciaires qui de toute façon ne se manifesterait, et au début timidement, pas avant des millénaires. L'homme réalise une expérience à l'échelle planétaire dont il ne peut prévoir toutes les conséquences.

Il n'est pas dans l'objet de ce livre de décrire de façon plus détaillée les variations des températures ou des précipitations auxquelles on pourrait s'attendre dans différentes zones du globe, ni de parler des impacts sociaux, économiques ou sur le monde vivant, ni de discuter des choix possibles de notre société. Disons cependant que recherche et décisions ne peuvent attendre; dans dix ans des mesures restrictives pour l'émission des gaz à effet de serre devraient être beaucoup plus rigoureuses. Il est pourtant un sujet qu'il nous faut aborder, tant il est associé au monde de la glace et des calottes polaires : celui du niveau des mers.

Climat, calottes polaires et niveau des mers

Le niveau des mers a-t-il augmenté au cours du dernier siècle? Oui, semble-t-il, d'une quinzaine de centimètres. Mais ce n'est pas très facile à déterminer. Il y a peu de stations côtières où les données existent sur une période assez longue. De plus, en un site particulier, le repère supposé fixe peut monter ou descendre par suite d'effets tectoniques sans que le niveau des mers soit impliqué. Un bon exemple de cet effet est la Scandinavie, qui se soulève encore d'un demi-mètre par siècle, après avoir été libérée il y a des millénaires de la glace du dernier âge glaciaire. En analysant les données dans les zones où le continent semble stable, on peut cependant estimer que le niveau moyen des océans a monté depuis 100 ans de 1 à 2 millimètres par an, soit au total 10 à 20 centimètres *(figure 6.9)*. Il y a deux causes qui peuvent expliquer cette observation, et toutes deux se rapportent au léger réchauffement observé depuis un siècle. Tout d'abord l'expansion ther-

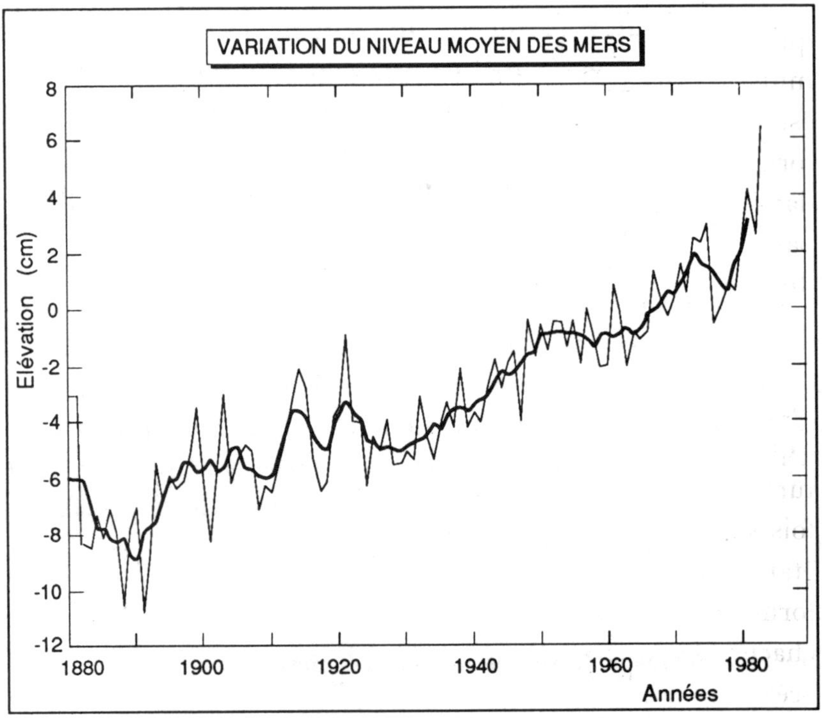

Figure 6.9. Variation du niveau moyen des mers au cours du dernier siècle

Depuis un siècle le niveau des mers semble avoir augmenté de 15 centimètres environ. Cette élévation proviendrait de la fusion des glaciers et de l'expansion thermique des océans causée par l'élévation de la température; mais on ignore l'importance du rôle que peut avoir joué le bilan de masse des calottes polaires et principalement celui de l'Antarctique (d'après *Climate Change*, 1990).

mique des océans. La densité de l'eau varie en raison inverse de la température : une masse d'eau va donc occuper un volume plus grand si la température augmente. L'estimation de la répartition de la chaleur dans l'océan n'est pas simple, mais environ 4 centimètres pourraient être liés à cet effet. La deuxième repose sur la constatation que la plupart des glaciers de montagne ont reculé au cours du siècle; si leur surface est connue, leur épaisseur l'est moins, mais l'on peut estimer que le recul général des glaciers observé depuis plus d'un siècle pourrait expliquer aussi quelque 4 centimètres de la variation passée. Les incertitudes sont grandes, et plus encore dans le cas des calottes polaires.

C'est le bilan de masse de la calotte glaciaire du Groenland qui conditionne sa contribution au niveau des mers. L'accumulation est de l'ordre de 500 km^3 (équivalent en eau) et elle est équilibrée par une ablation qui prend place sous deux formes de même importance : fusion de la glace à la surface dans les zones côtières et décharge des icebergs. Ce bilan n'est pas connu avec une précision supérieure à 30 %; mais l'influence de la fusion, augmentant avec la température, fait que le Groenland pourrait avoir contribué pour 2 à 3 centimètres à la hausse du dernier siècle selon les conclusions du glaciologue hollandais Hans Oerlemans. Le problème de l'Antarctique est encore plus compliqué. Malgré les basses températures, l'étendue est telle que l'accumulation est au moins quatre fois supérieure à celle du Groenland, soit 2 000 km^3 d'eau. En état d'équilibre la même quantité devrait être évacuée sous forme d'icebergs; mais nous avons vu au chapitre II que si chacun de ces termes correspond à une couche d'eau sur les océans de 55 centimètres en un siècle, les données disponibles ne permettent pas de conclure si le bilan de masse de l'inlandsis a accéléré ou au contraire ralenti la hausse observée du niveau des mers. C'est sans doute pour cela qu'on a choisi de l'ignorer. Le tableau récapitulatif ci-dessous, dans lequel les incertitudes concernant l'inlandsis austral semblent cependant très sous-estimées, reflète bien la difficulté d'expliquer la valeur de 15 centimètres qui semble la plus probable :

Estimations des contributions à la hausse du niveau des mers au cours du dernier siècle
(valeurs données en centimètres)

Estimation	basse	la meilleure	haute
Dilatation thermique	2	4	6
Glaciers et petites calottes	1,5	4	7
Calotte du Groenland	1	2,5	4
Calotte Antarctique	– 5	0	5
TOTAL	– 0,5	10,5	22
Observation	10	15	20

On imagine donc qu'il est difficile de prédire la hausse du niveau des mers pour le siècle prochain *(figure 6.10)*. La contribution de l'expansion thermique de l'océan est calculée en fonction de la température; dans le scénario sans limitation des émissions elle pourrait être de 10 centimètres en 2030, soit une valeur un peu supérieure à celle estimée (environ 7 centimètres) pour la fusion des glaciers de montagne. Quant aux calottes polaires, on pense que la réponse dynamique de la glace peut être ignorée à cette échelle de temps; cependant, aussi bien pour le Groenland que pour l'Antarctique, les observations et les modèles indiquent une augmentation des précipitations avec la température. Au Nord, celle-ci sera plus que compensée par une fusion plus rapide; la contribution du Groenland serait donc faible, d'environ 2 centimètres en 2030. Au Sud, si le flux de glace ne change pas, les précipitations augmentant avec la température font que la calotte va stocker un peu de l'eau des océans, diminuant ainsi très légèrement l'impact du climat sur le niveau des mers. Au total, l'élévation calculée dans le cas où aucune mesure de régulation des émissions de gaz à effet de serre ne serait prise est d'un peu moins

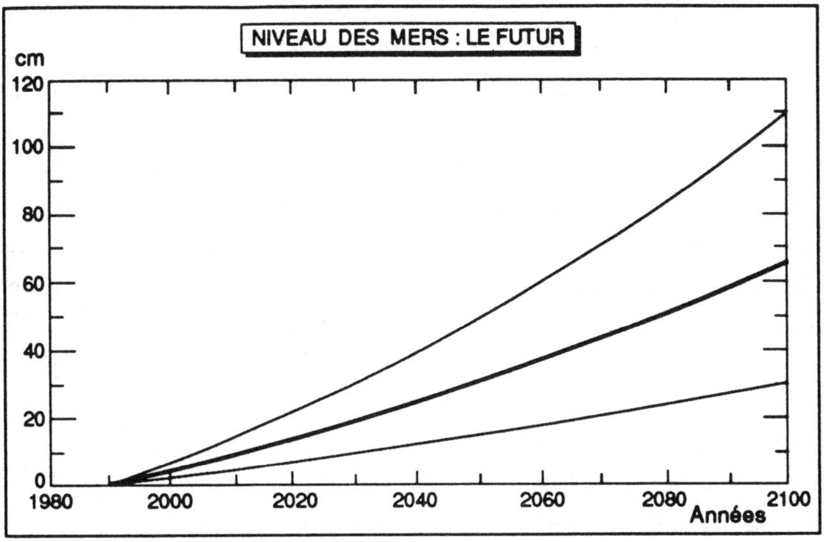

Figure 6.10. Simulation de l'évolution du niveau moyen des mers
La prédiction de l'évolution du niveau des mers au cours du prochain siècle dépend de celle de la température et donc du scénario considéré pour les émissions de gaz à effet de serre. Dans le cas du scénario A caractérisé dans la figure 6.7, le niveau des mers pourrait avoir augmenté de 60 centimètres à la fin du XXIe siècle, la fourchette des estimations allant de 30 centimètres à 1,10 mètre (d'après *Climate Change*, 1990).

de 20 centimètres en 2030, 40 centimètres en 2070 et 65 centimètres à la fin du XXIe siècle, la fourchette d'incertitude allant de 30 à 110 centimètres. Ces valeurs seraient bien sûr plus faibles dans le cas des scénarios avec réduction d'énergie (35 à 45 cm).

L'essentiel de la hausse prévue est attribué à l'expansion thermique des océans et à la fusion des glaciers de montagne, en supposant que la dynamique des calottes glaciaires ne joue aucun rôle perturbateur dans un bilan de masse considéré comme équilibré actuellement pour l'Antarctique. Pourtant, selon l'Américain Robert Bindschadler, les images du satellite Landsat suggèrent que de grands glaciers alimentant l'ice-shelf de Ross présentent certains signes de déséquilibre. Ces observations soulèvent à nouveau le problème de la stabilité de l'Antarctique de l'Ouest, cette partie de la calotte où le socle rocheux se trouve très en dessous du niveau de la mer et qui se termine par des plates-formes flottantes, sensibles aussi bien au niveau de la mer qu'à la fusion qui se produit à leur base, au contact de l'eau.

L'essentiel de la neige qui tombe est évacuée par quelques grands glaciers, ayant entre 30 et 80 kilomètres de large sur 300 à 500 kilomètres de long, lesquels s'écoulent avec une vitesse de 1 kilomètre par an, jusqu'à mille fois plus rapidement que les zones calmes de la calotte. Cinq de ces glaciers alimentent l'ice-shelf de Ross, d'autres celui de Ronne, de l'autre côté de l'Antarctique, et d'autres encore s'écoulent directement en mer sur la bordure Ouest. Leur comportement est difficile à modéliser car ils sont freinés par les ice-shelfs eux-mêmes ancrés en certains points à des rochers. Un réchauffement, conduisant à l'amincissement de la glace et à la disparition de ces points d'ancrage, pourrait entraîner une décharge accélérée des glaciers dans peut-être un siècle.

D'ici là, la contribution de l'Antarctique de l'Ouest au niveau des mers serait négative (à cause de l'augmentation des précipitations) mais elle pourrait devenir positive, jusqu'à plus de 40 centimètres dans deux siècles, pour ralentir ensuite. Si un autre type d'instabilité dynamique n'apparaît pas... Car pour certains de ces glaciers, les sondages géophysiques de l'équipe américaine de Charles Bentley montrent l'existence d'une couche basale de sédiments fins suffisante pour jouer le rôle de lubrifiant. On a vu que les paléoclimatologues expliquaient les événements brusques observés durant la dernière déglaciation par des décharges soudaines de glace provenant des calottes glaciaires de l'Amérique du Nord. Plus près de nous, durant les dix dernières années, on a pu observer la débâcle du glacier de Columbia en Alaska; de tels *surges*, comme les ont baptisés les Anglais, sont aussi observés sur des glaciers de montagne. L'Antarctique de l'Ouest, de par ses caractéristiques, est certainement susceptible de donner lieu à de tels phénomènes, qui provoqueraient une hausse catastrophique du niveau des mers. Mais les glaciologues n'estiment pas que cela puisse se produire avant des siècles, voire des milliers d'années. A l'échelle de temps de quelques centaines d'années, le Groenland et bien sûr l'Antarctique de l'Est ne semblent pas devoir entraîner de catastrophe.

La glace de l'Antarctique de l'Ouest représente un volume dont la disparition correspondrait à une hausse du niveau des mers de 6 mètres. C'est la plus grande des calottes glaciaires dites marines (car elle repose sur un socle en dessous de la mer) et certains pensent qu'elle a disparu durant l'interglaciaire précédent, il y a 125 000 ans. Il est certain en tout cas qu'elle était beaucoup plus étendue lors du dernier maximum glaciaire, il y a 18 000 ans, touchant en certains points la limite du plateau continental. Actuellement on ne sait pas si elle a atteint son point d'équilibre, si elle continue de se réduire ou si au contraire elle va s'étendre à nouveau. La réponse à très long terme de l'ensemble de l'inlandsis antarctique à un effet de serre de 4° C est quelque peu spéculative *(figure 6.11)*; beaucoup d'humains auraient les pieds dans l'eau... dans quelques millénaires.

Mais revenons au siècle prochain. Une hausse de 30 centimètres en 2100, qui est la fourchette basse des estimations, poserait déjà de nombreux problèmes d'adaptation aux populations. Une hausse d'un mètre affecterait 360 000 kilomètres de côtes, rendrait certaines îles inhabitables, nécessiterait le déplacement de dizaines de millions d'humains, menacerait les zones urbaines situées à basse altitude, inonderait les terres cultivables et contaminerait les réserves d'eau douce... Que deviendraient Venise, la Hollande, le delta du Gange? Que deviendraient les Maldives, qui n'émergent que de deux mètres au-dessus de l'océan Indien?

La conférence mondiale sur le climat

De nombreux scientifiques ont participé aux travaux du groupe intergouvernemental mis en place sous l'égide de l'Or-

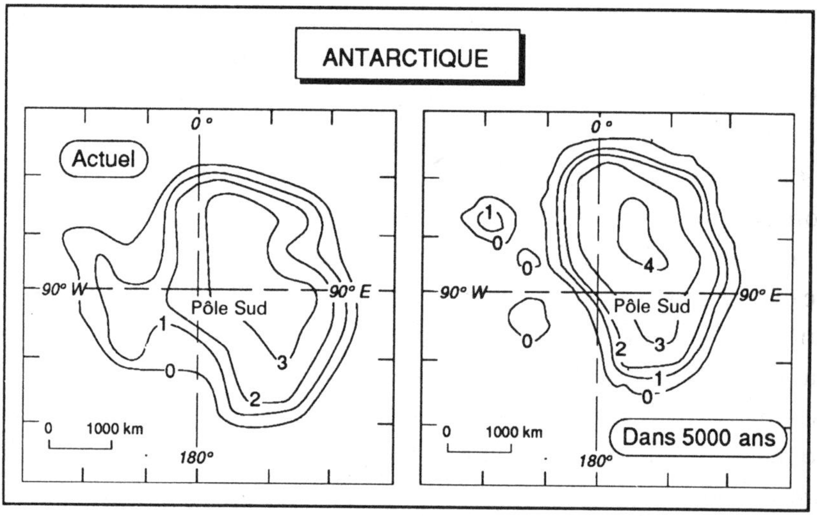

Figure 6.11. Un scénario pour la fusion de l'Antarctique
La figure de gauche représente l'inlandsis actuel et celle de droite, sa simulation en réponse à un réchauffement de 4° C lié à l'effet de serre. Les courbes de niveau sont exprimées en kilomètres. Dans ce modèle un nouvel équilibre est atteint après environ 5 000 ans. Les plates-formes de glace et une grande partie de l'Antarctique de l'Ouest ont disparu. La partie Est est plus épaisse, par suite de l'augmentation des précipitations, mais au total l'évolution de l'inlandsis entraînerait une hausse du niveau des mers de 0,5 mètre en un siècle, 3 mètres en 1 000 ans et 4 à 5 mètres en 5 000 ans (d'après Budd et al., 1987).

ganisation Météorologique Mondiale et du Programme des Nations Unies pour l'Environnement. Les conclusions exposées à la fin de l'année 1990 lors de la réunion de Genève sont claires : les activités de l'homme modifient de façon sensible la composition de l'atmosphère; cela entraînera un réchauffement climatique suffisamment important pour avoir un impact certain sur notre société et, de façon plus générale, sur les systèmes vivants de la Planète. Les enjeux sont capitaux. Il faut se préoccuper dès maintenant des nécessaires mesures de prévention, voire d'adaptation. Il apparaît urgent de réduire les émissions de gaz à effet de serre... Si les politiques ont paru convaincus des risques encourus, ils n'ont pas su se mettre d'accord sur les mesures à prendre. La réduction immédiate des émissions est prônée par un certain nombre de gouvernements, dont l'Allemagne, la Grande-Bretagne et la France, mais les États-Unis, l'Union soviétique et... l'Arabie Saoudite y sont pour l'instant opposés. L'idée d'une Convention sur le climat a cependant fait son chemin; celle-ci devrait être prête pour une Conférence des Nations Unies prévue au Brésil en 1992. Espérons que nos enfants n'auront pas à affronter les conséquences de l'effet de serre.

Les recherches menées en Antarctique, notamment l'étude des carottes de glace et du trou d'ozone, ont largement contribué à la prise de conscience de l'impact de la pollution et en particulier de l'importance de l'effet de serre. Elles doivent être poursuivies, pour réduire encore les incertitudes scientifiques. Mais d'autres types de programmes sont menés sur le sixième continent; là aussi, dans un contexte politique tout à fait particulier, protection de notre environnement et activités de l'homme peuvent avoir à s'affronter.

GEOGRAPHIC·SOUTH·POLE
AVERAGE TEMP MINUS 56°F
ALTITUDE 9186 FEET
ICE THICKNESS OVER 9000 FEET

CHAPITRE VII

Antarctique : les enjeux pour l'avenir

Depuis l'Année Géophysique la recherche a été le principal moteur de la présence et de l'activité de l'homme, les expéditions s'organisant dans les structures d'un « Système Antarctique » relativement fermé mais fonctionnant bien. Plus récemment, la rumeur de ressources possibles a attiré l'attention des États, en même temps que se développe dans l'opinion une sensibilité accrue aux problèmes d'environnement. Le système est remis en question. Pour la science, les enjeux sont d'importance. Notre pays s'organise pour être bien présent dans le monde polaire.

Des ressources en Antarctique?

Dès le départ, avec la chasse aux phoques, les ressources vivantes de l'océan Austral ont été exploitées; chasse à la baleine et pêche ont suivi. L'existence de ressources minérales, gîtes métallifères ou hydrocarbures, reste à démontrer – sans parler des difficultés techniques et donc économiques d'une hypothétique exploitation qui concerne aussi la récupération du stock d'eau douce constitué par les icebergs. Les activités touristiques se développent peu à peu.

Phoques, baleines, krill et poissons

Au début du XIXe siècle, après la découverte de phoques en Géorgie du Sud par le capitaine James Cook (1775), les chasseurs sont entrés dans l'océan Austral. Pour récupérer les fourrures et l'huile de phoque, adultes et bébés étaient systématiquement exterminés. Les phoquiers se déplacèrent ensuite vers d'autres sites, tuant jusqu'à deux ou trois millions d'animaux. C'est beaucoup si l'on pense à l'horreur de ces massacres, mais relativement peu par rapport à la population totale. L'apparition du pétrole a réduit l'intérêt de cette chasse et les phoques sont protégés depuis le début du XXe siècle; aussi n'ont-ils pas peur de l'homme qui les approche. Depuis 1972, certaines espèces comme celle de Ross sont totalement sauvegardées; pour d'autres des quotas doivent être respectés et l'on a créé des zones où toute chasse est interdite.

La capture des baleines dans l'océan Austral débute au début du XXe siècle. Jusqu'en 1925 on en tue une dizaine de milliers par an. Vers 1930 on compte environ deux cents baleinières dans les eaux australes et les prises montent à peut-être quarante mille par campagne. Surproduction d'huile de baleine, affaissement des cours puis reprise avant les années 1940 : à cette époque interviennent les premiers accords établissant des quotas; soumis à l'unanimité des décisions et aux pressions économiques ils sont cependant peu contraignants. Les baleines bleues sont menacées d'extinction; les chasseurs se tournent alors vers d'autres espèces, à leur tour surexploitées. Après bien des discussions, la chasse à la baleine bleue fut interdite en 1972; il faudra attendre 1982 pour que la Commission Internationale établisse un moratoire sur l'ensemble des captures à but commercial. Il s'agit en fait de se donner un peu de temps pour inventorier les réserves disponibles et, à partir de là, autoriser des prises compatibles avec ces réserves. Tâche difficile, tant les estimations sont hautement contradictoires. Tout récemment, en juillet 1990, ce moratoire a été reconduit, sans spécification de durée, sous la pression du public et d'organisations écologistes, malgré les réticences de quelques pays comme la Norvège et le Japon. On peut estimer que un million trois cent mille baleines ont été tuées dans l'océan Austral au cours des chasses. On ne sait pas encore si la population, protégée depuis bientôt vingt ans, augmente à nouveau et si certaines espèces menacées, comme la baleine bleue, sont en voie de reconstitution. Tous les biologistes s'accordent à dire que le processus sera long, de plusieurs dizaines d'années au moins, car des vingt-cinq mille baleines bleues qui se nourrissaient dans les eaux antarctiques on est passé maintenant à cinq cents.

Les prises de poissons se sont limitées tout d'abord au plateau continental de la Péninsule et ne deviennent plus systématiques que depuis une trentaine d'années. Cette pêche produit actuellement 500 000 tonnes par an, une quantité qui est faible par rapport aux prises mondiales, avec cependant pour conséquence la surexploitation de certains sites à l'échelle locale et un impact sensible sur les espèces les plus rentables comme le Poisson des glaces et certains Notothenias.

La pêche au krill a débuté plus tard, peut-être parce qu'il faut décortiquer les crevettes dans les quelques heures qui suivent leur prise, sous peine qu'elles soient inconsommables. Mais l'exploitation est organisée : les bancs de krill sont détectés par écho-sondages et les crevettes sont capturées à l'aide d'un filet à mailles fines, d'ouverture de 200 m^2. On peut ainsi faire des prises de 10 à 20 tonnes par heure, une centaine de tonnes par jour! Commercialement la production de pâte à krill à usage humain n'est pas un succès; elle est actuellement utilisée seulement pour la nourriture des animaux domestiques. Les captures ont atteint 500 000 tonnes par an au cours des dernières années; c'est peu pour un potentiel qui est sans doute de plusieurs dizaines de millions de tonnes, depuis que les baleines, grandes consommatrices de crevettes, ont partiellement disparu. Certains pensent que le krill pourrait être un jour une réserve de protéines pour l'humanité, permettant alors de doubler le rendement de l'ensemble des pêches qui est actuellement, au niveau mondial, de 60 à 70 millions de tonnes par an.

Les excès constatés dans l'exploitation de certaines espèces viennent notamment du fait que rien n'était prévu, dans ce domaine, par le Traité de l'Antarctique de 1959. Aujourd'hui on a pris conscience qu'il n'est pas possible de s'intéresser au devenir d'une seule espèce sans considérer les impacts possibles sur l'ensemble de la faune qui partage le même environnement. Il faut donc prendre en compte tout l'écosystème de l'océan Austral. On l'a bien vu dans le cas du krill, source de nourriture à la fois pour les baleines, les calmars, les poissons, les manchots et les autres oiseaux. C'était l'un des buts du programme BIOMASS (acronyme anglais qui signifie « Étude Biologique des Systèmes Marins Antarctiques et de leurs Réserves »), en voie d'achèvement après plusieurs campagnes internationales.

Les gouvernements ont de leur côté signé une convention et établi une Commission pour la Conservation des Ressources Marines Vivantes en Antarctique (CCAMLR en anglais, quel sigle rebutant!). Elle a pour tâches de contrôler les prises et l'état des populations, d'étudier les ressources vivantes dans le contexte global de l'écosystème antarctique, et de proposer une politique de limitation de l'exploitation basée sur l'évaluation des données scientifiques existantes. Cette Commission devra probablement se préoccuper de l'exploitation des calmars dans l'océan Austral, dont on commence à parler.

On peut donc penser que l'on s'achemine enfin vers une gestion équilibrée des ressources marines vivantes de l'Antarctique, leur intérêt commercial étant d'ailleurs modeste. La polémique se développe maintenant à propos d'autres ressources.

Minerais, pétrole et gaz naturel

Il faut d'abord dire la grande incertitude qui existe quant à la réalité de ressources qui pourraient être exploitables. L'hypothèse d'abondantes réserves repose sur des idées simples : l'Antarctique représente 10 % de la surface des continents et l'on ne connaît pas d'exemple qu'une telle étendue soit géologiquement stérile; de plus on sait que les continents associés à l'Antarctique dans l'ancien Gondwana *(figure 7.1)* contiennent de riches gisements. L'histoire géologique com-

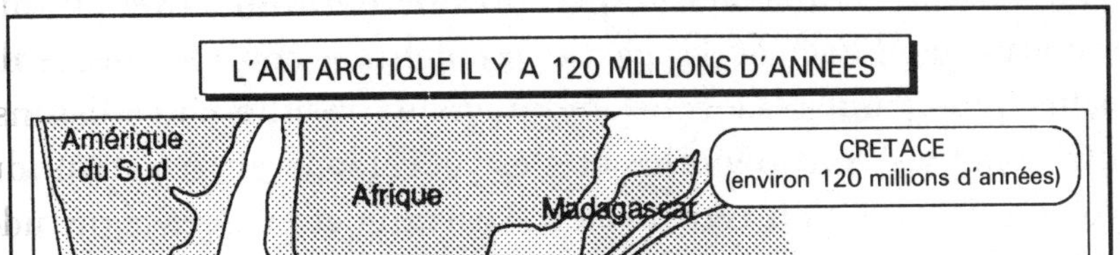

Figure 7.1. L'Antarctique il y a 120 millions d'années

La reconstruction du Gondwana, il y a 120 millions d'années, montre la continuité des bassins sédimentaires existant alors en Antarctique et sur les autres continents; et pour ces derniers les sites actuels de production d'hydrocarbures. Mais les hydrocarbures peuvent s'être formés après la séparation de l'Antarctique. Les continents sont indiqués en gris foncé, les plateaux continentaux en gris clair (d'après D.H. Eliott, 1988).

plexe, partiellement commune, de ces pièces du « puzzle » pourrait donc avoir conduit au même tri d'éléments, propice à la constitution de ressources importantes. En théorie tout au moins.

La partie centrale, soit les deux tiers du continent austral, est constituée d'un socle dont les roches (gneiss, granites et ceintures de schistes) contiennent habituellement différents métaux : fer et manganèse comme on en trouve en lits épais en Afrique, Inde et Australie; cuivre, cobalt et chrome comme en Zambie; nickel, or et platine comme dans le Bushweld d'Afrique du Sud, qui renferme à lui seul 70 % de la réserve mondiale de platine. La liste est longue, sans parler de l'uranium et des diamants, comme en Afrique du Sud encore.

La chaîne Transantarctique (limite naturelle avec l'Antarctique de l'Est) et la partie occidentale sont formées de roches plus jeunes. Le relief montagneux résulte de collisions entre plaques continentales et s'est développé en trois étapes géologiques que l'on retrouve en Australie et en Amérique du Sud, ce qui suggère là encore par analogie la possibilité d'importants gisements. On peut aussi comparer la partie de la chaîne Transantarctique située en Terre de Victoria et son prolongement qui borde l'ice-shelf de Ross, à la ceinture Tasmanienne en Australie, qui date du Paléozoïque (environ 300 millions d'années) et contient des gisements exploités : argent, or, cuivre, antimoine, plomb, zinc, molybdène, bismuth, étain et tungstène. De l'autre côté de l'Antarctique, la Péninsule pourrait être particulièrement riche puisqu'elle prolonge la Cordillère des Andes et que cette partie est l'une des régions du monde les plus minéralisées : cuivre, plomb, molybdène, zinc, étain, tungstène... Enfin le massif de Dufek, situé du côté de la mer de Weddell, semble être une réplique du fabuleux complexe de Bushweld en Afrique du Sud.

Alors un Eldorado? Des mineurs à l'assaut du continent austral? Nous en sommes loin, comme le montrent les études faites sur le terrain. Rappelons d'abord que les affleurements rocheux sont rares dans la partie orientale de l'inlandsis, même si l'on connaît un peu mieux la partie Ouest, et notamment la chaîne Transantarctique qui émerge souvent de la glace mais reste difficile d'accès. Les anomalies magnétiques repérées par avion confirment la présence de couches ferrifères étendues dans les Terres de Robertson (montagnes du Prince Charles) et de la Reine Maud en Antarctique de l'Est et les gisements de charbon, dont certains ont été utilisés par des expéditions du début du XXe siècle, existent bel et bien dans la chaîne Transantarctique. Mais pour le reste il s'agit surtout, et seulement, d'indices : par exemple plomb et zinc en Terre de Victoria, cuivre mais aussi chrome, nickel, cobalt, argent et or dans la chaîne Transantarctique et la Péninsule, cuivre et uranium dans les montagnes du Prince Charles... et aucun de ces gisements n'a été suffisamment prospecté pour que l'on puisse les considérer comme exploitables. Si cela devenait le cas, leur mise en valeur ne serait techniquement concevable, avec les moyens actuels, que dans les 2 % de la surface du continent qui ne sont pas recouverts par la calotte glaciaire. Resteraient à résoudre les difficultés d'accès dues à la présence de la glace de mer par exemple, à mettre en place des installations portuaires utilisant des technologies particulières et complexes, à assurer des conditions de travail supportables... Pour ne citer qu'un détail, l'eau souvent nécessaire en grandes quantités dans ce type d'exploitation n'existe pas en Antarctique et il faut la produire en fondant la glace ou en dessalant l'eau de mer. Tout cela est fort coûteux, c'est-à-dire économiquement non rentable, en tout cas dans les conditions actuelles du marché.

On parle aussi par analogie de ressources en pétrole et gaz naturel. Dans l'ancien Gondwana *(figure 7.1)*, le plateau continental de la mer de Ross était le conjugué de celui entourant la Nouvelle-Zélande et l'Australie. En Nouvelle-Zélande on exploite le gaz dans le bassin de Taranaki où d'importants gisements de pétrole viennent aussi d'être découverts. En Australie, le bassin de Gippsland, entre la Tasmanie et la Terre de Victoria, contient des réserves estimées à un milliard de mètres cubes d'équivalent pétrole, soit plus de six milliards de barils. A l'intérieur, le bassin de Cooper renferme des hydrocarbures dans des sites géologiques similaires à ceux du bassin de Wilkes en Antarctique. Les bassins de San Jorge et de Magallanes en Amérique du Sud sont exploités et présentent certaines similitudes avec le bassin de Larsen dans la péninsule Antarctique.

Il existe donc de vastes bassins sédimentaires en mer autour de l'Antarctique, notamment dans les régions des mers de Ross et de Weddell, mais aussi sur le continent, en Antarctique de l'Ouest et en Terre de Wilkes. Les hydrocarbures proviennent de la décomposition de la matière organique marine et continentale (donnant le plus souvent du pétrole dans le premier cas et du gaz dans le second), décomposition liée à l'évolution de la température dans le temps. Si les bassins sédimentaires ont une histoire commune jusqu'au fractionnement du Gondwana, ce n'est plus le cas ensuite; il est par conséquent parfaitement arbitraire d'estimer les réserves en hydrocarbures de l'Antarctique en supposant qu'elles sont proportionnelles au volume de ces bassins sédimentaires. En moyenne, dans le monde, ces sédiments contiennent quelque 2 000 m^3 d'équivalent pétrole par kilomètre cube; mais certains en contiennent beaucoup plus et d'autres pratiquement pas. Cela explique le large éventail des spéculations sur les ressources en pétrole, qui vont de 200 milliards de barils à moins de 20 millards. Plusieurs estimations tournent autour de 40 milliards de barils, soit environ 4 % des réserves mondiales actuellement évaluées à 1 000 milliards de barils (un baril = 158,8 litres).

Mais là encore, qu'en est-il des observations sur le terrain? Les campagnes de prospection géophysique ont permis de délimiter de façon grossière les bassins sédimentaires situés sous la glace et, de façon un peu plus précise, ceux situés en mer; des forages peu profonds (moins de 1 000 mètres en général) et à but scientifique ont complété les données de la sismique tout en évitant les zones de gisement potentielles car les équipements sont dépourvus de systèmes de sécurité. Cependant au début des années 1970, ceux réalisés en mer de Ross par le « Glomar Challenger » indiquaient la présence d'hydrocarbures gazeux, et plus spécifiquement de méthane. Il est donc clair qu'il existe potentiellement des réserves d'hydrocarbures mais sans qu'il soit possible de les évaluer sérieusement à partir des données actuelles. Il semble que l'intérêt se porterait aujourd'hui surtout sur le pétrole *off-shore*. L'exploitation de gisements situés sous la calotte glaciaire ne semble pas techniquement faisable car les puits de forage ne pourraient résister longtemps à l'écoulement de la glace et aux déformations qui prennent place essentiellement vers le socle rocheux. Mais en mer elle se heurterait à d'autres obstacles avec la présence de la banquise et des icebergs; et si l'exploration est possible pendant l'été, où se produit la débâcle de la banquise, une exploitation continue poserait d'autres problèmes. La constitution d'îles artificielles, comme cela se fait dans l'Arctique, serait ici plus malaisée puisque le plateau continental y est relativement étroit (30 kilomètres en moyenne) et beaucoup plus profond qu'ailleurs (500 mètres en moyenne) par suite de l'enfoncement du continent sous l'énorme masse de glace. Mais qui sait? Le développement des techniques rendra peut-être réalisable demain ce qui est impensable aujourd'hui.

Même dans le cas de ressources prouvées et techniquement exploitables quel en serait l'intérêt économique? Cette question concerne aussi bien les minerais que les hydrocarbures. Pénurie et ressources suffisantes à l'échelle du prochain siècle ont été tour à tour évoquées. Le rapport établi récemment par l'Office Parlementaire d'Évaluation des Choix Scientifiques et Technologiques, présidé par Jean-Yves Le Déaut, conclut que « l'exploration et, a fortiori, l'exploitation d'éventuels gisements miniers en Antarctique ne sauraient être justifiées par la crainte d'une pénurie globale ». Pour ce qui concerne le pétrole « les réserves paraissent suffisantes pour assurer les besoins des trente ou quarante années qui viennent »; son prix est soumis à de larges aléas, mais « il faudrait que les cours soient supérieurs à 50 dollars le baril pour rendre celui de l'Antarctique économiquement intéressant », à condition d'avoir identifié des gisements assez riches. Pour la petite histoire rappelons cependant que les Français ont cédé le Canada aux Anglais par le Traité de Paris en 1763 avec l'appui des philosophes qui, comme Voltaire, ne voyaient là que « quelques arpents de neige » ; plus près de nous beaucoup étaient sceptiques quant à l'exploitation de l'Arctique, autre frontière des glaces. On sait ce que produisent maintenant les gisements du delta de la rivière Mackenzie au Canada ou de la baie de Prudhoe en Alaska, territoire que les Russes ont vendu aux Américains en 1867 en croyant leur jouer un bon tour...

De l'eau pour les déserts ?

Chacun sait que la glace constitue la plus importante réserve d'eau douce sur terre : au total pas loin de 30 millions de km³, dont 90 % dans le seul Antarctique. Lacs, rivières et vapeur d'eau de l'atmosphère ne représentent guère plus de 200 000 km³, peut-être 1 % par rapport à l'eau solide; les estimations concernant l'eau souterraine sont très incertaines et de l'ordre de 10 millions de km³, dont une grande partie n'est guère exploitable.

Chaque année l'Antarctique débite plus de 2 000 km³ d'eau douce sous forme d'icebergs, ce qui représente environ 400 000 litres pour chacun des 5 milliards d'habitants de la planète et plus des deux tiers de la consommation d'eau dans le monde, dont beaucoup sert à l'irrigation et aux industries. De plus cette eau est particulièrement pure. S'il n'a jamais été question d'exploiter la calotte glaciaire elle-même, on a étudié la possibilité de remorquer les glaces flottantes jusqu'aux régions les plus déshéritées dans ce domaine, les déserts chauds. Sans parler des mastodontes produits par les ice-shelfs qui peuvent atteindre 30 000 km², un modeste iceberg tabulaire de 1 000 mètres de côté et de 350 mètres d'épaisseur représente 0,3 km^3 d'eau, en prenant une densité de 0,9, soit presque deux fois ce que consomme par an un pays comme l'Arabie Saoudite. Mais il y a loin de la coupe aux lèvres : il s'agirait en effet de remorquer cet iceberg à travers les eaux agitées de l'océan Austral, de l'emmailloter pour le protéger de la fusion lorsqu'il arrive dans les eaux plus chaudes, de lui faire franchir les hauts-fonds à l'approche des continents, enfin de le débiter et le fondre. L'heureux élu devrait être exempt de crevasses profondes et assez plat sous sa face cachée pour être stable. S'il paraît peu raisonnable de penser aux pays du Moyen-Orient, le projet peut sembler moins irréaliste, par exemple pour l'Australie. Les avis divergent sur la faisabilité et le coût d'une telle opération; il y a quelques années les autorités australiennes concluaient que « s'il semble techniquement possible de localiser, remorquer et utiliser des icebergs pour la production d'eau douce, de nombreux problèmes restent à résoudre avant que soit tentée une telle opération. Dans les meilleures conditions le coût paraît maintenant prohibitif pour que l'on puisse envisager une exploitation »; l'eau douce ainsi produite coûterait en effet environ cinq fois plus que le prix actuel.

Pour parvenir à une meilleure gestion des ressources en eau de la Planète, d'autres voies semblent plus prometteuses, telles que le dessalement de l'eau de mer par exemple, car si la calotte glaciaire constitue une réserve d'eau douce considérable, cette dernière ne représente guère que 2 % des eaux océaniques. Quant aux icebergs, leur débit ne fait que quelque 5 à 10 % de celui des rivières. Pourtant il est difficile de préjuger d'un futur plus lointain où les ressources en eau de la Planète diminueraient en même temps que s'accroîtraient les besoins.

Promenades en Antarctique, taxes et service compris

Le continent austral fascine l'imagination; espaces sauvages et paysages grandioses, univers glacé, espèces animales uniques et familières, huttes historiques où l'on respire un parfum d'aventure... Le tourisme représente actuellement, avec la pêche, la seule exploitation commerciale de l'Antarctique. Les croisières maritimes ont commencé dès la fin des années 1950 et si elles sont plus fréquentes dans la péninsule Antarctique elles s'étendent maintenant à d'autres zones, comme celle de la mer de Ross. Jusqu'à 4 000 touristes aisés ont découvert l'Antarctique durant l'été austral 1975-1976 ; ils n'étaient plus que 1 000 il y a quelques années mais en 1988-1989, 2 200 passagers ont été embarqués à bord de cinq navires, propriétés de sociétés commerciales ou servant aussi au transport d'expéditions plus officielles. On peut ainsi, au cours d'une croisière de trois semaines, visiter la péninsule Antarctique à bord du « Society Explorer » et découvrir bases scientifiques ou rookeries de manchots. Les touristes du « Bahia Paraiso » ont cependant connu quelque émotion lors du naufrage de ce navire vers la fin de janvier 1989, fort heureusement à proximité de la base américaine de Palmer. Les trois cents passagers du bateau argentin ont pu être sauvés mais une partie importante des 1 000 m^3 de fuel qu'il contenait s'est répandue en mer. Oiseaux englués dans la nappe d'hydrocarbures, deux mille manchots Adélie de la rookerie voisine menacés : il faudra des années pour estimer l'impact écologique de cette catastrophe, malgré les mesures prises, notamment par les Américains pour en circonscrire les effets.

Le tourisme aérien a commencé vers la même époque que les croisières maritimes. Les avions de la Quantas et de Air New Zealand ont transporté au-dessus de l'Antarctique, vers la mer de Ross, jusqu'à 4 000 passagers pendant la saison d'été. Mais l'accident d'un DC10 contre les flancs du volcan

Erebus, le 28 novembre 1979, causant la mort de 257 personnes, a nettement ralenti ce type d'activité. Elle a maintenant repris dans la péninsule et des avions chiliens plus petits, des Twin Otter, atterrissent sur l'île du Roi Georges; on a même construit à la station Teniente Marsch un hôtel avec 100 lits afin que les visiteurs puissent découvrir, pendant quelques jours, les faunes locales. Le 12 janvier 1989 une compagnie privée canadienne basée à Vancouver amenait les premiers touristes jusqu'au pôle Sud : trente-deux personnes fortunées en cinq vols cette année-là.

Le Traité de l'Antarctique garantit le libre accès au continent et ces « expéditions » sont faites sous la responsabilité des opérateurs nationaux. Si l'on voit bien l'intérêt éducatif de tels voyages, ils ne sont pas sans poser quelques problèmes. Des milliers de touristes comparés aux millions de kilomètres carrés du continent peuvent paraître dérisoires, mais quelques centaines de touristes débarquant dans une base de quelques dizaines de personnes perturbent certainement les activités de recherche, surtout si ces visites se renouvellent plusieurs fois dans la saison. Certes la plupart des opérateurs prennent les mesures de sécurité qui s'imposent dans cette région au climat incertain et parfois difficile, mais tout sauvetage peut entraîner des opérations contraignantes et coûteuses pour les bases. La vie animale peut souffrir aussi de visites trop nombreuses, car tous les touristes vont se retrouver sur les mêmes sites, ceux, de surface réduite, où se reproduisent manchots et oiseaux. Quoi qu'on en pense, ces activités touristiques, source d'enrichissement personnel et occasion de populariser l'image du continent austral, vont se développer. Qu'il est loin le temps où le capitaine Robert Scott écrivait en 1912 : « Grand Dieu! Quel endroit épouvantable! »

A la recherche de l'aventure...

Aller au bout de ses possibilités à la recherche de l'exploit sportif, explorer les frontières de l'inconnu et de l'inaccessible, c'est le but des aventuriers modernes qui naviguent sur de petits voiliers, entreprennent des vols solitaires ou escaladent des sommets invaincus. Mais le territoire est immense : faire connaître l'Antarctique, répandre l'idée de sa nécessaire protection, requiert, en plus des ressources physiques et morales, de trouver des sponsors – journaux, télévision ou grandes entreprises. L'été austral 1989-1990 aura ainsi vu se dérouler deux grands raids à travers l'inlandsis.

Partant le 28 juillet 1989 de la péninsule Antarctique l'expédition de Jean-Louis Étienne et de ses cinq camarades, venant chacun d'un pays différent, a atteint le pôle Sud un peu avant la mi-décembre et rejoint la base côtière de Mirny le 22 janvier 1990. Six hommes à ski, une quarantaine de chiens répartis en trois attelages : il leur aura fallu deux cent dix-huit jours pour parcourir les 6 130 kilomètres de la plus longue traversée de l'Antarctique jamais entreprise. Froid, vent mais aussi support de petits avions et émission télévisée à l'arrivée... Chacun aurait aimé pouvoir réaliser ce très bel exploit sportif, qui encourage en outre le développement de l'esprit de collaboration internationale et la promotion du continent austral. Tant mieux si quelques travaux scientifiques viennent compléter l'aventure.

Dans le même temps l'Italien Messner et l'Allemand Fuchs traversaient eux aussi l'inlandsis; itinéraire moins ambitieux mais moyens plus réduits. Partis de la mer de Weddell ils atteindront Scott Base, station néo-zélandaise de la mer de Ross, en passant par le pôle Sud, après avoir parcouru 2 500 kilomètres en deux mois, chacun d'eux tirant un traîneau. Durant la prochaine campagne il est question d'une expédition féminine internationale à ski entre les stations de Vostok et pôle Sud... Pour les aventuriers modernes l'Antarctique reste un lieu privilégié, un de ces rares endroits au monde qui ait encore véritablement quelque chose à leur offrir.

Le Système Antarctique et l'environnement

Le Traité de l'Antarctique

La Grande-Bretagne a été la première, en 1908, à affirmer des droits sur la péninsule Antarctique et la mer de Weddell. D'autres nations ont suivi. Après la Seconde Guerre mondiale, où l'on vit apparaître des sous-marins allemands dans l'océan Austral, sept pays avaient des revendications territoriales, couvrant la plus grande partie du continent *(figure 7.2)*; ils réclamaient chacun un secteur partant de l'océan et s'amincissant, comme une part de tarte, jusqu'au pôle. Dans l'Antarctique de l'Est, Australie, France, Norvège et Nouvelle-Zélande reconnaissent mutuellement leurs droits sur un ensemble qui recouvre au total plus de la moitié du gâteau; la France, en 1924, s'est contentée de la modeste Terre Adélie (bien qu'elle soit presque aussi grande que l'Hexagone!) découverte par Dumont d'Urville en 1840. La situation est plus compliquée dans la partie ouest. En 1925 l'Argentine réclame un secteur chevauchant celui de la Grande-Bretagne et les revendications du Chili (1940) recouvrent en partie celles des deux autres pays. Suivant la nationalité des cartes, la péninsule Antarctique change de nom : Terre de Graham pour les Anglais, San Martin pour les Argentins et O'Higgins pour les Chiliens. Les États-Unis et l'Union soviétique ne reconnaissent ni n'expriment de revendications territoriales, pas plus que l'Afrique du Sud, la Belgique et le Japon. Ces douze pays ont tous été actifs en Antarctique pendant l'Année Géophysique Internationale; le Traité de l'Antarctique sera signé l'année suivante, le 1er décembre 1959, dans l'esprit de collaboration développé pour cette vaste opération scientifique. Ratifié le 23 juin 1961, il établit qu'il est de l'intérêt de toute l'humanité que l'Antarctique soit utilisé à des fins pacifiques; il interdit toute activité de type militaire, de même que la réalisation d'explosions nucléaires et le dépôt de déchets

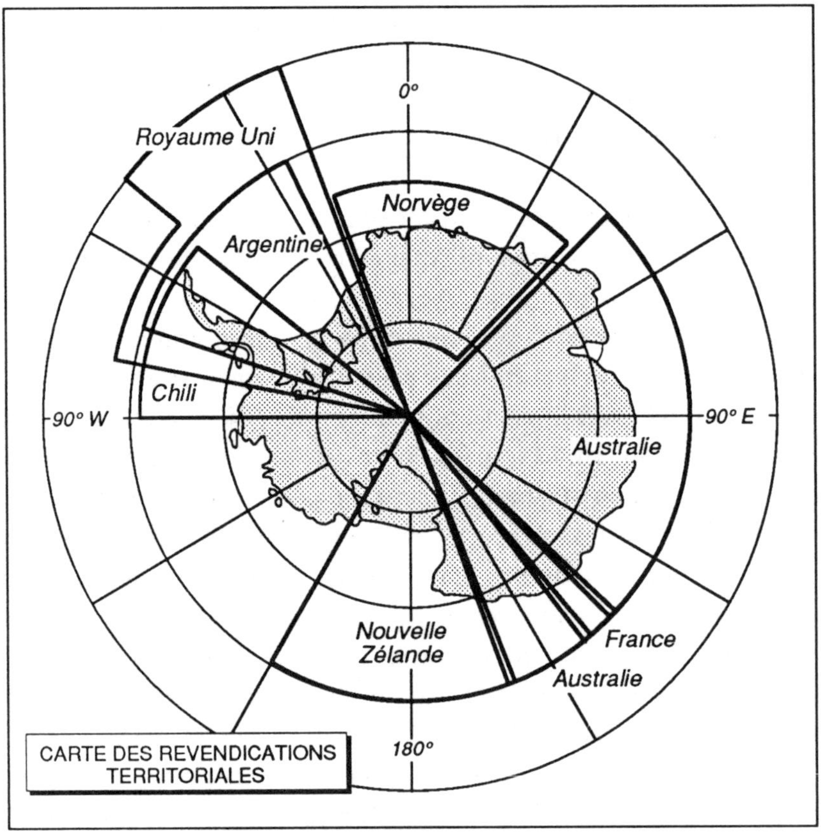

Figure 7.2. Revendications territoriales
Les revendications territoriales faites par différents pays sont « gelées » depuis la ratification du Traité de l'Antarctique en 1961. La situation est complexe du côté de la péninsule Antarctique où certaines zones sont revendiquées par plusieurs pays. Les États-Unis et l'URSS ne figurent pas sur cette carte car, bien que particulièrement actifs en Antarctique, ils n'ont pas de revendications territoriales.

radioactifs. La liberté de la recherche scientifique y est garantie et sa promotion encouragée. Toutes les revendications territoriales sont gelées quoique rien dans le Traité n'implique une reconnaissance ou une renonciation des droits, et les bases sont ouvertes aux observateurs. En fonction de certains critères, les pays membres des Nations unies, et en fait tout pays s'il y a consensus, ont accès au Traité; remarquable réalisation, au moment de la guerre froide, qui garantit la paix pour toute la zone située au-delà de 60° sud. Malheureusement les Malouines n'étaient pas concernées, où Anglais et Argentins se sont battus en 1982.

Autre chose de tout à fait remarquable, et qui peut même sembler utopique : toute décision doit se prendre par consensus, donc à l'unanimité de toutes les parties consultatives. En décembre 1990, trente-neuf pays avaient signé le Traité; vingt-six étaient parties consultatives, c'est-à-dire ayant droit de vote, car elles justifient d'activités de recherche significatives en Antarctique. Ainsi de nombreux États ont rejoint les douze qui avaient signé le Traité à l'origine; parmi eux de nombreux européens (Allemagne, Italie, Espagne...); avec le Brésil, l'Inde, la Chine et le Canada, les pays les plus peuplés de la Planète sont désormais présents. Les nations membres se consultent régulièrement et se réunissent tous les deux ans. Après un accord, en 1964, sur des mesures de protection de la faune et de la flore, deux conventions dont nous avons déjà parlé ont été signées dans le cadre de ce Traité : la première, qui date de 1972, concerne la protection des phoques et la seconde, établie en 1980, a pour objet les ressources marines vivantes de l'Antarctique.

Le Comité Scientifique des Recherches Antarctiques (SCAR) complète ce que l'on appelle le Système Antarctique. Il a pour but de coordonner et de promouvoir le développement de la recherche. Il sert aussi en fait de conseiller scientifique pour les nations membres du Traité. Il est structuré selon des disciplines de base telles que glaciologie, géologie ou biologie mais a constitué des groupes *ad hoc* pour promouvoir des programmes interdisciplinaires, comme celui qui concerne l'étude des changements globaux, ou pour répondre aux problèmes que pose la protection de l'environnement. La présence d'opérateurs responsables des moyens logistiques nationaux, à côté des chercheurs, crée des conditions tout à fait favorables à la réalisation d'expéditions scientifiques à caractère international.

L'une des faiblesses du Traité de l'Antarctique est qu'il reste muet sur le problème des ressources et de leur exploitation. Les discussions concernant la Loi de la Mer ont commencé dans les années 1970 à l'ONU; elles ont conduit en 1982 à une Convention, non encore ratifiée par tous les pays, qui reconnaît l'existence d'une zone économique de 200 milles marins (soit 370 kilomètres) au large de tout territoire. Dans ce contexte l'Antarctique pose déjà problème, puisque son statut territorial n'est pas défini. Peu avant 1982 commencent aussi les négociations concernant les ressources minérales entre les pays membres du Traité. Ressources vivantes et minérales éveillent l'intérêt des Nations unies, lors de leur Assemblée générale de 1983. En 1985, sous la pression des pays en voie de développement, trois résolutions sont votées, réclamant l'exclusion de l'Afrique du Sud du Traité de l'Antarctique, l'implication des Nations Unies dans le Système Antarctique et le partage entre tous des produits d'une éventuelle exploitation des ressources minérales. Pour répondre aux critiques qui lui reprochent d'être un club fermé, le Traité rend publics ses rapports, ouvre ses réunions aux pays qui ne sont pas parties consultatives et à des représentants d'organisations internationales. En revanche le Traité ne prend aucune mesure contre l'Afrique du Sud, arguant que de toute façon on ne peut l'empêcher d'être présente en Antarctique; une situation que l'évolution politique de ce pays devrait contribuer à éclaircir. Parallèlement aux discussions qui se tiennent à l'ONU, le Traité poursuit les négociations portant sur les ressources minérales. Elles ont abouti le 2 juin 1988, presque sept ans après le début des entretiens, à la Convention sur l'Exploitation des Ressources Minérales de l'Antarctique, signée à Wellington par les représentants de trente-trois pays. Mais signature ne signifie pas ratification.

Ressources et environnement :
« Guerre sainte pour l'Antarctique »

Tel est le titre d'un éditorial signé par le commandant Cousteau dans la revue *Calypso* en juin 1988. Cette convention provoque en effet un certain nombre de réactions très vives, auxquelles le consensus initial des trente-trois pays n'a pas résisté. Pourquoi l'exploitation des minerais et hydrocarbures, répandue sur l'ensemble de la Planète, pose-t-elle des problèmes particuliers en Antarctique?

Il faut d'abord considérer que l'écosystème y est unique et qu'il pourrait être particulièrement vulnérable, dans un environnement climatique extrême. La vie est concentrée sur une très faible partie du continent, où l'homme entre en compétition avec la faune (c'est déjà vrai pour ce qui concerne le tourisme, voire pour certaines bases scientifiques). De plus on ne peut jamais supprimer le risque d'une catastrophe : le naufrage du « Bahia Paraiso » dans la Péninsule et celui de l'« Exon Valdes » dans l'Arctique sont là pour le rappeler. L'océan est la seule source de vie et une marée noire pourrait entre autres affecter le krill qui est au centre de la chaîne alimentaire de toute la faune. Nul ne sait si la dégradation bactérienne des hydrocarbures serait ralentie dans un environnement froid; il est sûr en revanche que la mise en place de moyens de pompage et de dispersion des nappes serait plus longue. Le développement d'activités industrielles entraînerait une pollution locale importante alors qu'elle est peu sensible actuellement. Mais il faudrait que ces activités atteignent un niveau important pour modifier à grande échelle la virginité relative de l'atmosphère antarctique. Il n'existe cependant aucune raison de penser que cela pourrait entraîner la fonte des glaces de l'Antarctique et une hausse sensible du niveau des mers.

On peut aussi s'interroger sur l'efficacité des mesures de protection de l'environnement prévues par la Convention de Wellington. Pour certains, le système semble assez contraignant puisqu'il établit cette protection comme une préoccupation fondamentale; il met en place des comités de contrôle et de réglementation ayant droit de veto sur l'exploration et l'exploitation de zones sensibles à protéger ou lorsque les projets présentent des garanties insuffisantes dans le domaine de la pollution. La responsabilité des opérateurs et des pays qui les parrainent est engagée et ils devront restaurer les zones polluées. Cette Convention n'est donc pas un simple « chiffon de papier », même si l'on peut douter de la possibilité d'appliquer contrôles et sanctions... auxquels échappent de toute façon les catastrophes naturelles, voire les actes de terrorisme.

Pour les personnes qui avaient participé aux négociations, cette Convention remplissait un vide laissé par le Traité de l'Antarctique, vide qui pouvait encourager une exploitation non contrôlée et donc à haut risque pour l'environnement. On s'acheminait donc, au début de l'année 1989, vers un consensus entre les pays participant au Traité, malgré les réticences affirmées ailleurs, et particulièrement par la Malaisie dans l'enceinte des Nations unies. La Convention prévoyait que l'établissement de droits pour l'attribution de permis et de taxes sur les revenus éventuels servirait à financer le fonctionnement du Système Antarctique et le développement des recherches, tout en encourageant la participation des pays en voie de développement. La Convention devait entrer en vigueur après ratification par au moins seize des parties consultatives, dont les sept États dits possessionnés.

Or l'utilité de cette convention s'est trouvée fortement mise en cause par un certain nombre d'organisations écologiques, en particulier la Fondation Cousteau et Greenpeace, qui considèrent ce texte comme une incitation à l'exploration et à l'exploitation, du fait qu'il donne un cadre légal à des activités qui, selon elles, devraient être totalement et définitivement interdites. L'écho qu'a suscité leur action traduit la sensibilité grandissante du public à tous les problèmes d'environnement; elles ont ainsi contribué à porter le débat sur la place publique, ce qui est sain, et proposé de faire de l'Antarctique, « terre de science », un symbole à préserver pour les générations futures. L'humanité n'a nul besoin de ces ressources, d'ailleurs hypothétiques. Ce à quoi d'autres répondent qu'il n'est pas raisonnable de geler pour toujours des réserves qui pourraient un jour se révéler vitales; une humanité responsable devrait tout au moins en faire l'inventaire.

En France, les plus hautes autorités de l'État ont récemment pris publiquement position dans cette affaire. Le Président de la République a demandé un rapport qui l'a « séduit » au commandant Cousteau et le Premier ministre a déclaré que la France, en accord avec l'Australie, ne ratifierait pas la Convention en son état. C'est aussi le point de vue de Paul-Émile Victor, le fondateur des Expéditions Polaires Françaises. La non-signature par ces deux pays possessionnés entraîne *de facto* le blocage de la Convention. France et Australie annoncent aussi leur intention de proposer un projet de convention globale concernant la protection de l'environnement antarctique.

Les discussions ont été serrées au cours de la 15e réunion du Traité de l'Antarctique qui s'est tenue à Paris en octobre 1989. Tous font de l'environnement, et à juste titre, une priorité, mais les divergences apparaissent sur la stratégie à suivre : pour s'en tenir aux seuls pays possessionnés, la Grande-Bretagne, les États-Unis, le Japon et la Nouvelle-Zélande soutenaient la Convention de Wellington, tandis que la France et l'Australie en étaient devenues des opposants déterminés. Faute de consensus, les membres du Traité se sont retrouvés en décembre 1990 au Chili pour débattre de deux sujets : les propositions concernant la mise en œuvre de la Convention de Wellington et l'élaboration d'un système global de protection de l'environnement et des écosystèmes. Il était prévisible que les discussions seraient longues et peu de progrès semblent avoir été réalisés. Seul signe positif, les parties ont décidé de se réunir à nouveau dès le printemps 1991.

Conserver et protéger l'Antarctique

Il convient de constater que la réunion du Chili comme celle de Paris se sont beaucoup préoccupées d'environnement : traitement et évacuation des déchets des bases, pollution en mer, études d'impact, zones protégées, tourisme, surveillance de l'environnement. Tous ces sujets ont fait l'objet de recommandations; beaucoup figurent à l'ordre du jour des prochaines rencontres.

L'Antarctique pollué... c'est le message médiatique qu'a fait passer l'organisation Greenpeace après avoir visité un certain nombre de bases, qui fonctionnent parfois depuis une trentaine d'années. Il est vrai que la difficulté des opérations et l'immensité du continent ont pu favoriser un certain laisser-aller : pas facile de rembarquer les carcasses de véhicules ou d'avions accidentés, commode de déverser en mer la plupart des déchets, tentant d'enfouir sous la neige les boîtes de conserve utilisées en raid. N'allez pas croire pour autant que l'Antarctique est devenu un vaste dépôt d'ordures; mais il faut reconnaître qu'autour de certaines bases le spectacle n'est pas toujours à la hauteur de la beauté sauvage à laquelle on s'attend. On a, je crois, le droit d'être plus exigeant en Antarctique qu'autour de nos villes et, dès 1983, le Traité avait décidé de réviser les normes existantes dans ce domaine. L'aiguillon de Greenpeace n'aura sans doute pas été inutile pour que soient adoptées, en 1989, les recommandations d'un rapport établi par les scientifiques et opérateurs du SCAR et qui concerne l'élimination des déchets : techniques à utiliser, rapatriement des résidus non traitables, responsabilité des gouvernements vis-à-vis non seulement de leurs expéditions mais aussi des opérateurs privés relevant de leur juridiction. Montrés du doigt, les quelques pollueurs ont entrepris de balayer devant leur porte! Ces mesures s'étendent aussi à l'océan Austral. Les navires devront se plier aux règles internationales qui sont renforcées; dans certaines zones plus question de déverser les ordures ménagères, les eaux usées, ni bien sûr de jeter des sacs en plastique. On se préoccupe aussi d'organiser un système d'intervention en cas de pollutions catastrophiques comme celle du « Bahia Paraiso ». Tout nouveau projet de quelque importance devra faire désormais l'objet d'une étude d'impact sur l'environnement; cela concerne aussi bien les installations techniques (bases, pistes pour avions) et scientifiques que les activités de tourisme. Le suivi de ces études d'impacts doit être assuré par la mesure d'indicateurs clés (dont la liste reste d'ailleurs à établir) de l'environnement.

Sous l'impulsion du SCAR un certain nombre de zones sont spécifiquement protégées. Plus de cinquante « monuments historiques » ont été identifiés; parmi eux le mât planté au pôle Sud entouré des drapeaux symboles de la coopération internationale, la plaque laissée par le commandant Charcot lors de son exploration de la péninsule Antarctique, la base Port Martin occupée par les Français en Terre Adélie au début des années 1950 et la hutte occupée par Scott avant son départ pour le pôle Sud. Une trentaine de sites sont catalogués comme présentant un intérêt scientifique particulier et vingt zones sont particulièrement protégées; elles comprennent notamment certains emplacements occupés par la faune, rookeries de manchots et zones de reproduction d'oiseaux. Il est envisagé maintenant de définir des secteurs où les différents critères, tels que rareté écologique et intérêt scientifique d'autres disciplines, devraient être intégrés. La notion de zone protégée semble aussi devoir s'élargir pour prendre en compte – signe des temps – les notions d'esthétique, de paysage, d'état sauvage. Il reste que l'application de ces mesures de protection dépend de la seule volonté de chaque gouvernement, même si les « inspections » ont tendance à se multiplier. Les recommandations s'ajoutent les unes aux autres après chaque réunion du Traité et le nouvel arrivant peut avoir du mal à s'y retrouver, obligé de compulser de nombreux rapports rédigés en termes diplomatiques – sans doute le moment est-il venu de faire le point dans ce domaine.

Recherche scientifique et logistique

Considérée comme l'une des bases du fondement du Traité, la recherche n'a pas été oubliée lors des réunions de 1989 et 1990. L'accent a été mis sur la nécessité de promouvoir les études concernant le trou d'ozone et l'évolution du climat et, d'une façon plus générale, tout ce qui touche aux changements globaux. L'Antarctique constitue en somme l'observatoire idéal pour comprendre les processus fondamentaux qui gouvernent le fonctionnement de la Planète et de ses systèmes vivants et pour détecter les premiers indices d'une mutation liée aux activités de la population mondiale; il s'agit aussi de surveiller l'impact des activités humaines poursuivies sur le continent austral. Les membres du Traité ont souligné à nouveau le rôle du SCAR dans la coordination et la promotion des recherches, et l'importance du développement de la coopération internationale.

Ce dernier point touche au problème de la concentration des stations dans certaines zones. Un nombre croissant de pays souhaitent en effet accéder au statut de parties consultatives qui donne le droit de vote. Pour cela il faut mener un programme « significatif » de recherche en Antarctique. Le flou de ce terme a conduit un certain nombre de pays à implanter des bases dans les zones les plus faciles d'accès. Paradoxe étonnant : pendant l'hiver 1989, quarante et une stations étaient ouvertes au sud des 60 degrés, dont deux seulement implantées loin des côtes, sur la calotte glaciaire (14 millions de km^2). On compte ainsi huit stations mises en place par huit pays différents dans la seule petite île du Roi Georges, sur moins de 2 000 km^2 *(figure 7.3)*. Cette concentration peut exercer une pression nuisible sur l'environnement et l'on peut légitimement s'interroger sur une duplication inutile de certains programmes, voire sur leur qualité, alors que tant reste à faire par ailleurs. Les tendances récentes n'indiquent guère une amélioration de la situation : l'abandon de deux stations par les Soviétiques en 1990 a en effet augmenté le vide entre les sites occupés sur la côte ouest.

Les opérations dans la zone australe posent des problèmes de sécurité et le Traité se préoccupe de mettre en place des dispositifs aptes à remédier aux accidents mais aussi à les prévenir. Il recourt pour cela à l'expertise d'organisations internationales dans des domaines variés tels que cartes de navigation dans les eaux australes au voisinage des côtes, caractéristiques techniques des navires, informations météorologiques et sur l'état des glaces de mer, mesures de sécurité aérienne, télécommunications. Entre eux, les opérateurs antarctiques ont très activement organisé la coopération.

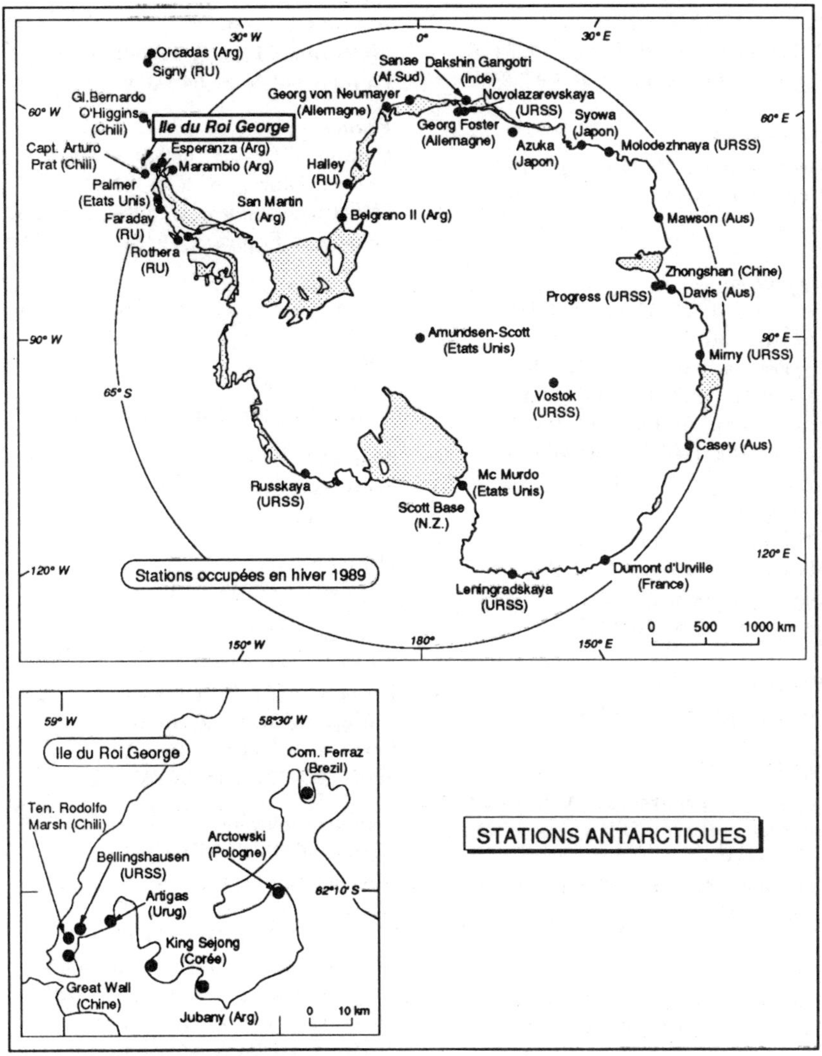

Figure 7.3. Antarctique : stations scientifiques en activité pendant l'hiver antarctique (1989)

Les stations d'hivernage sont celles occupées à longueur d'année. Dix-huit pays ont assuré le fonctionnement de quarante et une stations scientifiques en 1989, dont on trouvera la liste ci-dessous (les astérisques repèrent celles qui sont situées dans la zone subantarctique, au nord de 60° sud. En 1990, les bases soviétiques de Russkaya et Progress n'ont pas été occupées et les deux Allemagnes ont été unifiées). La plupart sont situées sur la côte et huit sont implantées sur la même petite île du Roi Georges, comme indiqué dans le cartouche. Seules deux bases sont installées dans les régions centrales de l'inlandsis, celles du pôle Sud et de Vostok (d'après *SCAR Bulletin*, n° 95/1989 et n° 99/1990).

Afrique du Sud
Sanae, 70°18′S, 02°25′W
*Marion Island, 46°52′S, 37°51′E
*Gough Island, 40°21′S, 09°52′W

Allemagne
Georg Forster, 70°46′S, 11°50′E
Georg von Neumayer, 70°37′S, 08°22′W

Argentine
Belgrano II, 77°52′S, 34°37′W
Orcadas, 60°44′S, 44°44′N
Esperanza, 63°24′S, 57°00′W
Marambio, 64°14′S, 56°37′W
San Martin, 68°08′S, 67°06′W
Jubany, 62°14′S, 58°40′W

Australie
*Macquarie Island, 54°30′S, 158°57′E
Mawson, 67°36′S, 62°52′E
Davis, 68°36′S, 77°58′E
Casey, 66°18′S, 110°32′E

Brésil
Comandante Ferraz, 62°05′S, 58°24′W

Chili
Capitan Arturo Prat, 62°30′S, 59°41′W
General Bernardo O'Higgins, 63°19′S, 57°54′W
Teniente Rodolfo Marsh, 62°12′S, 58°54′W

Chine
Great Wall, 62°13′S, 58°58′W
Zhongshan, 69°22′S, 76°23′E

République de Corée
King Sejong, 62°13′S, 58°45′W

États-Unis
Amundsen-Scott, 90°S
McMurdo, 77°51′S, 166°40′E
Palmer, 64°46′S, 64°03′W

France
Dumont d'Urville, 66°40′S, 140°01′E
*Alfred Faure, 46°26′S, 51°52′E
*Martin de Vivies, 37°50′S, 77°34′E
*Port aux Français, 49°21′S, 70°12′E

Inde
Dakshin Gangotri, 70°05′S, 12°00′E

Japon
Syowa, 69°00′S, 39°35′E
Asuka, 71°32′S, 24°08′E

Nouvelle-Zélande
Scott Base, 77°51′S, 166°45′E
*Campbell Island, 52°33′S, 169°09′E

Pologne
Arctowski, 62°09′S, 58°28′W

Royaume-Uni
*Bird Island, 54°00′S, 38°03′W
Faraday, 65°15′S, 64°16′W
Halley, 75°36′S, 26°46′W
Rothera, 67°34′S, 68°07′W
Signy, 60°43′S, 45°36′W

Union soviétique
Mirny, 66°33′S, 93°01′E
Novolazarevskaya, 70°46′S, 11°50′E
Molodezhnaya, 67°40′S, 45°51′E
Vostok, 78°28′S, 106°49′E
Bellingshaussen, 62°12′S, 58°58′W
Leningradskaya, 69°30′S, 159°24′E
Russkaya, 74°46′S, 136°49′W
Progress, 69°24′S, 76°24′E

Uruguay
Artigas, 62°11′S, 58°51′W

Voilà en quelque sorte l'état des lieux du Système Antarctique; malgré un fonctionnement et des résultats remarquables depuis une trentaine d'années, ce système doit faire preuve d'imagination pour répondre aux pressions qu'il subit dans différents domaines : politique, ressources, environnement, recherche scientifique...

Défis et enjeux

Résultats remarquables car, malgré certaines lacunes que l'on peut souligner ici ou là, le Traité a rempli ses objectifs principaux : maintenir la paix, développer la recherche scientifique et la coopération internationale, protéger l'environnement antarctique même si cela n'est pas spécifiquement mentionné dans le texte initial du Traité. Exemple unique d'un continent pratiquement géré par un groupe de pays, ayant des positions très différentes, voire conflictuelles, sur l'aspect territorial. Faisons d'abord un sort à une idée couramment répandue : ratifié en juin 1961 le Traité de l'Antarctique viendrait à expiration, après trente ans d'existence, en 1991. Il est en fait prévu que ce Traité puisse à cette date être renégocié, mais seulement si l'un des douze États signataires lors de son établissement ou l'un des douze qui ont depuis acquis le statut de partie consultative le demande. Il n'est pas sûr que cela soit le cas et de plus tout amendement ou modification devrait être accepté à l'unanimité pour entrer en application.

Quels sont les nouveaux défis?

Géopolitique, ressources et environnement

On voit bien certaines faiblesses dans le système actuel. Le moins que l'on puisse dire, c'est qu'il n'est pas autoritaire, toute application des décisions dépendant de chaque pays et les inspections étant relativement rares. Pas de structure permanente non plus, car elle ferait obstacle aux indépendances nationales... Le rôle d'animation tourne tous les deux ans : à chaque réunion du Traité, la responsabilité passe au pays qui organisera la suivante. Il y a des sièges dépositaires pour les différents textes et conventions : Washington pour le Traité, et, pour les autres, Angleterre, Australie, Nouvelle-Zélande (pour les ressources vivantes, mais aussi pour les ressources minérales si elle avait été ratifiée). L'absence de secrétariat fixe ne facilite pas la communication avec les organismes internationaux, politiques comme l'ONU ou scientifiques comme le SCAR, ni avec les médias; dans ce dernier domaine, aujourd'hui « incontournable », les associations écologistes font preuve d'un savoir-faire bien supérieur. De plus l'accélération du rythme des réunions, l'augmentation du nombre des parties consultatives risquent de gripper les rouages d'un dispositif conçu à l'origine, rappelons-le, pour qu'aucune décision ne soit prise sans consensus.

La question de l'Antarctique reviendra certainement à l'ordre du jour de l'ONU, mais le contexte sera différent selon la façon dont seront réglés les problèmes concernant les ressources et l'environnement; les préoccupations jusqu'ici exprimées ont principalement trait au contrôle des ressources que se serait octroyé un groupe fermé de pays. Il importe tout d'abord que soit maintenu le statu quo actuel, lequel gèle les revendications territoriales, et que les pays membres du Traité affichent toujours la même cohésion à l'ONU. Un point fait l'unanimité dans les milieux diplomatiques et scientifiques des pays qui travaillent et ont beaucoup investi depuis des décennies en Antarctique : la crainte qu'une gestion de l'ONU ne désorganise un système jugé globalement efficace et positif.

Il importe aussi que soit réglée la question de la Convention sur l'exploitation des ressources minérales de l'Antarctique. On voit mal quel consensus il pourrait y avoir, du moins dans l'immédiat, entre ceux qui souhaitent sa ratification et ceux qui veulent son rejet. Si les discussions doivent continuer dans ce domaine, il paraît souhaitable en tout cas, et presque du domaine du bon sens, que soit interdite toute activité liée aux ressources minérales jusqu'à l'entrée en vigueur d'une nouvelle convention acceptée par tous, ou pour une durée définie – par exemple trente ans, comme le suggère l'Office Parlementaire. Une telle décision présenterait plusieurs avantages : réduction des tensions au sein de l'ONU, possibilité pour chaque pays de repenser sa position et suppression de l'aléa d'initiatives non contrôlées (cependant peu probables compte tenu du coût des investissements, des contextes économique et politique incertains et de la réprobation que cela susciterait). Cette décision ne gênerait personne dans la situation actuelle, puisque l'on ignore l'importance des ressources et que l'on ne dispose pas de la technologie appropriée. Un moratoire devrait pouvoir être accepté par les pays qui considèrent comme une atteinte à leur droit de souveraineté l'interdiction, à tout jamais, d'utiliser des ressources.

Cela répondrait aussi, du moins partiellement, aux sensibilités exprimées quant à l'environnement. L'initiative franco-australienne d'un projet de convention globale de protection de l'environnement n'a pas fait l'unanimité lors de la réunion de décembre 1990, même si chacun s'accorde à reconnaître la nécessité de rassembler de façon cohérente les mesures éparpillées déjà prises et d'établir une stratégie pour la conservation de l'Antarctique. Car une telle convention aurait en réalité un objectif plus ambitieux : poser les principes d'une réglementation générale des activités humaines – y compris la recherche – susceptibles d'avoir une incidence sur l'environnement, créer des institutions compétentes pour établir cette réglementation et trouver des moyens efficaces de prévention, d'intervention et de contrôle, le tout dans le cadre de l'organisation du Traité de l'Antarctique. Pour certains, cette démarche n'est pas contradictoire avec la Convention de Wellington, qui pourrait s'y intégrer; d'autres pensent le contraire, puisqu'il s'agit à terme d'interdire l'exploitation des ressources. Si l'on en croit l'exemple des conventions antérieures, dont celle de Wellington pour laquelle les discussions ont duré plus de sept ans, on peut craindre une procédure très longue avant que puisse s'établir un consensus allant jusqu'au détail des choses. D'autre part, même si cela est nécessaire, on ne peut se réjouir de l'établissement d'un corps d'inspecteurs, sorte de casques blancs; sans doute faut-il admettre que dans nos sociétés rien ne peut se régler sans contrainte, contrôle, tribunal et répression.

Établir une stratégie de conservation de l'Antarctique est également l'objectif des scientifiques du SCAR. Ils participent de plus aux travaux de l'Union Internationale pour la Conservation de la Nature (IUCN) où sont représentés soixante-deux États, cent huit agences officielles et quatre cents associations « non gouvernementales ». Là aussi, l'éventail des positions est assez large.

Réserve naturelle mais aussi Terre de Science

La notion de Parc ou Réserve naturelle, développée dans les milieux écologistes, est reprise par un certain nombre de gouvernements. Même s'il faut l'habiller d'un cadre juridique pour traiter d'un continent tout entier à l'échelle internationale, les mots sont suffisamment évocateurs. Séduisants aussi car ils touchent à une sensibilité selon laquelle nous n'avons pas reçu la Terre – et l'Antarctique – en héritage mais plutôt nous l'empruntons aux générations futures. La nature est un bien du futur et même, pour aller plus loin, l'Antarctique est plus un bien de la Planète que de l'Humanité. C'est le point de vue défendu par des personnalités aussi célèbres que le commandant Cousteau et Paul-Émile Victor.

L'objectif est de contrôler toutes les activités, sans parler des ressources qui sont « tabous » : navigation maritime et aérienne, tourisme organisé ou sauvage, pêche et chasse, aventures et bien sûr recherche scientifique. Dans ce dernier domaine, les points de vue des écologistes ne sont pas tous identiques. Lors de son témoignage à l'Office Parlementaire en 1989, Greenpeace a parlé de Parc national et mis la recherche très loin derrière la protection de la faune et de la flore; de fait le parc naturel idéal est celui où l'homme ne met pas les pieds. Une telle position n'est pas raisonnable pour un scientifique : j'ai voulu montrer dans ce livre toute la portée et l'intérêt de la recherche scientifique en Antarctique, qui aborde des problèmes dont le caractère global nous concerne tous. C'est ce qu'a bien compris la Fondation Cousteau, dont les badges affichent maintenant *Réserve naturelle – Terre de Science.* C'est aussi, fort heureusement, la position du gouvernement français.

Recherche : les défis

Parlons tout d'abord des contraintes que peut imposer la protection de l'environnement. Il n'existe pas d'activité humaine, de quelque nature que ce soit, sans pollution. D'un autre côté, on ne peut considérer la science comme un domaine tabou, la laisser faire n'importe quoi et n'importe comment. Dans le domaine de l'environnement, tout comme pour son financement, il s'agit de peser les « bénéfices » de la recherche par rapport à son coût. Il ne sera pas difficile d'atteindre un consensus sur un certain nombre de principes. Le chercheur, au moins aussi sensibilisé que tout un chacun à ces problèmes, peut faire l'effort de réduire au minimum les retombées négatives de ses expériences; il est naturel que ces dernières soient planifiées avec ce souci, aussi bien dans le domaine des sciences vivantes que dans celui de la géophysique. Il est normal aussi que les projets scientifiques de grande envergure fassent l'objet d'une étude d'impact. Recherche scientifique et conservation vont de pair, l'une ayant besoin de l'autre. Les choses sont toutefois moins évidentes lorsque l'on entre dans le détail. Combien de manchots et de phoques a-t-on le droit de « sacrifier » pour la recherche? Ne dérange-t-on pas le cycle de reproduction lorsque l'on contrôle les nids? Quelle est l'importance des explosions que l'on peut admettre lorsqu'il s'agit de sonder la croûte terrestre sous la calotte? Un cas exemplaire est celui de la construction de la piste aérienne en Terre Adélie. Étude d'impact au niveau international, construction en voie d'achèvement après décisions par le gouvernement de sa nécessité pour le support de la science, n'empêchent pas Greenpeace de s'opposer avec véhémence à ce projet.

On dit aussi qu'il ne faut mener en Antarctique que des recherches qu'on ne peut faire ailleurs; soit, car cela semble raisonnable, mais on ajoute parfois qu'il faut limiter les projets à ceux qui ont trait à l'évolution du climat et de l'environnement atmosphérique. Chacun pourrait opiner... Mais faisons un petit retour en arrière. La découverte du trou d'ozone a eu une répercussion mondiale et l'on sait qu'elle n'a pas peu contribué à la prise de conscience générale, du grand public aux décideurs, de la vulnérabilité de notre planète aux activités de l'homme. Ce que l'on sait moins, c'est que ce programme a été mené pendant des années sans donner aucun résultat : mesures de routine, disaient ceux qui voulaient faire l'économie de cette recherche. La découverte en fut d'abord une pour les mesureurs, qui ne s'y attendaient pas. De la même façon, lorsque les forages dans la calotte glaciaire ont démarré, il y a une vingtaine d'années; ils exigeaient un support logistique lourd, tracteurs ou avions, polluant au sens strict du terme. Personne ne pensait alors qu'ils allaient démontrer la relation étroite qui existe entre les teneurs de l'atmosphère en gaz à effet de serre et les variations du climat, fondant ainsi les craintes d'une évolution importante due à l'homme et d'un impact considérable. Consommer quelques milliers de litres de fuel dans l'atmosphère antarctique, une goutte d'eau dans la marée polluante qui vient de l'hémisphère Nord, peut paraître dérisoire par rapport à l'intérêt des résultats. Il faut donc se garder de critères trop stricts pour séparer la bonne recherche de la mauvaise. Les découvertes ne se planifient pas : un tribunal écologique de l'époque aurait pu légitimement rejeter ces programmes.

Exemple plus délicat encore : faut-il autoriser les géologues à « casser des cailloux »? Comprendre la structure du continent antarctique, c'est aussi en évaluer les gisements... L'étude, par la prospection géophysique, de la genèse et de la dérive du continent peut être utilisée pour estimer les réserves de pétrole. On peut comprendre les craintes des chercheurs dans ce domaine, prêts cependant à accepter une contrainte raisonnable : la publication intégrale de tous les résultats, qui suffirait à dissuader les compagnies pétrolières et donc à garantir la « pureté » des intentions.

Un critère général auquel doit répondre la recherche est la qualité, ce que peut assez facilement mesurer la communauté scientifique. Elle doit aussi éviter toute duplication inutile et les chercheurs désapprouvent la multiplication de bases dans les zones trop proches. Astronomes, glaciologues, climatologues, géochimistes de l'atmosphère appellent en revanche de leurs vœux la création de stations sur le continent.

Il faut sans nul doute continuer à soutenir des programmes permettant de concrétiser des idées originales, tout en veillant à maintenir la recherche antarctique en symbiose avec la science internationale. L'exemple le plus convaincant est celui des changements globaux qui visent à prédire l'évolution de la Planète au cours du prochain siècle. Dans ce contexte, les scientifiques du SCAR ont choisi six thèmes de recherche, au cœur des préoccupations de ce programme, et qui sont spécifiques de la zone australe : glace de mer et ses interactions dans le système géosphère-biosphère; paléoenvironnements enregistrés dans la calotte glaciaire et les sédiments marins; bilan de masse de la calotte glaciaire en relation avec le niveau des mers; ozone stratosphérique et effets du rayonnement ultra-violet; rôle de l'océan dans les cycles biogéochimiques; détection des changements sur le continent, dans les océans et dans l'atmosphère. L'Antarctique est considéré comme un vaste laboratoire dans le cadre de ce programme. Il s'agit maintenant de définir les expériences les plus prometteuses et les sites où elles devraient être localisées, puis de rassembler la communauté scientifique et les moyens nécessaires, chacun contribuant selon ses possibilités, au succès de ce programme dont l'intérêt va bien au-delà du seul domaine austral.

Les scientifiques sont conscients que le moment est venu de faire le point de leurs recherches et de définir des orientations dans les différents domaines qui correspondent à la sensibilité de notre temps, tout en maintenant une recherche de base de qualité. Pour cela le SCAR organise une grande conférence internationale qui se tiendra à Brême en septembre 1991. Objectif : la recherche pour l'an 2000, dans un esprit de liberté et de créativité mais aussi de respect de la nature.

Science, décideurs et politique

L'un des défis posés à la recherche est la définition du critère requis pour devenir partie consultative : mener, de façon autonome, un programme de recherche significatif. Comme il a été dit, ce critère doit être précisé car il entraîne non seulement la prolifération des stations dans les sites les plus accessibles mais aussi une approche minimaliste de la recherche. On peut imaginer qu'un navire faisant des campagnes régulières peut être plus utile qu'une station enregistrant les mêmes données que sa voisine. De plus, mener des recherches qui comblent un vide dans une base gérée par un autre pays, ou pourquoi pas en commun, peut être tout aussi valable, et permettrait d'intégrer l'effort de ceux qui ont moins d'expérience ou de ressources. Avec le respect du critère de qualité on voit bien que les règles d'admission en vigueur sont désuètes. La réflexion s'impose d'autant plus qu'à l'ère des satellites et des calculateurs, le chercheur qui dépouille des images ou modélise la calotte antarctique avec les données des autres peut faire valoir qu'il contribue autant au progrès de la science que celui qui fait des relevés sur le terrain. Avec un peu de bon sens et sur la base de réalisations ou participation aux campagnes sur le terrain, il ne devrait pas être difficile de s'entendre.

La recherche en Antarctique est relativement chère si l'on inclut le coût des bases et des moyens logistiques. Ce support représente en fait la plus grande part des dépenses, une part que la recherche ne contrôle pas toujours et qui sert bien sûr à marquer la présence des différents pays. Coûteuse par rapport à une station installée dans la région parisienne, peu onéreuse si on la compare à certains grands équipements et encore moins si l'on considère les missions spatiales. Dans le cadre du financement attribué à la science une compétition peu souhaitable pourrait s'instaurer au détriment de la recherche fondamentale, certains pays souhaitant soutenir des programmes à finalité immédiate (tels que ceux liés à la rentabilité des pêches) et d'autres préférant affecter l'essentiel des ressources à des programmes visant par exemple à protéger et surveiller l'environnement local. Chacun reconnaît aussi l'urgence d'établir un système rassemblant l'ensemble des données scientifiques, y compris celles concernant l'environnement; exercice difficile et coûteux, peut-être moins glorieux, mais nécessaire. Il faudra donc veiller à ce que la recherche fondamentale et créatrice conserve un juste poids dans l'ensemble des activités.

La recherche dans les régions polaires nécessite donc un dialogue permanent entre chercheurs et organismes de recherche, politiques et responsables de moyens logistiques et de souveraineté. Une tâche difficile quand les centres de décision sont nombreux, plus facile lorsque, comme aux États-Unis, en Allemagne ou en Grande-Bretagne, le même organisme gère à la fois les moyens de la recherche et des opérations. C'est un organisme de ce genre que la France cherche actuellement à mettre en place, sous le nom d'Institut Français de Recherche et de Technologie Polaires.

Les Français en Antarctique

Notre pays a une longue tradition dans le domaine de l'exploration et de la recherche polaires. En Antarctique les activités, principalement centrées jusqu'ici autour de l'observatoire de Dumont d'Urville, vont s'étendre sur la calotte après la mise en place de moyens aériens. Une seconde base y sera installée et l'Institut polaire aura la charge d'animer la recherche hautes latitudes en Arctique et en Antarctique.

Un peu d'histoire

L'exploration française des régions polaires a d'abord été le fait de quelques personnalités. Dumont d'Urville, Charcot et Paul-Émile Victor en ont été les pionniers les plus marquants.

Dumont d'Urville fut l'un de ces grands navigateurs, que nous avons évoqué en début de ce livre, partis à la recherche du pôle magnétique sud dans la première moitié du XIXe siècle. Officier de marine célèbre, il souhaitait naviguer dans le Pacifique mais dut, selon la volonté du roi, explorer les eaux antarctiques. Ses deux voiliers, « l'Astrolabe » et la « Zélée », visitent la côte Nord de la Terre de Graham jusque vers 63° 23′ sud puis relâchent à Hobart en Tasmanie. Dumont d'Urville décide alors de faire route à nouveau vers le sud et aperçoit la côte du continent le 19 janvier 1840, par 66° 40′, juste au-delà du cercle polaire; il la baptise Terre Adélie. Il n'atteindra pas le pôle magnétique, situé à cette époque à l'intérieur du continent, mais il sera le premier à s'en approcher. C'est suite à cette découverte que la France proclamera ses droits sur la Terre Adélie, en 1924. Heureuse circonstance, car poursuivant sa route vers l'ouest en bordure du pack, Dumont d'Urville rencontre le « Porpoise » de l'Américain Wilkes qui laissera son nom à une grande partie de la côte de ce secteur de l'Antarctique.

Jean-Baptiste Charcot était médecin, mais passionné par l'exploration. Il part au Sud pour une première expédition en août 1903 à bord du trois-mâts « le Français », hiverne à l'île de Wandel par 65° sud et cartographie 500 milles nautiques de côtes dans la péninsule Antarctique. Son navire endommagé, il fait voile sur l'Argentine et rentrera en 1905. Le temps de trouver le financement d'un nouveau navire, il repart en août 1908, à bord du « Pourquoi Pas? ». Il reconnaît plusieurs milliers de kilomètres de côtes inexplorées et hiverne cette fois sur la petite île Peterman. Il rentre en France en juin 1910 avec une riche moisson scientifique. Charcot ne retournera plus au Sud mais, après la Première Guerre mondiale, le « Pourquoi Pas? » sillonnera l'Arctique pendant des années. Charcot, son équipage et son navire sombreront dans la tempête, au large de l'Islande, le 16 septembre 1936.

A bord du « Pourquoi Pas? » de Charcot, Paul-Émile Victor débarque pour la première fois au Groenland en 1934. Après avoir traversé la calotte glaciaire, hiverné avec les Esquimaux et dirigé de nombreuses expéditions arctiques, il fonde en 1947 les Expéditions Polaires Françaises, qui assurent depuis lors le support de missions aux deux pôles. A la fin de l'année 1949, plus de cent ans après Dumont d'Urville, une expédition française débarque à nouveau en Terre Adélie où elle hiverne dans la base Port-Martin; la relève se fera un an après mais la base sera détruite par un incendie le 23 janvier 1952. Pendant ces hivernages une rookerie de manchots Empereurs est découverte vers l'ouest; c'est là qu'une troisième expédition hivernera, sur le site devenu depuis la base Dumont d'Urville. Au début des années 1950 les chercheurs français font un véritable travail de pionniers. Une seule expédition est présente alors sur le continent, à près de 5 000 km à l'ouest, à la base Maudheim où Britanniques, Norvégiens et Suédois hivernent pendant deux ans.

Recherche

Ces expéditions sont le prélude à l'Année Géophysique Internationale qui, nous l'avons dit, a fait véritablement démarrer la recherche à l'échelle du continent. Côté français, les programmes établis sous l'égide de l'Académie des Sciences seront réalisés sous la direction de Bertrand Imbert; trois expéditions successives, de 1956 à 1959, occuperont les bases de Dumont d'Urville, sur la côte, et de Charcot, 320 kilomètres au sud et à 2 400 mètres d'altitude sur la calotte glaciaire. Depuis lors, année après année, les chercheurs français sont présents à la base Dumont d'Urville. Les études menées couvrent pratiquement tous les domaines propres aux zones polaires, tirant parti des caractéristiques spécifiques du site. Proche du pôle géomagnétique et à l'intérieur de l'ovale auroral, Dumont d'Urville est particulièrement bien placée, sorte de fenêtre sur le cosmos, avec une ligne de force du champ magnétique pratiquement verticale; plusieurs programmes sont axés sur les interactions entre les particules solaires et la magnétosphère. L'emplacement est favorable aussi pour la mesure des éléments tracés dans l'atmosphère et donc pour la surveillance de l'ozone. Le phénomène des vents catabatiques est très marqué (trop pour le confort des hivernants!) en Terre Adélie, qui constitue l'un des meilleurs sites pour son étude. Il existe une station de sismologie mais certaines disciplines sont peu favorisées comme la géologie, car les affleurements rocheux sont rares, ou l'étude de la glace de mer, qui nécessite des moyens logistiques particuliers. La faune au contraire est très largement représentée au voisinage de la base et des milliers d'oiseaux volent au large des côtes, nichant dans les falaises et les rochers. Les phoques font partie du paysage familier et les manchots Adélie construisent leurs nids sous les baraques des hivernants; non loin de là se trouve l'une des rares rookeries d'Empereurs qui existent dans l'Antarctique. On voit toutes les possibilités offertes au biologiste; le médecin dispose de son côté des trente cobayes que sont les hivernants. Enfin, pour terminer ce tour d'horizon, les conditions climatiques particulières permettent de mener des études d'ingénierie polaire. Au large et jusque vers les îles subantarctiques de Kerguelen, Crozet, Amsterdam et Saint-Paul les navires de relève servent aussi à des travaux d'océanographie et de géophysique et à la réalisation de carottages. La bordure de la calotte glaciaire est facilement accessible. Elle contient de véritables champs de micrométéorites. On peut suivre son déplacement à l'aide d'images satellites et les convois de tracteurs ont exploré l'inlandsis en s'enfonçant de plus de 800 kilomètres vers le sud. Si l'on trouve en Terre Adélie l'épaisseur de glace la plus grande jamais mesurée, soit 4 800 mètres, les moyens logistiques lourds manquent pour la réalisation de carottages profonds. C'est aussi très loin sur le continent qu'il faudrait aller pour observer, dans de bonnes conditions, le soleil et les objets stellaires.

La base Dumont d'Urville, malgré la limitation des facilités logistiques, n'accueille pas que des scientifiques français et abrite de nombreux programmes réalisés en collaboration internationale. La base française a ainsi accueilli des chercheurs américains, argentins, australiens, belges, britanniques, canadiens, italiens, néo-zélandais et soviétiques. De leur côté les chercheurs français ont largement bénéficié du support d'autres expéditions : glaciologues au pôle Sud, à Dôme C et à Vostok, vulcanologues pour l'étude du volcan Erebus, astrophysiciens au pôle Sud, biologistes sur le brise-glace allemand...

L'observatoire de Dumont d'Urville remplit remarquablement son rôle dans le domaine de la géophysique et de la biologie. Mais les préoccupations récentes concernant le climat et l'environnement imposent de travailler plus encore à l'intérieur du continent. Les glaciologues ont montré la richesse des archives glaciaires et les physico-chimistes trouveront là l'atmosphère la plus vierge qui soit et les moyens de sonder la stratosphère. Les astronomes sont bien sûr intéressés et les géophysiciens y voient l'occasion de compléter leur réseau de sismologie et l'étude de la magnétosphère menée à Dumont d'Urville. Les conditions climatiques extrêmes seront mises à profit pour étudier l'adaptation de l'homme; elles permettront aussi d'expérimenter des technologies nouvelles, pour la construction d'une base ou la mise au point de stations automatiques susceptibles d'être utilisées dans le domaine spatial. De façon plus générale une station à l'intérieur comblerait le vide des observations sur le continent et tout d'abord dans le domaine de la climatologie et de la météorologie. Dès 1982 les scientifiques faisaient valoir ces arguments pour la création d'une base sur la calotte. Le site en est maintenant choisi : il s'agit du Dôme C, 74° 40′ sud, 124° 10′ est, altitude 3 250 mètres, épaisseur de glace 3 500 mètres, température moyenne − 53° C. C'est précisément l'endroit où les glaciologues grenoblois se sont illustrés en réalisant il y a quelques années un forage de 900 mètres de profondeur qui contenait près de 40 000 ans de l'histoire du climat terrestre. Ils espèrent bien cette fois atteindre le socle rocheux.

La construction et l'exploitation d'une station scientifique au cœur de l'Antarctique ne vont pas sans poser quelque problème sur le plan de la logistique. Il faut au préalable mettre en place une desserte aérienne de la Terre Adélie.

L'aérodrome de Terre Adélie

Les études ont montré que son installation sur la glace en bordure du continent n'était pas réalisable; une instruction du 15 novembre 1987 du ministre des Départements et Territoires d'Outre-Mer a donc autorisé la construction de l'aérodrome de Terre Adélie : il s'agit de bâtir une piste de 1 100 mètres de long en s'appuyant sur une série d'îlots rocheux. Cette piste sera classée « aérodrome à usage restreint », ce qui signifie qu'elle ne sera normalement utilisée que par des avions appartenant à l'administration, ou affrétés par elle, pour assurer le support logistique des opérations scientifiques. Alors que la glace de mer ne permet d'accéder chaque année par bateau que pendant deux mois et demi, les campagnes d'été pourront durer cinq mois, ce qui est suffisamment long pour permettre de travailler sur la calotte glaciaire; l'isolement des hivernants et leur sécurité en seront améliorés. La piste pourra servir de terrain de secours à d'autres opérateurs antarctiques.

Pour l'aménager, il faut araser un certain nombre d'îlots et remblayer avec le matériau récupéré les volumes situés sous la mer – plus de 700 000 m^3. Les travaux sont réalisés par les Expéditions Polaires Françaises, dirigées par Michel Engler, sous la responsabilité de l'Administrateur Supérieur des Terres Australes et Antarctiques Françaises (TAAF). La construction de cet aérodrome a soulevé un certain nombre de controverses dont les médias se sont largement faits l'écho. Il est vrai que sept espèces d'oiseaux nichent dans l'archipel de Pointe Géologie et que quatre fréquentent les sites où prennent place les travaux. Pétrels et manchots Adélie ont coutume de faire leurs nids sur l'emplacement de la piste et il est certain que le chantier va, pour le moins, les déranger. De plus l'aérodrome barre l'un des chemins d'accès des manchots Empereurs, lorsqu'ils rejoignent leur rookerie avant l'hiver. Les biologistes étaient bien sûr réticents.

Conscients de ces problèmes, les TAAF firent réaliser deux études d'impact; celle de 1982 a été reprise deux ans plus tard pour tenir compte des observations d'un Comité des Sages composé de huit biologistes, dont trois étrangers. Cette étude a été communiquée aux scientifiques du SCAR et aux parties consultatives, comme le prévoit le Traité. Elle a fait l'objet d'une procédure de consultation publique selon la loi française. Enfin, il y avait des problèmes de financement à résoudre. Compte tenu de toutes ces précautions, le feu vert n'a pu être donné qu'en 1987, la mise en service de la piste étant prévue pour février 1992.

Inévitable, la perturbation de la faune devrait rester dans des limites acceptables, c'est-à-dire qui ne justifient pas d'annuler le projet de construction de cette piste destinée au support de l'ensemble de la recherche. Les biologistes français sont d'ailleurs présents sur le terrain pour minimiser, autant que faire se peut, cet impact. Ce n'est cependant pas l'avis de Greenpeace qui a manifesté devant le siège des TAAF et tenté de s'opposer, sur le lieu, à l'avance du chantier. En janvier 1989 il se produisit même quelques bousculades avec l'équipe de chantier, les représentants de Greenpeace ayant monté une tente sur le passage des bulldozers. Il n'y eut que quelques ecchymoses, mais grâce aux moyens sophistiqués de transmission des écologistes, des photos s'étalaient dans la presse française du lendemain. Deux articles récemment parus dans le *Polar Record* font un point plus objectif de la situation. Greenpeace inventorie les animaux qui pourraient être perturbés : 6 000 Adélie, 500 pétrels des neiges et autant de Wilson et damiers du Cap, 6 skuas. Il affirme que la piste compromettra le sort de la colonie d'Empereurs. De l'autre côté, on ne nie pas qu'il y ait dérangement. Mais dérangement ne veut pas dire disparition. Pierre Jouventin et Vincent Bretagnolle, qui travaillent depuis vingt ans sur l'écologie des oiseaux, déplacent animaux et œufs sur d'autres sites au moment des explosions et contrôlent l'impact des travaux sur la faune. Ils ont bagué la totalité des oiseaux sur les îles arasées : 2 960 couples d'Adélie (sur un total de 29 200 sur l'Archipel de Pointe Géologie), 224 couples de pétrels des neiges (sur 1 200), 291 de damiers du Cap (sur 830), 290 de pétrels de Wilson (sur 2 400) et 6 de skuas (sur 32). Les chiffres sont précis. Par rapport à la totalité de la population de ces espèces, ils ne représentent que 0,01 à 0,02 %; ils sont cependant significatifs à l'échelle de l'archipel. Retrouver la trace des oiseaux bagués n'est pas chose facile mais il est clair que beaucoup vont s'installer sur des îles voisines. Presque la moitié des manchots sont revenus sur les mêmes sites, écartant simplement leur nid de la piste. Pour ce qui concerne les

Empereurs les conclusions sont déjà nettes : ils n'ont aucune peine à contourner la piste, voire à la traverser, car elle n'émerge que de cinq mètres au-dessus de l'eau. Il est vrai cependant que seules les observations à long terme révéleront l'impact réel de la construction de la piste, publiquement approuvée par Paul-Émile Victor et le commandant Cousteau.

La présence de l'homme n'est pas toujours nuisible : les hivernants de la station Dumont d'Urville ont ainsi pu sauver 2 500 poussins, encore duvetés et sans plumes, de la noyade par suite de la débâcle précoce de la glace de mer sur laquelle ils étaient installés. Pas facile de déplacer les 6 000 adultes et 2 500 poussins vers la côte située à quelques kilomètres. C'est ce que fit l'expédition un 14 octobre, par − 25° C et un vent de 100 km/heure. Six heures de lutte et d'efforts. Le 15 octobre la glace de mer avait disparu mais pas un seul cadavre de poussin. Après leur mue, le 20 janvier suivant, les manchots grandis quittaient l'archipel. Mais la nature est parfois inclémente : en octobre 1985 un iceberg a brisé la glace de mer où se trouvait une rookerie à 50 kilomètres de la base australienne de Mawson, entraînant la mort de 600 poussins âgés de cinq semaines...

Une station à l'intérieur du continent

L'aérodrome de Terre Adélie devrait accueillir des avions gros porteurs, atterrissant sur roues, en provenance de la Tasmanie. La base du Dôme C, que Paul-Émile Victor propose d'appeler Dôme Concorde, sera située à 1 000 kilomètres de là; son support sera assuré par convois de tracteurs lourds, chaque trajet nécessitant vingt jours de beau temps. Le personnel et le matériel fragile seront acheminés par avion, probablement par Twin Otter, ce bimoteur équipé en série d'un train d'atterrissage mixte (skis et roues). Car si l'on part d'une piste construite en dur il faudra à l'autre extrémité se poser sur la neige damée. La charge utile ne peut dépasser une tonne; du matériel lourd et peu fragile pourrait être parachuté par avion gros porteur.

La station devrait être opérationnelle à partir de 1994, capable d'accueillir quinze hivernants et vingt-cinq chercheurs supplémentaires en été. Elle sera construite sur la surface de la neige et non pas « enterrée », des vérins montés sur pilotis assurant la stabilité des bâtiments. La protection de l'environnement n'est pas oubliée; on ne peut éviter d'utiliser des carburants pour les groupes électrogènes mais ils seront sans plomb et sans soufre. La chaleur produite par les groupes sera récupérée pour le chauffage et la production d'eau par fusion du névé. Cette eau sera recyclée et les déchets de la base seront évacués du continent. Ces mesures devraient satisfaire la légitime sensibilité écologique. Nous avons évoqué les programmes de recherche prévus : ils concernent quatre grands domaines – atmosphère et climat, terre solide, astronomie et haute atmosphère, biologie humaine et médecine. Cette base devrait éviter le possible « essoufflement » de la recherche française en Antarctique et la maintenir en position de pointe, notamment (mais pas seulement) dans le domaine des études concernant l'environnement global de la Planète; un rêve pour un ancien hivernant de la station Charcot, maintenant enfouie sous les neiges.

Le gouvernement a annoncé que Dôme Concorde serait largement ouvert à la collaboration internationale et à la participation de chercheurs étrangers. Des contacts sont pris, des projets s'ébauchent; il reste un peu de temps pour faire de cette station un modèle pour l'Antarctique : des programmes d'excellence, une large ouverture vers nos partenaires, le respect de l'environnement. Dôme Concorde pourrait devenir une station ouverte à la participation des autres pays d'Europe. Le parlement européen a préparé deux rapports sur l'Antarctique, relatifs à son intérêt économique et à la protection de la nature et de l'environnement. De façon unanime la communauté européenne soutient le système du Traité de l'Antarctique et exprime le vœu d'y adhérer, pensant qu'une tutelle de l'ONU conduirait à sa politisation. Certains pays en sont déjà membres; pour eux, et pour ceux qui voudraient le devenir, la station du Dôme Concorde est une opportunité d'être présents en Antarctique et associés à une aventure scientifique et humaine de ce temps.

L'Arctique

Pendant de l'Antarctique, l'Arctique est lui aussi un merveilleux laboratoire naturel. Sciences de la Terre, de l'océan et de l'atmosphère poursuivent les mêmes objectifs, notamment dans le domaine du climat et de l'environnement. Les enjeux scientifiques sont semblables : archives du climat passé dans la calotte glaciaire du Groenland et dans les sédiments marins, recherches sur l'ozone dont la couche semble présenter maintenant quelques déchirures, pollution des pays industrialisés produisant les brumes arctiques... On en attend des résultats complémentaires, valorisant l'ensemble de la recherche polaire. S'y ajoutent quelques domaines spécifiques. Huit millions d'habitants vivent dans l'Arctique. L'étude des Esquimaux, des Inuits (dans leur langue : « ceux qui vivent de leur propre expérience »), qui sont aujourd'hui en quête d'une nouvelle identité, entre traditions et progrès, passant de l'igloo et du traîneau au magnétoscope et au réfrigérateur, offre des opportunités uniques dans le domaine des sciences sociales. L'Arctique occupe aussi une position stratégique : c'est la route la plus courte entre l'Union soviétique et les États-Unis. L'océan Arctique est un champ permanent de manœuvres pour les sous-marins nucléaires lanceurs d'engins. Si l'air du temps n'est plus, heureusement, à l'affrontement dans cette zone, il reste minerais et pétrole, comme chacun sait, et la nécessité de développer une ingénierie polaire pour l'exploitation et le transport de ces ressources, plates-formes de forage et navires pétroliers adaptés à la navigation dans les glaces par exemple.

La recherche mais également l'industrie françaises ne se désintéressent pas des possibilités qu'offre l'Arctique. Dans cette région aussi notre pays a une longue tradition. Nous avons évoqué les expéditions du commandant Charcot dans l'Arctique entre 1925 et 1936, année du naufrage du « Pourquoi Pas? » Paul-Émile Victor est au Groenland dès 1934. L'une des missions les plus importantes qu'il dirigera est l'Expédition Glaciologique Internationale au Groenland, de 1957 à 1960, chargée d'étudier la calotte sur un axe ouest/est et d'installer une station d'hivernage au centre. Dans ce domaine les glaciologues ont pris le relais en participant à deux opérations organisées dans un cadre européen. Le programme *Eurocore* permet la récupération en 1989 d'une carotte de glace à la station Summit, au centre du Groenland; l'objectif est de déchiffrer la composition chimique de l'atmosphère au cours du dernier millénaire de façon à mesurer l'impact de la pollution à longue distance, c'est-à-dire en provenance des régions industrialisées d'Europe, d'Asie et d'Amérique du Nord. Le *Greenland Ice Core Project* (GRIP) prend la suite; il s'agit de reconstruire l'évolution du climat et de l'environnement sur plus de 200 000 ans en carottant les 3 000 mètres d'épaisseur de glace. Complémentaires de ceux réalisés sur la carotte de Vostok, les travaux visent à comparer les rôles respectifs des deux calottes polaires dans la succession des âges glaciaires et interglaciaires (l'Arctique est largement ouvert à l'océan tandis que l'Antarctique est un continent) et à mieux comprendre les mécanismes du climat, y compris ceux liés à l'effet de serre. D'autres équipes françaises travaillent en Arctique : géographie, sciences sociales, glace de mer, géologie... On ne peut être exhaustif ici mais mentionnons cependant la récente campagne (janvier-février 1990) pour l'étude de l'ozone qui a bénéficié des ballons construits par le CNES (Centre National d'Études Spatiales). En dehors de ces opérations limitées dans le temps, la France participe de façon régulière, depuis 1976, au programme EISCAT qui concerne l'ionosphère et les aurores.

La recherche française est active en Arctique avec la présence de chercheurs du CNRS, de l'INSU (Institut National des Sciences de l'Univers), des Universités, du CNES et du CNET (Centre National d'Études des Télécommunications) et du Centre d'Études Arctiques. Certaines opérations ont même été soutenues directement par le ministère de la Recherche et de la Technologie mais la recherche, à l'inverse de ce qui se passe en Antarctique, ne dispose d'aucune instance spécifique pour la coordination ni de moyens logistiques propres, à l'exception d'une petite base située au Spitzberg, par 79° nord, soit à environ 1 000 kilomètres du pôle. La France est en effet l'un des pays signataires du Traité de Paris en 1920, qui ouvre le libre accès à cet archipel de souveraineté norvégienne pour un certain nombre d'entre eux.

Les régions arctiques ne sont par exemptes de préoccupations géopolitiques. L'océan Arctique est bordé de huit pays dits « riverains » : Canada, États-Unis, URSS, Suède, Norvège, Finlande, Islande et Danemark auquel est rattaché le Groenland. Ces huit nations ont décidé de resserrer leurs liens en créant tout d'abord un Comité Scientifique Arctique International; la création de ce comité, qui a pour but de piloter la recherche, a été officialisée en août 1990. Malgré les réticences de certains États fondateurs, l'Allemagne, la Grande-Bretagne, les Pays-Bas, la Pologne, le Japon et la France ont participé aux négociations et admis dans ce Comité en janvier 1991. Notre pays a décidé d'affirmer sa présence dans l'Arctique et d'y développer une recherche « continue et significative ».

Pour un nouvel élan de la recherche polaire

L'activité scientifique en Antarctique bénéficie du soutien du Territoire des Terres Australes et Antarctiques Françaises. L'Administrateur Supérieur (actuellement Bernard de Gouttes, qui a succédé en 1990 à l'amiral Claude Corbier) a également la charge d'assurer la mission de souveraineté qui concerne non seulement la Terre Adélie mais aussi les îles de Kerguelen, Crozet, Amsterdam et Saint-Paul situées dans l'océan Indien. Au sein des TAAF la mission recherche est dirigée par Bernard Morlet et le Conseil Scientifique présidé par Lucien Laubier. Les campagnes en Antarctique sont réalisées par les Expéditions Polaires Françaises, fondées par Paul-Émile Victor secondé par Jean Vaugelade, et actuellement présidées par André Berroir, qui a pris la suite d'André Lebeau. Les EPF sont aussi soutenues par le CNRS. Les relations avec le SCAR relèvent d'un comité de l'Académie des Sciences, le Comité National Français des Recherches Antarctiques longtemps animé par Georges Laclavère et dont je suis l'actuel président.

Lors du Conseil des ministres du 14 février 1990, le ministre des Départements et Territoires d'Outre-Mer et le ministre de la Recherche et de la Technologie, Louis Le Pensec et Hubert Curien, ont annoncé la création d'une nouvelle organisation, afin de donner un nouvel élan à la recherche polaire française, dans l'Antarctique et dans l'Arctique. Sur la base d'un rapport préparé par Claude Fréjacques et Frédéric Thiriez, cette organisation comportera trois éléments, selon les termes de la communication du Conseil des ministres :

– une réunion annuelle des ministres intéressés, et présidée par le Premier ministre, arrêtera les orientations,

– un comité de l'environnement veillera à la compatibilité entre les activités humaines et la préservation de l'environnement,

– l'Institut pour la Recherche Polaire-Expéditions Paul-Émile Victor, constitué à partir des moyens actuels des Expéditions Polaires Françaises et doté d'un conseil scientifique, gérera à terme l'ensemble des moyens consacrés à la recherche dans l'Arctique et dans l'Antarctique.

En Arctique, les moyens seront progressivement renforcés et l'accent sera mis sur l'environnement et l'océanographie.

Pour l'Antarctique la décision de principe de construire la nouvelle station au « Dôme C » est acquise.

Quelle joie pour tous ceux qui croient à l'enjeu des recherches polaires et à leur avenir, au rôle de la France aussi, tant dans le domaine scientifique que géopolitique ! Pourtant, au moment où j'achève ce livre (janvier 1991), la mise en place de ces structures n'a guère avancé. Espérons que les obstacles seront bientôt levés et que les chercheurs disposeront rapidement d'une organisation efficace, capable de donner *un nouvel élan à la recherche polaire.*

Indications bibliographiques

OUVRAGES GÉNÉRAUX

Antarctic Science, D.W.M. Walton éd., Cambridge University Press, 1987.
International Research in the Antarctic, SCAR and ICSU Press, R. Fifield éd., Oxford University Press, 1987.
Terres Extrêmes, La grande aventure des Pôles, N. Skrotzky, Denoël, 1986.

OUVRAGES ILLUSTRÉS

J.-P. Jaubert et C. Lorius : *Terres et Océans Polaires,* Périscope, PEMF, 1988.
R. Laws : *The last frontier,* Boxtree Limited, 1989.
C. Lorius : *Antarctique, Désert de glace,* Hachette Réalités, 1981.
J. May : *Antarctica,* Greenpeace books, 1988.
Antarctica, Reader's Digest, 1985.

REVUES, NUMÉROS SPÉCIAUX

« The Antarctic », *Oceanus,* Woods Hole Oceanographic Institution, vol. 31, n° 2, 1988.
« Commémoration des Années Polaires et de l'Année Géophysique. Efforts mondiaux, efforts français », *Revue du Palais de la Découverte,* n° 28, 1984.
« Polar Regions », *Ambio,* XVIII, n° 1, 1989.

ARCHIVES GLACIAIRES

The Climatic Record in Polar Ice Sheets, G. de Q. Robin éd., Cambridge University Press, 1983.
The Environmental Record in Glaciers and Ice Sheets, H. Oeschger and C.C. Langway Jr. éd., Dahlem workhop report, John Wiley and Sons, 1989.
C. Lorius : « Polar Ice Cores and Climate », *Climate and Geosciences,* A. Berger, S. Schneider and J.C. Duplessy éd., Kluwer Acad. Pub., pp. 77-103, 1989.

CHAPITRE I

R.H. Headland : *Chronological list of Antarctic expeditions*, Cambridge University Press, 1989.

B. Imbert : *Le Grand Défi des pôles*, Découvertes, Gallimard, 1987.

P.E. Victor : *La Conquête des Pôles*, Plon, 1962.

W.H. Brune : « Stratospheric ozone and the case against chloro-fluorocarbons », *Earth and Mineral Sciences*, 58, 4, pp. 57-64, 1989.

J.C. Farman, B.G. Gardiner and Shanklin J.D. : « Large losses of total ozone in Antarctica reveal seasonal ClO_x/NO_x interactions », *Nature*, 315, pp. 207-210, 1985.

G. Grec, E. Fossat and M. Pomerantz : « Solar oscillations; full disk observations from the geographic South Pole », *Nature*, 288, pp. 541-544, 1980.

J.C. Hureau : « Interactions between antarctic and subantarctic marine, freshwater and terrestrial organisms », in *Antarctic nutrients cycles and food webs*, W.R. Siegfried et al. éd., Springer Verlag, pp. 626-629, 1985.

A. Lebeau : « Le champ magnétique sur terre et dans l'espace; la magnétosphère », *Revue du Palais de la Découverte, op. cit.*, pp. 116-132.

Y. Le Maho : « Le Manchot empereur; une stratégie basée sur l'économie d'énergie », *Courrier du CNRS*, 50, pp. 15-21, 1983.

Man in the Antarctic, J. Rivolier, R. Goldsmith, D.J. Lugg and A.J.W. Taylor éd., Taylor and Francis, 1988.

G. Mégie : *Ozone, l'Équilibre rompu*, Presses du CNRS, 1989.

J. Prévost : *Écologie du manchot empereur, Aptenodytes Forsteri*, Hermann, 1961.

W. Schwerdtfeger : « Weather and Climate of the Antarctic », *Developments in atmospheric sciences*, 15, Elsevier, 1984.

B. Stonehouse : *Animals of the Antarctic : the ecology of the far south*, Peter Lowe, 1972.

P. Treguer et G. Jacques : « L'Océan Antarctique », *La Recherche*, 78, pp. 746-755, 1986.

P.N. Webb : « The Cenozoic history of Antarctica and its global impact », *Antarctic Science*, 2(1), pp. 3-21, 1990.

G. Weller, C.R. Bentley, D.H. Elliott, L.J. Lanzerotti et P.J. Webber : « Laboratory Antarctica; Research Contributions to Global Problems », *Science*, 238, pp. 1361-1368, 1987.

CHAPITRE II

Antarctic glaciological and geophysical folio : Scott Polar Research Institute. Cambridge, D.J. Drewry éd., 1983.

W.F. Budd and Smith : « The state of balance of the Antarctic ice-sheet », in *Glaciers. Ice-sheets and Sea-level*, US Department of Energy, pp. 172-177, 1984.

L. Lliboutry : *Traité de Glaciologie*, Masson et Cie, 2 volumes, 1964-1965.

C. Lorius : « L'exploration des glaces de l'Antarctique », *Revue du Palais de la Découverte, op. cit.*, pp. 94-115.

G. de Q. Robin and C. Swithinbank : « Fifty years of progress in understanding ice sheets », *Journal of Glaciology*. special issue, pp. 33-48, 1987.

N. Untersteiner : « The Cryosphere », *The Global Climate*, Cambridge University Press, pp. 121-140, 1984.

H.J. Zwally : « Technology in the advancement of Glaciology », *Journal of Glaciology*, special issue, pp. 66-78, 1987.

CHAPITRE III

The Environmental Record in Glaciers and Ice-sheets, H. Oeschger and C.C. Langway Jr., John Wiley and Sons Ltd, 1989, spécialement :
- « How do glaciers record environmental processes and preserve information », pp. 85-98 ;
- « How can ice core chronology be established ? », pp. 177-192.

S. Joussaume, J. Jouzel and R. Sadourny : « Simulations of the Last Glacial Maximum with an atmospheric circulation model including paleoclimatic tracer cycles », *Geophysical Monographs*, 52, pp. 159-162, 1989.

M. Legrand and R. Delmas : « Volcanic H_2SO_4 in the Antarctic ice-sheet ; a 220 yr continuous record », *Nature*, 327, pp. 671-676, 1987.

C. Lorius and L. Merlivat : « Distribution of mean surface stable isotopes values in East Antarctica », *Ass. Int. Hydr. Sc.*, pp. 127-136, 1977.

CHAPITRE IV

« Abrupt climatic change, evidence and implications », *NATO ASI* Serie C, 216, W.H. Berger and L.D. Labeyrie éd., 1987.

E. Bard, M. Arnold, P. Maurice, J. Duprat, J. Moyes and J.C. Duplessy : « Retreat velocity in the North Atlantic Polar front during the last deglaciation determined by means of 14C accelerator mass spectrometry », *Nature*, 328, pp. 791-794, 1987.

W. Broecker et G. Denton : « Les cycles glaciaires », *Pour la Science*, 149, pp. 62-74, 1990.

M. de Angelis, J. Jouzel, C. Lorius, L. Merlivat, J.R. Petit and D. Raynaud : « Ice age data for climate modelling from an antarctic (Dome C) ice core », in *New Perspective in Climate Modelling*, A. Berger and C. Nicolis éd., pp. 23-45, 1984.

CLIMAP : « The surface of the ice-age Earth », *Science*, 191, pp. 1131-1137, 1981.

W. Dansgaard, H.B. Clausen, N. Gundestrup, C.U. Hammer, S.J. Johnsen, P.M. Kristinsdottir and N. Reeh : « A new Greenland deep ice core », *Science*, 218, pp. 1273-1277, 1982.

W. Dansgaard and H. Oeschger : « Past environmental long term records from the Arctic », *op. cit.*, p. 287-318.

R.J. Delmas, J.M. Ascencio and M. Legrand : « Polar ice evidence that atmospheric CO_2 20,000 yr B.P. was 50 % of present », *Nature*, 284, pp. 155-157, 1980.

J.C. Duplessy et P. Morel : *Gros temps sur la Planète*, Odile Jacob, 1990.

C. Emiliani : « Pleistocene temperatures », *Journal of Geology*, 63, pp. 538-578, 1955.

C. Lorius et J.C. Duplessy : « Les grands changements climatiques », *La Recherche*, 8, pp. 947-956, 1977.

C. Lorius, L. Merlivat, J. Jouzel and M. Pourchet : « A 30 000 years isotope climatic record from Antarctic ice », *Nature*, 280, pp. 644-648, 1979.

J.R. Petit, P. Duval and C. Lorius : « Long term climatic changes indicated by crystal growth in polar ice », *Nature*, 326, pp. 62-64, 1987.

G.M. Raisbeck, F. Yiou, D. Bourles, C. Lorius, J. Jouzel and N.I. Barkov : « Evidence for two intervals of enhanced ^{10}Be deposition in Antarctic ice during the last glacial period », *Nature*, 326, pp. 273-277, 1987.

N.J. Shackleton and N.D. Opdyke : « Oxygen isotope and paleomagnetic stratigraphy of equatorial Pacific core V 28-238 : oxygen isotope temperatures and ice volume on a 10^5 and 10^6 year scale », *Quaternary Research*, 3, pp. 39-55, 1973.

N.J. Shackleton : « Oxygen isotopes, ice volume and sea level », *Quaternary Science Reviews*, 6, pp. 183-190, 1987.

CHAPITRE V

J.M. Barnola, D. Raynaud, Y.S. Korotkevich and C. Lorius : « Vostok ice core provides 160 000 year record of atmospheric CO_2 », *Nature,* 329, pp. 408-414, 1987.
A. Berger : « Milankovitch theory and climate », *Reviews of Geophysics,* 26, pp. 624-657, 1988.
A.J. Broccoli and S. Manabe : « The influence of continental ice, atmospheric CO_2, land albedo on the climate of the Last Glacial Maximum », *Climate Dynamics,* 1, pp. 87-99, 1987.
W. Broecker et G. Denton : « Les cycles glaciaires », *Pour la Science,* 149, pp. 62-74, 1990.
J. Chappellaz, J.M. Barnola, D. Raynaud, Y.S. Korotkevich and C. Lorius : « Ice core record of atmospheric methane over the past 160 000 years », *Nature,* 345, pp. 127-131, 1990.
J.C. Duplessy et P. Morel : *Gros temps sur la Planète,* Odile Jacob, 1990.
J. Guiot, L. de Beaulieu, A. Pons and M. Reille : « A 140 000 years climatic reconstruction from two european pollen records », *Nature,* 338, pp. 30-313, 1989.
J.D. Hays, J. Imbrie and N.J. Shackleton : « Variations in the Earth's orbit : pacemaker of the ice ages », *Science,* 194, pp. 1121-1132, 1976.
J. Imbrie and K. Palmer Imbrie : *Ice Ages : Solving the mistery,* Harvard University Press, 1986.
J. Jouzel, C. Lorius, J.R. Petit, C. Genthon, N.L. Barkov, V.M. Kotlyakov and V.N. Petrov : « Vostok ice core : a continuous isotope temperature record over the last climatic cycle (160,000 years) », *Nature,* 329, pp. 403-409, 1987.
L.D. Labeyrie, J.C. Duplessy and P.L. Blanc : « Variations in mode of formation and temperature of oceanic deep waters over the past 125,000 years », *Nature,* 327, pp. 477-482, 1987.
M. Legrand, C. Lorius, N.I. Barkov and V.N. Petrov : « Vostok (Antarctica) ice core : atmospheric chemistry changes over the last climatic cycle (160,000 yr) », *Atmospheric Environment,* 22, pp. 317-331, 1988.
C. Lorius, J. Jouzel, D. Raynaud, J. Hansen and H. Le Treut : « The ice core record : climate sensitivity and future greenhouse warming », *Nature,* 347, pp. 139-145, 1990.
D.G. Martinson, N.G. Pisias, J.D. Hays, J. Imbrie, T.C. Moore and N.J. Shackleton : « Age dating and the orbital theory of the ice ages : Development of a high resolution 0 to 300,000 years chronostratigraphy », *Quaternary Research,* 27, pp. 477-482, 1987.
Milankovitch and Climate : A. Berger, J. Imbrie, J. Hays, G. Kukla and B. Saltzman, éd. D. Reidel Publishing Company, Dordrecht, 1984.
The Environmental Record of Glaciers and Ice-sheets, H. Oeschger and C.C. Langway : « Long term ice core records and Global Environmental Changes », éd., pp. 379-388, 1989.
Past Global Changes in the International Geosphere-Biosphere Programme, Report n° 12, ICSU, 1990.
F. Yiou, G. Raisbeck, G.M. Bourles, C. Lorius and N.I. Barkov : « ^{10}Be at Vostok (Antarctica) during the last climatic cycle », *Nature,* 316, pp. 616-617, 1985.

CHAPITRE VI

C.F. Boutron and C.C. Patterson : « Relative levels of natural and anthropogenic lead in recent Antarctic snow », *Journal of Geophysical Research,* 92, pp. 8454-8464, 1987.
W.F. Budd, B.J. Mc Innes, D. Jenssen and I.N. Smith : « Modelling the response of the West Antarctic ice sheet to a climatic warming » in *Dynamics of the*

West Antarctic ice-sheet, C.J. Van der Veen and J. Oerlemans Edit., Reidel Dordrecht, pp. 321-358, 1987.
R. Dautray et al. : *L'effet de serre et ses conséquences climatiques,* Académie des Sciences, rapport n° 25, 1990.
J.C. Duplessy et P. Morel : *Gros temps sur la Planète,* Odile Jacob, 1990.
Global Change : Climate. WMO *and* ICSU, *World Climate Research Programme,* P. Morel, 1990.
P. Huybrechts and J. Oerlemans : « Response of the Antarctic ice-sheet to future greenhouse warming », *Climate Dynamics,* 5, pp. 93-102, 1990.
P.A. Mayewski, W.B. Lyons, M.J. Spencer, M. Twickler, C.F. Buck and S. Whitlow : « An ice core record of atmospheric response to anthropogenic sulphate and nitrate », *Nature,* 346, pp. 554-556, 1990.
A. Neftel, J. Beer, H. Oechger, F. Zurcher and R.C. Finkel : « Sulphate and nitrate concentrations in snow from South Greenland 1895-1978 », *Nature,* 314, pp. 611-613, 1985.
A. Neftel, E. Moor, H. Oeschger and B. Stauffer : « Evidence from polar ice cores for the increase in atmospheric CO_2 in the past two centuries », *Nature,* 314, pp. 45-47, 1985.
The Environmental Record in Glaciers and Ice Sheets, H. Oeschger and C.C. Langway Edit. : « What Anthropogenic Impacts are recorded in glaciers », pp. 269-286, 1989.
G.I. Pearman, F. Etridge, F. de Silva and P.J. Fraser : « Evidence of changing concentrations of CO_2, N_2O and CH_4 from air bubbles in Antarctic ice », *Nature,* 320, pp. 248-250, 1986.
« Policy makers summary », pp. XI-XXXIX, in *Climate Change, the Intergovernmental Panel on Climate Change,* J.T. Houghton, G.J. Jenkins and J.J. Ephraums, WMO-ICSU, Cambridge University Press, 1990.
M. Pourchet, J.F. Pinglot and C. Lorius : « Some meteorological applications of radioactive fallout measurements in Antarctic snows », *Journal of Geophysical Research,* 88, pp. 6013-6020, 1983.
B. Stauffer, G. Fisher, A. Neftel and H. Oeschger : « Increase of atmospheric methane recorded in Antarctic ice », *Science,* 229, pp. 1386-1388, 1985.
R.A. Warrick and H. Oerlemans : « Sea level Rise », in *Climate Change,* pp. 260-281, 1990.
R.T. Watson, H. Rodhe, H. Oeschger and E. Siegenthaler : « Greenhouse Gases and Aerosols » in *Climate Change,* pp. 1-40, 1990.

CHAPITRE VII

J.-Y. Le Déaut : *Rapport sur les problèmes posés par le développement des activités liées à l'extraction des ressources minérales de l'Antarctique,* Office parlementaire d'Évaluation des choix scientifiques et technologiques, 1990.
D.H. Elliott : « Is there any Oil and Mineral Resources in the Antarctic », *Oceanus,* 31, n° 2, 1988.
IUCN, *A strategy for Antarctic conservation,* sous presse.
A. Martin Pannetier, « L'Antarctique », *Problèmes politiques et sociaux,* La Documentation Française, n° 540, 1986.
Territoire des Terres Australes et Antarctiques Françaises : Orientation des recherches scientifiques, Paris, 1983.
The role of Antarctica in Global Change, ICSU Press, SCAR, 1989.
World Resources Institute : *Southern exposure : deciding Antarctica's future,* L.A. Kimball, 1990.

Table des matières